Kindler
Taschenbücher

Geist und Psyche

Jean Piaget – Werk und Wirkung

Mit den autobiographischen
Aufzeichnungen von Jean Piaget

und Beiträgen von:
G. Busino
G. Cellerier
L. Goldmann
J.-B. Grize
H. Sinclair
R. Girod
R. Holmes
B. Inhelder

Kindler
Taschenbücher

GEIST UND PSYCHE
Herausgegeben von Nina Kindler

Die gesammelten Beiträge erschienen
in den »Cahiers Vilfredo Pareto« 10, 1966
in der Librairie Droz, Genève, unter dem Titel
»Jean Piaget et les Sciences Sociales«.
Die Übersetzung besorgte Annette Roellenbleck.

Redaktion: H. Watson
Korrekturen: M. Flach
Gesamtherstellung: Friedrich Pustet, Regensburg
Printed in Germany
ISBN 3 463 02168 4

Inhalt

Vorwort zur deutschen Ausgabe

Die vorliegende deutsche Übersetzung Jean Piaget, *Werk und Wirkung*, die zehn Jahre nach der französischen Originalausgabe *(Jean Piaget et les Sciences Sociales)* zum 80. Geburtstag des Genfer Meisters erscheint, enthält zwei neue Aufsätze und eine beträchtlich erweiterte Bibliographie, die in hervorragender Weise über die Weite und die Wirkung eines gigantischen Werks Auskunft gibt, eines Werks von insgesamt mehr als 25000 Seiten nach einer kürzlich vorgenommenen Schätzung. Piaget selbst berichtet in der für diesen Band verfaßten Autobiographie, wie er die Zeit gefunden hat, es zu schreiben, und warum es ihm gelungen ist, sich niemals zu wiederholen. Er hat jedoch vergessen, darin mitzuteilen, was er einmal einem jener eingebildeten und wenig schöpferischen Professoren gesagt hat, denen die Universitätsklüngelei wichtiger ist als die wissenschaftliche Forschung: »Ich habe reichlich Zeit dazu gehabt, weil ich glücklicherweise nicht Piaget lesen mußte.«

Diese Antwort voller Humor und Wahrheit sagt viel aus über den Platz Piagets in der Geschichte der zeitgenössischen Gesellschaftswissenschaften und über seine Bedeutung für die Forschung von heute, über eine Forschung, die dieses Buch in möglichst objektiver Weise hat deutlich machen wollen.

Dieses kleine Buch, das auch ins Englische, Spanische, Italienische, Portugiesische, Polnische und Russische übersetzt wurde, und das einige Freunde und Schüler Piaget zu seinem 70. Geburtstag überreicht haben, hat sofort großen Beifall bei den Kritikern und weite Verbreitung unter den Studenten und Professoren der Geisteswissenschaften gefunden. Vielen Psychologen hat überhaupt erst dieses Buch bewußt gemacht, welch außergewöhnlichen Einfluß Piagets Denken auf die Gesellschaftswissenschaften ausgeübt hat, indem sie die Bedeutung und Notwendigkeit einer Zusammenarbeit mit Nachbardisziplinen, wie zum Beispiel der Soziologie und der Linguistik, erkannten und schätzen lernten. Zweifellos erschien dieses Buch noch rechtzeitig genug, um zu beweisen, daß PIAGET die Rolle der soziokulturellen Faktoren bei der Determination der Verhaltensweisen nie unterschätzt hat, und daß er sich immer weigerte, die Entwicklung einseitig als anlagebedingt d. h. als eine Entfaltung von vorgegebenen inneren Fähigkeiten und Bedingungen nach außen zu betrachten. Die Arbeiten, die PIAGET im Laufe der letzten zehn Jahre und insbesondere seit seiner Emeritierung im Alter von 75 Jahren veröffentlicht hat, haben jedenfalls mit größerem Nachdruck als zuvor die Tatsache betont, daß die Bedingungen der Umwelt die Anlässe für das Funktionieren – für die Entwicklung – geben, und daß sich die Strukturen unablässig weiter entwickeln, ja sogar, daß sie sich entwickeln, weil sie funktionieren. Mit allen Mitteln hat PIAGET insbesondere in den letzten Jahren versucht, mit Gewalt die oft massiven Mauern zu sprengen, die die Spezialisten der verschiedenen Disziplinen voneinander trennen. Seine scharfsinnigen, originellen und neuen Arbeiten über die Epistemologie der interdisziplinären Beziehungen zeigen, wie subjektiv die Grenzen zwischen den Disziplinen bleiben, und wie die Untersuchung der Kausalerklärungen für die wissenschaftliche Tätigkeit unentbehrlich und gleichzeitig Quelle interdisziplinärer Verbindungen ist.

Mit seiner Weigerung, das Gebiet der psychosoziologischen Wissenschaften allein auf die beobachtbaren Fakten zu beschränken, also auf die bloße Beschreibung, auf das Messen, auf das In-Beziehung-Setzen, greift PIAGET die Definition einer Wissenschaft durch das Feld der beobachtbaren Phänomene, für die sie sich interessiert, an. Seine Zielsetzung ist – wohlgemerkt – eine ganz andere, wie es auch die Arbeiten beweisen, die er im *Centre international d'épistémologie génétique* machen läßt, wo eine Gruppe junger Forscher die Strukturen und die Prozesse der Erkenntnis in allen Stadien ihrer Entwicklung analysieren, wo sie untersuchen, wie die grundlegenden Strukturen der menschlichen Vernunft weder erblich vorprogrammiert noch durch Ablesen an der Erfahrung erlernt sind, kurz, wie sich alle Strukturen durch die Einwirkung des Subjekts auf die Realität aufbauen. Das eröffnet den Untersuchungen über die Sozialisation und über alle Prozesse der Verinnerlichung von *»habitus«* und *»ethos«*[1] wich-

[1] Vgl. G. BUSINO, *La socialisation*, Lausanne: Office des polycopiés de l'Université, 1975.

tige Perspektiven. PIAGET hat im Laufe der letzten Jahre, in denen er so viele Ehrendoktortitel und internationale Preise erhalten hat, daß man ein kleines Buch bräuchte, um sie alle aufzuzählen, dazu beigetragen, einen anderen Punkt zu klären. Dieser besteht nach meiner Ansicht in den epistemologischen[2] Arbeiten, die die Vorgänge bei der Entwicklung der Erkenntnis bestimmen, und in den neuen Perspektiven, die mit den kybernetischen Theorien und der Ethologie eröffnet werden. Ich glaube, daß man unter den bedeutendsten Arbeiten des späten PIAGET auch die endgültige Ausgestaltung der explikativen Theorie der Regulationsmechanismen und/oder der Autoregulation und vor allem den neuen, eleganten und überzeugenden Beweis nennen muß, daß die Permanenz des Objekts nicht angeboren ist, sondern daß sie sich in Abhängigkeit von den Handlungskoordinierungen des Subjekts und der sensomotorischen Organisation des Raumes bildet.

Mit seinen achtzig Jahren ist PIAGET noch heute übervoll an Ideen, ruft Initiativen ins Leben, nimmt Forschungsprojekte in Angriff, die sich über mehrere Jahre erstrecken. Er begleitet uns als ein Fürst der Wissenschaften, ist immer freundlich anwesend, ein Vulkan an Ideen, eine Art geheimnisvolle Naturkraft, die uns begreifen läßt, daß die wissenschaftliche Bemühung darin besteht, die Mechanismen in ihren verschiedenen Besonderheiten aufzuspüren und die Modalitäten ihres Bewußtwerdens und die Hindernisse, die sich ihm entgegenstellen, wissenschaftlich zu erkennen.

Handelt es sich hier nicht um die – wenn überhaupt – einzige wahre Wissenschaft, deren wir heute bedürfen, um die Welt und unser Sein auf der Welt zu verstehen, um den Sinn unserer Ziele und die Ziele unserer Gesellschaften und unserer Geschichte zu begreifen?

GIOVANNI BUSINO[3]

[2] Von griechisch »Episteme« = Wissen, Erkenntnis, Einsicht. Epistemologie also: Theorie des Wissens oder Theorie der Erkenntnis (Erkenntnistheorie) [Anm. d. Red.].

[3] Professor an der Universität Lausanne; Herausgeber der *Revue européenne des sciences sociales.*

Anstatt einer Einleitung: Jean Piaget – ein Soziologe, den Soziologen zum Trotz?

Von Giovanni Busino

JEAN PIAGET ein Soziologe? Wenn man auf diese Frage mit der Hilfe des *Social Register* der Zunft, CAZENEUVES Lexikon *La Sociologie* antworten müßte, gehört PIAGET zweifellos nicht zu uns. Weder die mehr als zehnjährige Lehrtätigkeit in Soziologie an den Universitäten Lausanne und Genf, noch die Veröffentlichung einer Reihe soziologischer Aufsätze, die jetzt in dem wertvollen Band *Etudes sociologiques*[1] zusammengefaßt sind, reichen aus, um meine Kollegen davon zu überzeugen, daß PIAGETS Soziologie wichtig und anregend ist, ja sogar geeignet, das Wesen der heutigen soziologischen Diskussion zu verändern.

Unsere intellektuelle Produktion ist immens, unsere Diskussionen über den Aktionalismus, über den strukturalistischen Marxismus und über Theorien des Möglichen sind ausgedehnt und oft lebhaft, aber niemand von uns hat es bisher für nötig gehalten, PIAGETS Bücher in die Hand zu nehmen und zu lesen, was er über die großen Probleme der soziologischen Epistemologie sagt. Woher rührt soviel Gleichgültigkeit und Verständnislosigkeit einem Werk gegenüber, das zu den bemerkenswertesten unseres Jahrhunderts zählt? Die Gründe dafür sind vielfältig. Es gibt da natürlich den ungeheuren Umfang von PIAGETS Produktion – einige Tausend Arbeiten –, ihren hohen Grad an methodischer und technischer Komplexität, ihre enge Abhängigkeit von den Naturwissenschaften, die all denen, die ihre soziologischen Lehrjahre an einer philosophischen Fakultät hinter sich gebracht haben, leider so fremd sind. Der wahre Hauptgrund liegt indessen anderswo. Trotz der Schaffung vieler Lehrstühle für Soziologie, der üppigen Vermehrung von Forschungszentren für Sozialwissenschaft, trotz der Einbeziehung umfangreicher Untergebiete versuchen die Soziologen immer noch, sich von ihrer eigenen beruflichen Identität zu überzeugen, und gerade um sie

[1] Genf: Droz, 1967.

zu behaupten und ihr Anerkennung zu verschaffen, verschieben sie ständig die Grenzen des Gebiets und preisen lautstark Wesen und Gegenstand ihrer Wissenschaft an.

Jeder weiß indes, daß PIAGET diese Scheinprobleme für lächerlich hält. Die soziologische Kenntnis vom Menschen ist eine Angelegenheit vieler Disziplinen. Es hätte keine operatorischen Kenntnisse ohne die Hilfe von Wissenschaften gegeben, die bisher voneinander getrennt waren. PIAGET erschüttert alle unsere alten Gewohnheiten und treibt uns zu einer Beschäftigung mit einer Biologie, einer Psychologie, einer Kybernetik, einer Logik, die bisher noch nie auf den Studienplänen der Soziologie oder der Geisteswissenschaften figuriert haben. Das Werk PIAGETS, welches Experiment und Beobachtung, statistische Analyse und logisch-mathematische Modelle, Biologie und Linguistik miteinander verbindet, hat jedoch zu der Schaffung einer soziologischen Epistemologie beigetragen, die auf alle Fragen, alle Zweifel, alle strittigen Punkte eine Antwort geben kann, die sich die soziologische Vernunft mit mehr oder weniger Geschick unaufhörlich vorgelegt hat, von KARL MARX bis zu VILFREDO PARETO und RAYMOND ARON, von DURKHEIM zu BALLANDIER, von WEBER, MEAD und CASSIRER zu PIERRE BOURDIEU, von QUETELET zu LAZARSFELD und BOUDON.

Die Originalität der Soziologie PIAGETS besteht vor allem darin, daß sie nicht aus der spekulativen Reflexion über die großen Denkgebäude hervorgegangen ist. Sie ist ganz natürlich aus der Praxis des Laboratoriums erwachsen. Ausgehend von der Untersuchung der Psychologie des Kindes, in der Absicht, mehr Klarheit zu gewinnen über die Entstehungsprozesse des moralischen Urteils, hat PIAGET die ursprüngliche Bedeutung des Spiels für die Bildung der Persönlichkeit und der sozialen Organisation in des Wortes wahrster Bedeutung entdeckt. In der Tat erlaubt das Spiel durch seine Regeln, die Individuen zu sozialisieren, sie in der Weise zu formen, daß jedes individuelle Verhalten sich im Prinzip zu Dynamismen der Umwelt und der anderen anzupassen vermag. Die wesentliche Tatsache des sozialen Lebens ist also dieses System von Beziehungen, die »äußerst zahlreich und komplex sind, da sie durch den Einfluß der Generationen aufeinander einen durch die Geschichte gehenden Zusammenhang darstellen, sowie ein synchrones Gleichgewichtssystem in jedem Augenblick der Geschichte«. Die Gesellschaft ist also dieses

Ganze, diese grundlegende Einheit von Gedanken und Handlungen, »ein System von Bezügen, von denen jeder, eben als Bezug, eine Transformation der Größen bewirkt, die er miteinander verbindet . . . Eine Gesellschaft ist wesentlich ein System von Tätigkeiten, deren elementare Interaktionen im eigentlichen Sinn aus Handlungen besteht, die einander nach bestimmten Gleichgewichtsgesetzen modifizieren . . . Jeder gesellschaftliche Bezug stellt infolgedessen in sich eine Totalität dar, die neue Wesenszüge hervorbringt und das Individuum in seiner geistigen Struktur verändert. Von der Interaktion zwischen zwei Individuen an bis hin zu der Ganzheit, die von der Gesamtheit der Beziehungen zwischen den Individuen einer und derselben Gesellschaft gebildet wird, besteht also eine Kontinuität . . .«, die Gesellschaft ist also keine metaphysische Wesenheit mehr wie das kollektive Bewußtsein DURKHEIMS, und keine Summe von Individuen, wie PARETO behauptete, sondern »ein System von Interaktionen, das diese Interaktionen in ihrer Struktur selbst verändert«. Kurz, zwischen dem Individuum und der Gesellschaft besteht Kovarianz und Parallelismus, und daraus resultiert die Notwendigkeit, psychologische und soziologische Analyse nicht voneinander zu trennen. Indem er aufgrund von Symbolen und Symbolismen unser Leben analysiert, trifft sich PIAGET auch mit dem symbolischen Interaktionismus und gibt der Rollentheorie, wie sie ungefähr zur selben Zeit von MEAD formuliert worden war, eine experimentelle Basis und legt die Grundlage für die Theorie der Beziehungen zwischen Charakter und Sozialstruktur, die WRIGHT MILLS und H. GERTH vor etwa dreißig Jahren als allgemeines Gesetz ausgesprochen haben. Aber während MEAD, CASSIRER und andere sich mit dieser Theorie zufriedengaben, ist PIAGET weitergegangen: er wollte die Regeln sichtbar machen, die das Rollenverhalten bestimmen, und hat weiter versucht, zu erklären, wie man von dem signifikanten Symbol zu den Haltungen kommt. PIAGETS Arbeiten auf diesem Gebiet sind von größter Bedeutung für die Erkenntnis der Mechanismen, die zu der Erwerbung des kollektiven Wissens und zum Verständnis der Sozialisationsprozesse der Vorstellungen notwendig sind. PIAGET ist derselben Meinung wie MARX: Jeder Gedanke ist ein Bewußtwerden der Bedingungen des Handelns. Er ist also wesentlich eine Synthese zwischen Subjekt und Objekt, zwischen dem Menschen und dem Universum. Eingefügt in einen Zyklus von

Akkommodation und Assimilation, widerlegt das Denken bald »die Wirkung des Organismus auf die ihn umgebenden Objekte, insofern, als diese Handlung von voraufgegangenen Verhaltensweisen abhängt, also auf dieselben oder auf analoge Objekte«, bald widerlegt es »die Akkommodation, die Wirkung der Umwelt auf den Organismus, da es klar ist, daß das Lebewesen niemals die Wirkung umgebender Körper unverändert erfährt, sondern daß sie einfach den Assimilationszyklus modifiziert, indem sie es ihnen anpaßt«. Die Interaktionen zwischen diesen beiden Tätigkeiten bestehen »im eigentlichen Sinn in Wirkungen, die sich wechselseitig nach gewissen Gesetzen der Organisation und des Gleichgewichts modifizieren: technischen Wirkungen der Herstellung und des Gebrauchs, ökonomischen Wirkungen der Reproduktion und der Verteilung, moralische und juridische Wirkungen der Zusammenarbeit, des Zwangs und des Lernens, intellektuelle Wirkungen der Kommunikation, der gemeinsamen Forschung und der wechselseitigen Kritik, kurz der kollektiven Konstruktion und der Zuordnung der Operationen«. Jede dieser Tätigkeiten stellt für Piaget eine Ganzheit dar, die ihrerseits neue Bezüge zu schaffen vermag; jede Ganzheit ist eine Struktur, bei der es also unmöglich ist, die Genese von der Transformation, das Gleichgewicht von der Funktion, die Synchronie von der Diachronie zu trennen. In diesem Sinn findet PIAGET gewisse methodologische Annahmen von PARETO wieder, fast alle Schlußfolgerungen von MARX, von MAX WEBER ganz zu schweigen. In der Tat, wenn die Struktur dazu dient, die Akte einer Vielzahl von Individuen zu koordinieren, ist sie nicht ebenfalls dem Idealtyp MAX WEBERS sehr nahe?

Können wir deshalb sagen – wie vor einiger Zeit TALCOTT PARSONS –, daß PIAGET der letzte unter den großen Theoretikern der gesellschaftlichen Wirkung ist? Ich glaube es nicht, denn PIAGET hat, wenn er zeigt, daß die gesellschaftliche Interaktion zugleich ein Zusammenhang von Regeln, Werten und Zeichen ist, die dem Ausdruck der sozialen Regeln, der Zwänge, Normen, der Verkehrsbeziehungen usw. dienen, die Geschichte nicht vernachlässigt. Im Gegensatz zum Struktural-Funktionalismus räumt PIAGET den Transformationen und der Geschichte viel Platz ein. Es gibt keine Struktur ohne Genese, und diese ist ebenfalls das Produkt der »Kontingenz«. PIAGET hätte ALAIN TOURAINE die eigenartige Lösung der Trennung erspart; dem

Funktionalismus die Untersuchung der gesellschaftlichen Systeme und dem Strukturalismus die der symbolischen Vorstellungen. Der von PIAGET gewiesene Weg ist genau vorgezeichnet: Die soziologische Analyse untersucht alle realen Wirkungen, die die Infrastruktur der Gesellschaft ausmachen. Sie untersucht ebenfalls die Ideologie, die die Konzeptualisierung der aus der Wirkung entstandenen Konflikte und Wünsche darstellt. Sie untersucht sie mit der soziologischen Kenntnis, die die Wirkungen in Operationen verlängert und erlaubt, Individuen und Gesellschaft zu erklären.

Wertvolle Lehre: in einem Moment, in dem die Soziologen unter dem Schock des Scheiterns des Empirismus, enttäuscht von der intellektuellen Dürftigkeit der Phänomenologie, unsicher gegenüber den Erkenntnisbeiträgen des Marxismus, von Metatheorie träumen, oder von einer Theorie der Theorie, oder noch schlimmer: von einer Soziologie des Virtuellen und des Möglichen, ist der genetische, relativistische Strukturalismus PIAGETS da, um uns zu beweisen, daß die wissenschaftliche Soziologie kein Traum ist. –

Diese Sammlung von Aufsätzen erschien erstmals als Buch, um auf diese Weise den 70. Geburtstag des Meisters zu feiern. Sie beweist die Bedeutung PIAGETS für die zeitgenössischen Sozialwissenschaften und will – auch in der erweiterten Ausgabe der deutschen Fassung zum 80. Geburtstag PIAGETS – den Wunsch zum Ausdruck bringen, der genetische Strukturalismus möge, abseits von jeder kontingenten Polemik, seinen Platz bei uns erhalten.

Autobiographie*

Von Jean Piaget

Eine Autobiographie ist nur dann von wissenschaftlichem Interesse, wenn sie die Grundlagen für eine Erklärung des Werks ihres Autors liefert. Um dieses Ziel zu erreichen, werde ich mich also im wesentlichen auf die intellektuellen Aspekte meines Lebens beschränken.

Es gibt sicher viele, die der Überzeugung sind, daß eine solche rückblickende Interpretation keinerlei objektiven Wert darstellt und daß sie vielleicht noch mehr als die Ergebnisse der Selbstbeobachtung der Parteilichkeit verdächtigt werden muß. Nachdem ich jedoch einige alte Papiere, die aus meiner Jugendzeit stammen, wieder gelesen hatte, war ich von zwei scheinbar widersprüchlichen Tatsachen beeindruckt, die zusammengenommen eine gewisse Objektivitätsgarantie bieten. Zum einen hatte ich völlig den Inhalt dieser ein wenig naiven jugendlichen Produkte vergessen; zum anderen nahmen sie trotz ihrer mangelnden Reife in einer erstaunlichen Weise das vorweg, was ich während dreißig Jahren zu machen versucht habe.

Es ist also wahrscheinlich etwas Wahres an dem Wort Bergsons, nach dem ein philosophischer Geist im allgemeinen von einer einzigen ihm eigenen Idee beherrscht ist, die er im Laufe seines Lebens in vielfältiger Weise auszudrücken versucht, ohne daß ihm das jemals ganz gelänge. Selbst wenn diese Autobiographie nicht erreichte, dem Leser einen vollkommen klaren Begriff davon zu geben, was diese einzige Idee ist, hätte sie wenigstens dem Autor dazu verholfen, sie selbst besser zu verstehen.

* Diese Autobiographie ist (zumindest die Teile I–VII) im Jahr 1950 auf Aufforderung von Professor Boring hin für den 4. Band von *A History of Psychology in Autobiography* (Worcester: Clark University Press, 1952, S. 237–256) geschrieben worden. Diese Einladung entsprang übrigens einem Irrtum, denn die Autoren dieses Bandes sollten 60 Jahre oder älter sein: als man das Versehen zu spät bemerkte, erschien der Text trotzdem. Das Folgende ist eine französische Übersetzung; der Teil VIII (1950–1966) ist für den 1966 erschienenen Sammelband hinzugefügt worden.

I. 1896–1914

Ich bin am 9. August 1896 in Neuchâtel in der Schweiz geboren. Mein Vater hat seine Schriften hauptsächlich der mittelalterlichen Literatur und in geringerem Maße der Geschichte von Neuchâtel gewidmet. Er war ein Mann von gewissenhaftem und kritischem Geist, der keine übereilten Verallgemeinerungen liebte und der sich nicht scheute, eine Polemik zu beginnen, wenn er sah, daß die historische Wahrheit aus Respekt vor den Traditionen entstellt wurde. Unter vielen anderen Dingen hat er mir den Wert systematischer Arbeit beigebracht, selbst wenn sie sich auf Details bezieht. – Meine Mutter war sehr intelligent, energisch und im Grunde von wirklicher Güte; ihr eher neurotisches Temperament machte unser Familienleben jedoch recht schwierig. Es war eine der unmittelbaren Folgen dieser Situation, daß ich sehr bald das Spiel zugunsten ernsthafter Arbeit vernachlässigte, sowohl um meinen Vater nachzuahmen als auch um mich in eine gleichzeitig persönliche und nicht fiktive Welt zu flüchten. In Wahrheit habe ich immer jede Realitätsflucht verabscheut, eine Haltung, die ich mit dem zweiten Faktor in Verbindung bringe, der den Beginn meines Lebens beeinflußt hat, nämlich die Labilität meiner Mutter, und der, als ich meine Psychologiestudien begann, mein Interesse auf die Probleme der Psychoanalyse und der Psychopathologie lenkte. Obwohl mir dieses Interesse geholfen hat, Abstand zu gewinnen und den Umfang meiner Kenntnisse zu vergrößern, habe ich niemals den Wunsch verspürt, in dieser speziellen Richtung weiter vorzudringen, und ich habe immer die Untersuchung normaler Fälle und des Funktionierens des Intellekts der Untersuchung der Tücken des Unbewußten vorgezogen.

Zwischen sieben und zehn Jahren interessierte ich mich nacheinander für Mechanik, für Vögel, für die Fossilien der sekundären und tertiären Schicht und für Seemuscheln. Da man mir noch nicht erlaubte, mit Tinte zu schreiben, verfaßte ich (mit Bleistift) eine kleine Schrift, um die Welt an einer großen Entdeckung teilnehmen zu lassen: *L'autovap*, ein mit einem Dampfmotor ausgestattetes Auto. Aber ich vergaß schnell diese ungewöhnliche Kombination von einem Wagen und einer Lokomotive, da ich mit dem Verfassen eines Buches (diesmal mit Tinte) über *Unsere Vögel* beschäftigt war, von dem ich nach ironischen Bemerkungen meines Vaters mit Bedauern feststellen mußte, daß es nur eine einfache Kompilation darstellte.

Im Alter von zehn oder elf Jahren, gleich nachdem ich in das *Collège latin* eingetreten war, beschloß ich, ernsthafter zu werden. Als ich in einem öffentlichen Park einen Spatzen bemerkt hatte, der zum Teil ein Albino war, schickte ich einen Artikel von einer Seite Länge an eine Zeitschrift für Naturgeschichte in Neuchâtel. Mein Artikel wurde veröffentlicht, und ich war »gemacht«! Ich schrieb daraufhin dem Direktor des Museums für Naturgeschichte und bat ihn um Erlaubnis, seine Sammlungen von Vögeln, Fossilien und Muscheln außerhalb der Öffnungszeiten des Museums studieren zu dürfen. Der Direktor, Paul Godet, ein liebenswürdiger Mann, war zufällig ein großer Spezialist für Mollusken. Er lud mich sofort ein, ihm zweimal wöchentlich zu helfen – wie Fausts »Famulus«, sagte er –, und ich half ihm, Etiketten auf seine Sammlung von Land- und Süßwassermuscheln zu kleben. Vier Jahre lang arbeitete ich für diesen gewissenhaften und gelehrten Naturwissenschaftler; er gab mir als Gegenleistung am Ende jeder Sitzung eine gewisse Anzahl seltener Arten für meine eigene Sammlung und lieferte mir vor allem die genaue Bestimmung der Stücke, die ich selbst gesammelt hatte. Diese wöchentlichen Begegnungen in dem privaten Büro des Direktors regten mich so sehr an, daß ich meine ganze freie Zeit mit der Suche nach Mollusken verbrachte (es gibt hundertdreißig Arten und Hunderte von Spielarten in Neuchâtel). Jeden Samstagnachmittag erwartete ich meinen Meister eine halbe Stunde zu früh!

Diese frühe Einführung in die Malakologie beeinflußte mich tief. Als Monsieur Godet im Jahre 1911 starb, wußte ich genug über dieses Thema, um ohne Hilfe (die Spezialisten auf diesem Gebiet sind selten) mit der Veröffentlichung einer Reihe von Aufsätzen über die Mollusken der Schweiz, Savoyens, der Bretagne und sogar Kolumbiens zu beginnen. Das verschaffte mir einige amüsante Erlebnisse. Einige meiner ausländischen ›Kollegen‹ wollten mich sehen, aber weil ich nur ein Schüler war, wagte ich nicht, mich zu zeigen und mußte diese schmeichelhaften Einladungen ablehnen. Der Direktor des Genfer naturgeschichtlichen Museums, Monsieur Bedot, der mehrere Aufsätze von mir in der *Revue suisse de Zoologie* veröffentlicht hatte, bot mir einen Posten als Konservator seiner Molluskensammlung an (unter anderen befindet sich die *Sammlung Lamarck* in Genf). Ich mußte antworten, daß ich noch zwei Jahre bis zu meinem Abitur vor mir hätte. Als ein anderer Herausgeber einen meiner Aufsätze abgelehnt hatte, weil er die peinliche Wahrheit über mein Alter entdeckt hatte, schickte ich ihn an Monsieur BEDOT, der mit Güte und Humor antwortete: »Das ist das erste Mal, daß ich überhaupt von dem Herausgeber einer Zeitschrift höre, der den Wert eines Aufsatzes nach dem Alter seines Autors bemißt. Vielleicht verfügt er über kein anderes Kriterium?« Wohlgemerkt, die verschiedenen Aufsätze, die ich in diesem Alter veröffentlichte, waren weit davon entfernt, vollkommen zu sein. Erst viel später, im Jahre 1929, war ich imstande, etwas Ernsthafteres auf diesem Gebiet zu leisten.

Diese Untersuchungen, so verfrüht sie auch gewesen sein mögen, waren nichtsdestoweniger sehr nützlich für meine wissenschaftliche Ausbildung: mehr noch, sie dienten, wenn ich so sagen darf, als Schutzmittel gegen den Dämon der Philosophie. Dank ihrer hatte ich das seltene Glück, der Wissenschaft und dessen, was sie bedeutet, ansichtig zu werden, bevor ich die philosophischen Krisen der Heranwachsenden durchzumachen hatte. Ich bin sicher, daß die frühreife Erfahrung mit diesen zwei Typen von Problemen den geheimen Antrieb für meine spätere Betätigung in der Psychologie geschaffen hat.

Anstatt jedoch ruhig die Laufbahn eines Naturforschers zu verfolgen, die mir nach diesen glücklichen Erfahrungen so normal und so einfach erschien, erlebte ich im Alter zwischen fünfzehn und zwanzig Jahren eine Reihe von Krisen, die gleichzeitig in den familiären Verhältnissen und in der intellektuellen Neugierde, die für dieses so produktive Alter charakteristisch sind, begründet waren. Aber – ich wiederhole – ich konnte diese Krisen nur mit Hilfe der geistigen Fähigkeiten bewältigen, die ich im Laufe meiner ersten Kontakte mit der Zoologie erworben hatte.

Es gab da das Problem der Religion. Als ich ungefähr fünfzehn Jahre alt war, bestand meine Mutter, die eine überzeugte Protestantin war, darauf, daß ich das erhielte, was man in Neuchâtel eine »religiöse Unterweisung« nennt, d. h. einen Kursus von sechs Wochen über die Grundlagen der christlichen Lehre. Mein Vater dagegen ging nicht in die Kirche, und ich fühlte sehr schnell, daß für ihn der traditionelle Glaube und eine ehrliche historische Haltung unvereinbar waren. Folglich folgte ich meiner »religiösen Unterweisung« mit lebhaftem Interesse, aber gleichzeitig auch mit einem wachen kritischen Sinn. Zwei Dinge beeindruckten mich zu dieser Zeit sehr: einerseits die Schwierigkeit, eine gewisse Anzahl von Dogmen mit der Biologie in Einklang zu bringen; andererseits die Schwäche der »fünf Gottesbeweise«. Man brachte uns fünf davon bei, und ich habe sogar eine Prüfung darüber abgelegt! Obwohl ich nicht einmal im Traum daran gedacht hätte, die Existenz Gottes zu leugnen, schien mir die Tatsache, daß man mit so dürftigen Argumenten (ich entsinne mich nur des Beweises aus der Finalität der Natur und des ontologischen Beweises) vorgehen konnte, um so außergewöhnlicher, als mein Pfarrer ein intelligenter Mann war, der sich selbst für die Naturwissenschaften interessierte!

Zu dieser Zeit hatte ich das große Glück, in der Bibliothek meines Vaters *La philosophie de la religion fondée sur la psychologie et l'histoire* von AUGUSTE SABATIER zu finden. Ich verschlang dieses Buch mit einem ungeheuren Vergnügen. Die Zurückführung der Dogmen auf die Funktion von notwendigerweise inadäquaten »Symbolen« und vor allem der Begriff einer »Dogmenentwicklung« – das war eine Sprache, die mir viel verständlicher und für das Denken befriedigender erschien. So befiehl mich eine neue Leidenschaft: die Philosophie.

Es folgte eine zweite Krise. Mein Pate, SAMUEL CORNUT, ein Schweizer Schriftsteller französischer Sprache, lud mich ungefähr zu dieser Zeit ein, meine Ferien mit ihm am See von Annecy zu verbringen. Ich habe noch eine ausgezeichnete Erinnerung an diesen Besuch: Wir gingen spazieren, wir gingen zum Fischen, ich suchte Mollusken und schrieb eine *Malacologie du lac d'Annecy*, die wenig später in der *Revue savoisienne* veröffentlicht wurde. Aber mein Pate verfolgte eine Absicht. Er fand mich zu spezialisiert und wollte mich Philosophie lehren. Zwischen dem Sammeln von Weichtieren sprach er mit mir von der »schöpferischen Entwicklung« BERGSONS. Das war das erste Mal, daß ich jemanden, der nicht Theologe war, von Philosophie sprechen hörte; es war ein gewaltiger Schock, muß ich gestehen.

In erster Linie war es ein emotionaler Schock; ich erinnere mich an einen Abend, an dem ich eine tiefe Offenbarung erfuhr: die Identifikation Gottes mit dem Leben selbst war ein Gedanke, der mich fast bis zur Ekstase aufwühlte, weil er mir erlaubte, von nun an in der Biologie die Erklärung aller Dinge und des Geistes selbst zu sehen.

In zweiter Linie war es ein intellektueller Schock. Das Problem der Erkenntnis (genauer gesagt, das epistemologische Problem) erschien mir plötzlich in einer ganz neuen Perspektive und als ein Untersuchungsgegenstand von faszinierendem Interesse. So kam ich zu dem Entschluß, mein Leben der biologischen Erklärung der Erkenntnis zu widmen.

Die Lektüre BERGSONS selbst, die ich erst einige Monate später vornahm (ich habe es immer vorgezogen, über ein Problem nachzudenken, bevor ich darüber las), bestärkte mich in meinem Entschluß, enttäuschte mich aber auch ein wenig. Anstatt hier die endgültige wissenschaftliche Lösung zu finden, auf die mich mein guter Pate vorbereitet hatte, hatte ich den Eindruck einer genialen, der Grundlage der Erfahrung entbehrenden Konstruktion: zwischen der Biologie und der Analyse der Erkenntnis mußte es für mich noch etwas mehr als die Philosophie geben. Ich glaube, in diesem Augenblick entdeckte ich ein Verlangen, das nur durch die Psychologie befriedigt werden konnte.

II. 1914–1918

In dieser Zeit begann das seltsame Phänomen, auf das ich in meiner Einleitung angespielt habe, in Erscheinung zu treten. Nicht damit zufrieden, viel zu lesen (neben dem Studium der Weichtiere und der Vorbereitung auf das Abitur, das ich im Jahre 1915 im Alter von achtzehn Jahren ablegte), machte ich mich daran, meine eigenen Gedanken in zahlreiche Hefte zu schreiben. Bald griffen diese Anstrengungen meine Gesundheit an; ich mußte ein Jahr in den Bergen verbringen und füllte meine erzwungene Muße damit aus, eine Art philosophischen Roman zu schreiben, den ich unklugerweise 1917 veröffentlichte. Wenn ich jetzt diese verschiedenen Schriften wieder lese, die die Krise und das Ende meiner Jugend kennzeichnen – und die ich bis zu dem Moment, als ich sie für diese Autobiographie wieder aufschlug, völlig vergessen hatte –, finde ich darin zu meinem Erstaunen zwei Gedanken wieder, die mir noch heute am Herzen liegen und die mich stets bei meinen verschiedensten Unternehmungen geleitet haben. Darum – so undankbar ein solcher Versuch auf den ersten

Blick auch erscheinen könnte –, werde ich versuchen, diese frühen Begriffe zu beschreiben.

Nach meiner unglücklichen Bekanntschaft mit der Philosophie BERGSONS hatte ich begonnen, alles zu lesen, was mir in die Hände fiel: KANT, SPENCER, AUGUSTE COMTE, FOUILLÉE und GUYAU, LACHELIER, BOUTROUX, LALANDE, DURCKHEIM, TARDE, LE DANTEC; und in der Psychologie: W. JAMES, Th. RIBOT und JANET. Außerdem hatten wir während der zwei Jahre vor dem Abitur Unterricht in Psychologie, Logik und wissenschaftlicher Methodologie bei dem Logiker A. REYMOND. Aber ohne Laboratorium und Beratung (in Neuchâtel gab es selbst an der Universität keinen Experimentalpsychologen) konnte ich nichts tun, als Theorie zu betreiben und zu schreiben. Ich schrieb sogar dann, wenn es nur für mich war; denn ich konnte nicht denken, ohne zu schreiben – aber es mußte systematisch sein, als ob es sich um einen Aufsatz handelte, der veröffentlicht werden sollte.

Ich begann mit einem ziemlich grob gezimmerten Aufsatz, der anspruchsvoll *Entwurf eines Neopragmatismus* überschrieben war, in dem ich einen Gedanken vortrug, der zentral für mich geblieben ist, nämlich, daß das Handeln in sich eine Logik hat (im Gegensatz zum Antiintellektualismus von JAMES und BERGSON) und daß die Logik infolgedessen ihren Ursprung in einer Art spontaner Organisation der Handlungen hat. Aber es fehlte die Verbindung zur Biologie. Eine Unterrichtsstunde REYMONDS über den Realismus und den Nominalismus im Rahmen des Problems der »Universalien« (mit einem gewissen Bezug zur Rolle der Begriffe in der zeitgenössischen Wissenschaft) gab mir eine plötzliche Intuition. Ich hatte gründlich über das Problem der »Arten« in der Zoologie nachgedacht und hatte dabei einen rein nominalistischen Standpunkt angenommen: die Art hat an sich überhaupt keine Realität und unterscheidet sich von den einfachen »Spielarten« nur durch eine größere Stabilität. Aber dieser theoretische Standpunkt, der vom Lamarckismus beeinflußt war, hemmte mich etwas in meiner empirischen Arbeit (der Klassifikation der Weichtiere). Die Kontroverse zwischen DURCKHEIM und TARDE über die Realität oder Nicht-Realität der Gesellschaft als organisierte Ganzheit stürzte mich in einen ähnlichen Zustand der Ratlosigkeit, ohne mir zunächst ihren Bezug zum Artenproblem zu zeigen. Abgesehen davon, verschaffte mir das allgemeine Problem von Realismus und Nominalismus eine Gesamtschau: ich begriff plötzlich, daß man auf allen Ebenen (derjenigen der Zelle, des Organismus, der Art, der Begriffe, der logischen Prinzipien usw.) dasselbe Problem der Beziehungen zwischen dem Teil und dem Ganzen wiederfindet; jetzt war ich überzeugt, die Lösung gefunden zu haben. Endlich tauchte die enge Verbindung zwischen der Philosophie und der Biologie auf, von der ich geträumt hatte, und die Möglichkeit einer Epistemologie, die mir nun wirklich wissenschaftlich schien!

So begann ich, mein System niederzuschreiben (man wird sich fragen, woher ich die notwendige Zeit nahm, aber ich nahm sie mir jedesmal, wenn ich konnte, vor allem während langweiliger Unterrichtsstunden!). Meine Lösung war sehr einfach: in allen Bereichen des Lebens (dem organischen, dem geistigen, dem sozialen) gibt es »Gesamtheiten«, die sich qualitativ von ihren Teilen unterscheiden und die ihnen eine Organisation aufzwingen. Infolgedessen gibt es keine isolierten »Elemente«. Die elementare Realität hängt notwendigerweise von einem Ganzen ab, das sie formt. Aber die Beziehungen zwischen dem Ganzen und dem Teil variieren von einer Struktur zur anderen, denn man muß vier immer gegenwärtige Einwirkungen unterscheiden: die Einwirkung des Ganzen auf sich selbst (Erhaltung), die Einwirkung des Ganzen auf die Teile (Veränderung oder Erhaltung), die Einwirkung der Teile auf sich selbst (Erhaltung) und die Einwirkung der Teile auf das Ganze (Veränderung oder Erhaltung). Diese vier Wirkungsweisen halten sich in einer Gesamtstruktur im Gleichgewicht, aber es gibt dann drei Möglichkeiten des Gleichgewichts: 1. Vorherrschaft des Ganzen mit Veränderung der Teile; 2. Vorherrschaft der Teile mit Veränderung der Teile; 3. wechselseitige Bewahrung des Ganzen und der Teile. Dem ist ein fundamentales Gesetz hinzuzufügen: nur die letzte Art des Gleichgewichts (3.) ist »stabil« oder »gut«, während die beiden anderen (1.) und (2.) weniger stabil sind; obgleich sie nach Stabilität streben, hängt es von den Hindernissen ab, auf die sie treffen, inwieweit sich (1.) und (2.) dem stabilen Zustand nähern.

Wenn ich in dieser Zeit (1913–1915) die Arbeiten von Wertheimer und Köhler gekannt hätte, wäre ich Anhänger der Gestalttheorie geworden, aber da ich nur die Schriften der französischen Schule kennengelernt hatte und noch nicht imstande war, Experimente zu ersinnen, um diese Hypothesen zu verifizieren, war ich gezwungen, mich auf die Konstruktion eines Systems zu beschränken. Die Lektüre dieser alten Papiere scheint mir deswegen von einem gewissen Interesse zu sein, weil sie ein Schema darstellen, das meine späteren Untersuchungen vorwegnimmt: Es war für mich schon klar, daß der Zustand des Gleichgewichts zwischen dem Ganzen und dem Teil (die dritte Art) den Bewußtseinszuständen normativer Natur entsprechen: logische Notwendigkeit im Gegensatz zu den niederen Formen des Gleichgewichts, die die nichtnormativen Bewußtseinszustände charakterisieren, wie die Wahrnehmung usw. oder die Vorgänge im Organismus.

Nach meinem Abitur reiste ich in die Berge, um mich auszuruhen. Während dieser Zeit war ich der Form halber in der mathematisch-naturwissenschaftlichen Fakultät der Universität von Neuchâtel eingeschrieben, so daß ich kurz nach meiner Rückkehr die *licence* in Naturwissenschaften machen und dann mit einer Arbeit über die Weichtiere des Valais promovieren konnte (1918). Obgleich mein Interesse an den Vorlesungen in Zoologie (FUHRMANN), Embryologie (BÉRANECK), Geologie (ARGAND), physikalischer Chemie (BERTHOUD) und Mathematik (die Gruppentheorie schien mir im Hinblick auf das Problem des Ganzen und der Teile besonders wichtig) nicht nachgelassen hatte, wollte ich unbedingt an eine größere Universität mit einem psychologischen Laboratorium gehen, in dem ich hoffte, die Experimente ausführen zu können, die mein »System« bestätigen sollten.

Gerade auf diesem Forschungsgebiet sollten mir die Denkgewohnheiten, die ich bei der Beschäftigung mit der Zoologie erworben hatte, große Dienste leisten. Ich habe niemals an ein System ohne genaue experimentelle Kontrolle geglaubt. Was ich im Laufe meiner Jahre am Gymnasium geschrieben hatte, hielt ich nicht der Veröffentlichung für würdig, weil es vollkommen theoretisch war; sein einziger Wert schien für mich darin zu liegen, daß es zu einem Experiment anregte, dessen Natur ich damals jedoch noch nicht ahnen konnte.

Nichtsdestoweniger wurde ich während des Jahres, das ich in den Bergen verbrachte, von dem Wunsch geplagt, etwas zu schaffen, und ich gab dieser Versuchung nach. Um mich jedoch nicht auf wissenschaftlichem Gebiet zu kompromittieren, umging ich die Schwierigkeit und schrieb – für das große Publikum und nicht für Spezialisten – eine Art von philosophischem Roman, dessen letzter Teil meine Ideen enthielt (1917). Meine Strategie erwies sich als wirksam: Niemand sprach davon, außer ein oder zwei empörten Philosophen[1].

III. 1918–1921

Nachdem ich das Doktorexamen in Naturwissenschaften abgelegt hatte, reiste ich nach Zürich (1915) mit dem Ziel, in einem Laboratorium für Psychologie zu arbeiten. Ich arbeitete in zwei Laboratorien: dem von G. E. Lipps und dem von Wreschner, sowie in der psychiatrischen Klinik von Bleuler. Ich fühlte sofort, daß ich auf dem richtigen Weg war, und daß es mir vielleicht gelingen würde, die Strukturprobleme des Ganzen zu lösen, auf die ich bei meiner philosophischen Reflexion gestoßen war, wenn ich bei dem psychologischen Experimentieren die in der Zoologie erworbenen Denkgewohnheiten anwenden würde. Aber, um ehrlich zu sein, ich fühlte mich am Anfang ein wenig

[1] Nachstehend einige Zitate aus diesem Werk mit dem Titel *Recherche* (1917). Es ging darum, »eine positive Theorie der Qualität auszuarbeiten und dabei nur die Beziehungen von Gleichgewicht und Ungleichheit zwischen den Teilen zu berücksichtigen« (S. 150). »Nun kann es kein Bewußtsein dieser Qualitäten geben, diese Qualitäten können also nicht existieren, wenn es keine Beziehungen zwischen ihnen gibt, wenn sie folglich nicht in einer Gesamtqualität verbunden sind, die sie in sich enthält und zugleich in ihrer Unterschiedlichkeit beläßt. Ich hätte z. B. kein Bewußtsein von der Weiße dieses Papiers oder von der Schwärze dieser Tinte, wenn diese beiden Qualitäten nicht von meinem Bewußtsein zu einer gewissen Einheit verbunden wären und wenn sie trotz dieser Einheit nicht weiß bzw. schwarz blieben . . . Dies ist der Ursprung des Gleichgewichts der Qualitäten: es gibt auf diese Weise ein Gleichgewicht nicht nur zwischen den verschiedenen Teilen auf der einen Seite und dem Ganzen auf der anderen, insofern es von dem Ganzen verschieden ist, das aus diesen Einzelqualitäten besteht . . . (Man muß also vom Ganzen zu den Teilen fortschreiten, und nicht von den Teilen zum Ganzen, wie es das Denken des Physikers tut)« (S. 151–153). »Man kann also einen ersten Typ des Gleichgewichts unterscheiden, in dem das Ganze und die Teile sich wechselseitig stützen« (S. 156), und andere Typen der Art, daß eine geordnete Wechselwirkung zwischen dem Ganzen und den Teilen gegeben ist (S. 157). Nun »streben alle Formen des Gleichgewichts auf ein Gleichgewicht des ersten Typs zu« (S. 157), aber ohne es auf organischer Ebene erreichen zu können. »Wir nennen das Gleichgewicht des ersten Typs also ideales Gleichgewicht, und jedes reale Gleichgewicht welcher Art auch immer setzt ein ideales Gleichgewicht voraus« (S. 158). Dagegen ist der erste Typ auf der Ebene des Denkens verwirklicht: »Er ist der Ursprung des Begriffs der Identität, von dem das Prinzip des Widerspruchs abgeleitet ist« (S. 163).

verloren. Die Experimente von LIPPS und WRESCHNER schienen mir wenig Beziehung zu den fundamentalen Problemen zu haben. Andererseits machten mich die Entdeckung der Psychoanalyse (ich las FREUD und die Zeitschrift *Imago* und hörte von Zeit zu Zeit Vorträge von PFISTER und JUNG) und der Unterricht von BLEULER auf die Gefahr eines isolierten Denkens aufmerksam; ich beschloß daraufhin, mein System zu vergessen, weil ich fürchtete, ein Opfer des »Autismus« zu werden.

Im Frühjahr des Jahres 1919 war ich darüber ziemlich beunruhigt, und ich reiste in das Valais, wo ich die statistische Methode von LIPPS auf eine biometrische Untersuchung der Veränderlichkeit der Erdmollusken in Funktion der Höhe über dem Meeresspiegel anwendete. Ich hatte das Bedürfnis, zu konkreten Problemen zurückzukehren, um ernsthafte Irrwege zu vermeiden.

Im Herbst 1919 nahm ich den Zug und fuhr nach Paris, wo ich zwei Jahre an der Sorbonne verbrachte. Ich nahm an dem Seminar für pathologische Psychologie von DUMAS teil (wo ich lernte, die Kranken von *Sainte-Anne* zu befragen) und an den Seminaren von PIÉRON und DELACROIX; ich studierte auch Logik und Philosophie der Naturwissenschaften bei LALANDE und BRUNSCHVICG. Dieser letztere übte mit seiner historisch-kritischen Methode und seinen Rückgriffen auf die Psychologie einen großen Einfluß auf mich aus. Aber ich wußte immer noch nicht, welches Experimentierfeld ich wählen sollte. Da bekam ich eine außergewöhnliche Chance: Ich wurde dem Doktor SIMON empfohlen, der damals in Rouen wohnte, der aber BINETS Laboratorium in der Schule in der Straße *Grange-aux-Belles* in Paris zu seiner Verfügung hatte. Dieses Laboratorium wurde nicht benutzt, denn SIMON hielt zu dieser Zeit keinen Unterricht in Paris. Doktor SIMON empfing mich freundschaftlich und schlug mir vor, BURTS Denk-Tests über die Pariser Kinder zu standardisieren. Ich begann diese Arbeit ohne großen Enthusiasmus, nur, um irgend etwas zu tun. Aber bald änderte sich meine Stimmung: ich war plötzlich mein eigener Herr und hatte eine ganze Schule zu meiner Verfügung – unerwartete Arbeitsbedingungen.

Schon bei meinen ersten Befragungen bemerkte ich, daß BURTS Tests zwar zweifellos ihre Verdienste hatten, was die Diagnose anlangt, da sie ja auf der Anzahl der Erfolge und der Mißerfolge basierten, daß es jedoch viel interessanter wäre zu versuchen, die

Gründe für die Mißerfolge zu entdecken. So begann ich mit meinen Versuchspersonen Gespräche in der Art klinischer Befragungen zu führen mit dem Ziel, etwas über die Denkprozesse zu erfahren, die hinter ihren richtigen Antworten lagen, und mit besonderer Aufmerksamkeit auf diejenigen, die sich hinter den falschen Antworten verbargen.

Ich stellte mit Verblüffung fest, daß die einfachsten Gedankengänge, die das Enthaltensein eines Teils im Ganzen oder die Verkettung von Beziehungen oder auch die »Multiplikation« von Ordnungen (das zwei Wesenheiten Gemeinsame finden) einbeziehen, bei normalen Kindern bis zu elf Jahren Schwierigkeiten darstellten, die der Erwachsene nicht ahnt.

Ohne daß sich Doktor SIMON völlig darüber klar war, was ich eigentlich tat, fuhr ich ungefähr zwei Jahre lang fort, das sprachliche Denken normaler Kinder zu analysieren, indem ich ihnen verschiedene Fragen stellte und ihnen Situationen vorlegte, die einfache und konkrete Ursache-Wirkung-Beziehungen enthielten. Außerdem erhielt ich die Erlaubnis, mit den anormalen Kindern der *Salpêtrière* zu arbeiten; dort begann ich mit Untersuchungen über die Zahl und wandte dabei Methoden der direkten Manipulation ebenso wie solche des Gesprächs an. Später habe ich diese Arbeiten in Zusammenarbeit mit A. SZEMINSKA wieder aufgenommen.

Endlich hatte ich mein Untersuchungsfeld entdeckt. In erster Linie wurde mir klar, daß die Theorie der Beziehungen zwischen dem Teil und dem Ganzen experimentell mit Hilfe der Analyse der psychologischen Vorgänge untersucht werden kann, die den logischen Operationen zugrunde liegen. Diese Erkenntnis kennzeichnete das Ende meiner theoretischen Periode und den Anfang einer induktiven und experimentellen Ära auf dem Gebiet der Psychologie, in das ich immer hatte eindringen wollen, für das ich jedoch bis dahin keine adäquaten Probleme gefunden hatte. So schienen meine Beobachtungen, die zeigten, daß die Logik nicht angeboren ist, sondern daß sie sich allmählich entwickelt, vereinbar zu sein mit meinen Gedanken über die Bildung des Gleichgewichts, auf das die geistigen Strukturen hinstreben; außerdem stand die Möglichkeit einer direkten Untersuchung des Problems der Logik mit meinen vorhergehenden philosophischen Interessen in Einklang. Schließlich war mein Ziel, eine Art Embryologie der Intelligenz zu entdecken, meiner biologischen Ausbildung angepaßt; seit Beginn meiner theoretischen Reflexionen war ich davon überzeugt, daß sich das Problem der Beziehungen zwischen Organismus und Umwelt auch auf dem Gebiet der Erkenntnis stellt und da als das Problem der Beziehungen zwischen dem handelnden und denkenden Subjekt und den Objekten seiner Erfahrung erscheint. Ich hatte die Gelegenheit, dieses Problem in Begriffen der Psychogenese zu untersuchen.

Als ich die ersten Ergebnisse erzielt hatte, schrieb ich drei Aufsätze, wobei ich versuchte, mich vor jedem theoretischen Vorurteil zu hüten. Ich analysierte also die Fakten nach psychologischen und logischen Gesichtspunkten, indem ich das Prinzip eines logisch-psychologischen Parallelismus anwandte: die Psychologie erklärt die Tatsachen in Begriffen der Kausalität, während die Logik, wenn sie von wahren Urteilen handelt, die entsprechenden Formen in Begriffen des idealen Gleichgewichts beschreibt. Seitdem habe ich dieses Verhältnis so ausgedrückt, daß die Logik eine Axiomatik ist, während die experimentelle Wissenschaft, die ihr entspricht, die Psychologie des Denkens ist[2]. Ich schickte meinen ersten Aufsatz[3] an das *Journal de Psychologie* und hatte nicht nur das Vergnügen, daß er angenommen wurde, sondern konnte dabei auch entdecken, daß I. MEYERSON, der seit dieser Zeit mein Freund wurde, Interessen hatte, die meinen sehr ähnlich waren. Er hatte LÉVY-BRUHL gelesen, und er regte mich mit seinen Ermutigungen und seinen Ratschlägen an. Er akzeptierte auch meinen zweiten Aufsatz[4].

Den dritten Aufsatz schickte ich an ED. CLAPARÈDE, den ich nur ein einziges Mal gesehen hatte, und der ihn in den *Archives de Psychologie*[5] veröffentlichte; auf ihn folgte bald ein weiterer[6]. Aber er nahm nicht nur meinen Aufsatz an; er machte mir auch einen Vorschlag, der den Gang meines Lebens veränderte. Er bot

[2] *Psychologie de l'intelligence* (1947), Kap. I. [deutsch: *Psychologie der Intelligenz*, s. *Bibliographie* von B. INHELDER].

[3] *Essai sur quelques aspects du développement de la notion de partie chez l'enfant*, in: *Journal de Psychol.*, 1921, *38*, 449–480.

[4] *Essai sur la multiplication logique et les débuts de la pensée formelle chez l'enfant*, in: *Journal de Psychol.* 1922, *38*, 222–261.

[5] *Une forme verbale de comparaison chez l'enfant*, in: *Arch. de Psychol.* 1921, *18*, 143–172.

[6] *La pensée symbolique et la pensée chez l'enfant*, in: *Arch. de Psychol.* 1922, *38*, 273–304.

mir die Stelle eines *Chef de travaux* am *Institut J.-J. Rousseau* in Genf an. Da er mich kaum kannte, bat er mich, für einen Monat zur Probe nach Genf zu kommen. Diese Aussicht begeisterte mich, sowohl aufgrund des Ansehens von Claparède, als auch wegen der wunderbaren Forschungsmöglichkeiten, die diese Stelle bieten würde; indessen wußte ich immer noch nicht, wie ich eine Untersuchung, welcher Art sie auch sei, anfangen sollte. Ich nahm grundsätzlich an und verließ Paris, um nach Genf zu reisen. Ich stellte sofort fest, daß Claparède und Bovet ideale Chefs waren, die mich frei nach meinen Wünschen arbeiten lassen würden. Meine Arbeit bestand nur darin, die Studenten anzuleiten und sie an den Untersuchungen teilnehmen zu lassen, wobei ich gebeten wurde, sie nach meiner eigenen Vorstellung vorzunehmen, vorausgesetzt, es handele sich um Kinderpsychologie. Das geschah im Jahre 1921.

IV. 1921–1925

Da ich mit einer systematischen Geisteshaltung ausgestattet bin (mit allen Risiken, die das mit sich bringt), machte ich Pläne, die ich damals als definitiv ansah: ich würde noch zwei oder drei Jahre der Untersuchung des kindlichen Denkens widmen, und dann würde ich zu den Ursprüngen des geistigen Lebens zurückkehren, d. h. zur Untersuchung des Erwachens der Intelligenz im Laufe der ersten zwei Lebensjahre. Nachdem ich dann eine objektive und experimentelle Kenntnis der elementaren Strukturen der Intelligenz erworben hätte, würde ich schließlich imstande sein, das Problem des Denkens im allgemeinen anzugehen und eine psychologische und biologische Epistemologie zu entwickeln. Vor allem müßte ich mich also aller nichtpsychologischen Bedenken enthalten und empirisch die Entwicklung des Denkens allein für sich untersuchen, wohin mich das auch führen würde.

Ich organisierte meine Forschung in der *Maison des Petits* des *Instituts J.-J. Rousseau* im Hinblick auf dieses Vorhaben und begann mit den ganz peripheren Faktoren (soziale Umwelt, Sprache), wobei ich mein Ziel immer vor Augen behielt, nämlich den psychologischen Mechanismus und die Entwicklung der logischen Operationen und des kausalen Denkens zu erfassen. Zu diesem Zweck nahm ich auch bei den Schülern der Genfer Grundschulklassen die Forschungsmethode wieder auf, die ich in Paris eingeführt hatte.

Die Ergebnisse dieser Untersuchungen sind in meinen fünf ersten Büchern über die Psychologie des Kindes dargestellt.[7] Ich veröffentlichte sie, ohne genügend auf ausreichende Vorsicht bei der Darstellung meiner Schlußfolgerungen zu achten, in der Annahme, sie würden wenig gelesen und könnten mir hauptsächlich als Beleg für eine spätere Synthese dienen, die sich an ein breiteres Publikum wenden würde. (Diese Untersuchungen sind das Ergebnis einer kontinuierlichen Mitarbeit aller Studenten des Instituts: unter ihnen befand sich VALENTINE CHÂTENAY, die meine Frau und meine treue Mitarbeiterin wurde.) Entgegen meiner Erwartung wurden diese Bücher gelesen und diskutiert, als ob sie mein letztes Wort zu diesem Thema darstellten; manche übernahmen meine Ansicht über eine Genese der Logik, andere widersetzten sich ihr heftig (besonders in Kreisen, in denen der Einfluß der empirischen Epistemologie oder des Thomismus herrschte). Ich wurde eingeladen, meine Gedanken in mehreren Ländern (Frankreich, Belgien, Holland, Großbritannien, Schottland, Vereinigte Staaten von Amerika, Spanien, Polen usw.) darzustellen und mit Professoren und anderen Lehrern zu diskutieren. (Die Pädagogik interessierte mich jedoch nicht zu dieser Zeit, da ich keine Kinder hatte.) Bei dieser unverhofften Aufnahme war mir nicht ganz wohl, denn ich war mir völlig bewußt, daß ich meine Ideen noch nicht in ein System gebracht und daß ich kaum erst mit den Vorarbeiten begonnen hatte. Aber man kann den Kritikern nicht antworten: »Warten Sie, Sie haben nicht gesehen, was kommen wird«, vor allem, wenn man es selbst nicht weiß. Übrigens begreift man in jungen Jahren nicht, daß man lange Zeit nach seinen ersten Werken beurteilt wird, und daß nur die sehr gewissenhaften Leser bis zu den neueren Arbeiten vordringen.

Diese ersten Arbeiten wiesen zwei wesentliche Mängel auf. Von dem einen wußte ich nichts, als ich mit meinen Untersu-

[7] *Le langage et la pensée de l'enfant* (1924) [deutsch: *Sprechen und Denken des Kindes*, Düsseldorf: Schwann 1972]; *Le jugement et le raisonnement chez l'enfant* (1924) [deutsch: *Urteil und Denkprozeß des Kindes*, Düsseldorf: Schwann 1972]; *La représentation du monde chez l'enfant* (1927); *Le jugement moral chez l'enfant* (1932) [deutsch: *Das moralische Urteil beim Kinde*, Zürich: Rascher 1954].

chungen über den Säugling begann, während ich den anderen genau kannte.

Der erste bestand in der Beschränkung meiner Untersuchung auf die Sprache und den ausgedrückten Gedanken. Ich wußte wohl, daß das Denken im allgemeinen aus der Handlung hervorgeht, aber ich glaubte noch, daß es, um die Logik des Kindes zu verstehen, genüge, sie auf dem Gebiet des Gesprächs oder der verbalen Interaktionen zu suchen. Später erst, als ich das Intelligenzverhalten der ersten zwei Jahre untersuchte, lernte ich, daß ich, um die Genese der Denkoperationen vollkommen zu begreifen, zuerst das Manipulieren und Experimentieren am Gegenstand betrachten mußte, und daß ich infolgedessen die Verhaltensschemata überprüfen mußte, bevor ich Untersuchungen auf der Grundlage eines sprachlichen Austauschs vornahm. Zwar waren meine ersten Untersuchungen über das sprachliche Denken nicht umsonst gewesen, da man ja in den Handlungen der kleinsten Kinder alle Charakteristika wiederfindet, die sich an den sprachlichen Verhaltensweisen älterer Kinder beobachten lassen; aber mein Standpunkt wäre viel besser verstanden worden, wenn ich damals schon entdeckt hätte, was ich erst später gefunden habe: daß zwischen dem voroperatorischen Stadium zwischen zwei und sieben Jahren und dem Erscheinen der formalen Logik mit etwa elf oder zwölf Jahren, also etwa zwischen sieben und elf Jahren, eine Organisationsebene »konkreter Operationen« zu beobachten ist, die wesentlich logisch, wenn auch noch nicht formal ist (zum Beispiel kann das Kind von acht Jahren schließen, daß $A < C$, wenn es drei Objekte in der Relation $B < A$ und $B < C$ gesehen hat, aber es kann dieselbe Operation nicht auf einer rein sprachlichen Ebene ausführen).

Der zweite Fehler entspringt dem ersten, aber ich verstand damals nicht ganz seine Gründe: ich suchte vergebens nach Ganzheitsstrukturen, die charakteristisch für die logischen Operationen selbst sind (wieder meine Theorie der Beziehungen zwischen dem Teil und dem Ganzen). Ich scheiterte, weil ich ihren Ursprung nicht in den konkreten Operationen suchte. Um meinem Bedürfnis nach einer Erklärung in Begriffen von Ganzheiten Genüge zu leisten, untersuchte ich den sozialen Aspekt des Denkens (der, davon bin ich immer noch überzeugt, ein notwendiger Aspekt der Entstehung der logischen Operationen als solcher ist). Das ideale Gleichgewicht (die gegenseitige Erhaltung des

Ganzen und der Teile) beruht hier auf der Kooperation zwischen Individuen, die kraft dieser Kooperation selbst autonom werden. Das unvollkommene Gleichgewicht, das durch die Veränderung der Teile durch das Ganze gekennzeichnet ist, erscheint hier in Gestalt gesellschaftlicher Zwänge (oder des Zwangs, den die Älteren auf die Jüngeren ausüben). Das unvollkommene Gleichgewicht, das durch die Veränderung des Ganzen durch die Teile charakterisiert ist (und durch die fehlende Koordination der Teile), erscheint in Gestalt der unbewußten Egozentrik des Individuums, analog der geistigen Haltung der kleinen Kinder, die noch nicht zusammenzuarbeiten und ihre Standpunkte noch nicht zu koordinieren verstehen. (Unglücklicherweise ist dieser Begriff aufgrund der zu vagen Definition des Begriffs »Egozentrik« – zweifellos ein schlecht gewählter Begriff – und der durch den Begriff der geistigen Haltung hervorgerufenen Mißverständnisse im allgemeinen nicht in seinem alleinigen klaren und einfachen Sinn verstanden worden.)

Obgleich es mir am Anfang nicht gelungen war, die charakteristischen Strukturen der logischen Operationen zu entdecken, die den Strukturen der gesellschaftlichen Wechselbeziehungen hätten entsprechen sollen (ich hatte trotzdem die Wichtigkeit der Umkehrbarkeit des Denkens empfunden)[8], beobachtete ich doch, daß ein gewisses Maß an Unumkehrbarkeit der Operationen den Schwierigkeiten entsprach, die das kleine Kind beim Erwerb der intellektuellen und sozialen Reziprozität erlebte. Aber um diese Hypothese zuverlässig zu begründen, mußte ich zunächst die konkreten Operationen untersuchen.

Im Laufe dieser Jahre hatte ich die Gestaltpsychologie entdeckt, die meinen Begriffen von der Rolle der Ganzheiten so nahestand. Diese Berührung mit den Werken von KÖHLER und WERTHEIMER beeindruckte mich in zweifacher Weise. Erstens schloß ich mit Befriedigung, daß meine voraufgegangenen Untersuchungen keine reine Illusion waren, da man um eine solche Leithypothese herum nicht nur eine kohärente Theorie, sondern auch eine prachtvolle Reihe von Experimenten ausarbeiten konnte. Zweitens hatte ich den Eindruck, daß, obwohl der Gestaltbegriff genau den niederen Formen des Gleichgewichts ent-

[8] *Le jugement et le raisonnement chez l'enfant* (1928), S. 169 [deutsch: *Urteil und Denkprozeß des Kindes.* Düsseldorf: Schwann 1972].

sprach (denjenigen, in denen der Teil durch das Ganze verändert wird, oder denjenigen, wo nach dem Wortlaut der Theorie die Anordnung [Gliederung, Zusammensetzung] nicht »additiv« ist), er nicht den Strukturtypus erklärt, der den logischen oder rationalen Operationen eigen ist. Zum Beispiel ist die Folge der ganzen Zahlen 1, 2, 3 usw. ein bemerkenswertes Operationsganzes, da keine Zahl allein existiert, vielmehr jede durch das Kompositionsgesetz selbst (1 + 1 = 2, 2 + 1 = 3, usw.) erzeugt wird. Und trotzdem ist dieses Kompositionsgesetz wesentlich »additiv«. Das, was ich höhere Form des Gleichgewichts nenne (die reziproke Erhaltung der Teile und des Ganzen), entzieht sich infolgedessen der Erklärung durch die Gestalttheorie. Woraus ich schloß, daß es notwendig wäre, mehrere Stufen des Gleichgewichts zu differenzieren und die Untersuchung der Strukturtypen in einen mehr genetischen Ansatz zu integrieren.

V. 1925–1929

Im Jahre 1925 verließ mein alter Professor A. Reymond seinen Lehrstuhl für Philosophie an der Universität von Neuchâtel, und ich wurde mit einem Teil seines Unterrichts beauftragt, obgleich ich nur Doktor der Naturwissenschaften war. (Seit 1921 hatte ich auch als Privatdozent an der naturwissenschaftlichen Fakultät in Genf Kinderpsychologie gelehrt.) Meine Verpflichtungen waren ziemlich ausgedehnt, sie umfaßten (an der philosophischen Fakultät) den Unterricht in Psychologie, in Philosophie der Naturwissenschaften mit einem philosophischen Seminar sowie zwei Stunden Soziologie am Institut für Sozialwissenschaften. Darüber hinaus setzte ich den Unterricht in Kinderpsychologie am *Institut J.-J. Rousseau* fort. Da man beim Unterrichten lernt, hoffte ich, daß dieser volle Stundenplan mich wenigstens der Epistemologie näherbrächte. Tatsächlich widmete ich während vier Jahren die Vorlesung in Philosophie der Naturwissenschaften der Untersuchung der Entwicklung der Ideen, wie sie in der Geschichte der Naturwissenschaften sowie in der Kinderpsychologie beobachtet werden kann. Die Antrittsvorlesung, die ich über dieses Thema hielt, ist dann veröffentlicht worden[9].

[9] *Psychologie et critique de la connaissance,* in: *Arch. de Psychol.* 1925, *19,* 193–210.

Viele andere Probleme beschäftigten mich während dieser Jahre. Im Jahre 1925 kam meine erste Tochter, im Jahre 1927 die zweite zur Welt (ein Junge folgte ihnen 1931). Mit Hilfe meiner Frau verbrachte ich viel Zeit damit, ihre Reaktionen zu beobachten, und ich unterwarf sie einer gewissen Anzahl von Experimenten. Die Ergebnisse dieser neuen Untersuchung sind in drei Bänden veröffentlicht worden, in denen hauptsächlich von der Frage nach der Genese des Intelligenzverhaltens, von den Vorstellungen von objektiver Konstante und Kausalität und von den Anfängen der symbolischen Verhaltensweisen (Spiel und Nachahmung) die Rede ist. Alle drei Bücher sind inzwischen in deutscher Übersetzung erschienen[10].

Der Hauptgewinn, den ich aus diesen Untersuchungen zog, bestand darin, daß ich in unzweideutigster Weise lernte, daß die intellektuellen Operationen durch das sensomotorische Handeln noch vor dem Erscheinen der Sprache vorbereitet werden. Daraus schloß ich, daß ich, um in meiner Untersuchung über die Logik des Kindes voranzukommen, meine Methode ändern beziehungsweise in der Weise modifizieren mußte, daß ich die Befragung auf Objekte richtete, mit denen das Kind selbst umgehen konnte.

Im Laufe dieser Experimente (unternommen in Zusammenarbeit mit meinen Studenten von Neuchâtel und Genf) entdeckte ich, daß die Kinder bis zu 10–12 Jahren nicht an die Erhaltung der materiellen Quantitäten glauben, z. B. des Gewichts und des Umfangs eines Stücks Knetmasse, dessen Form man änderte, indem man es auseinanderzog oder platt drückte. Ich hatte bei meinen eigenen Kindern beobachtet, daß sie zwischen dem sechsten und dem zehnten Monat nicht den Begriff der Permanenz eines Objekts besaßen, das aus ihrem Blick verschwand (z. B. eine durch ein Taschentuch verdeckte Hälfte usw.). Zwischen dem Entstehen eines Begriffs von der Erhaltung und der Permanenz materieller Objekte und der endgültigen Handhabung des Begriffs von der Erhaltung der physikalischen Eigenschaften (Ge-

[10] *La naissance de l'intelligence chez l'enfant* (1937) [deutsch: *Das Erwachen der Intelligenz beim Kinde*, Stuttgart: Klett 1969]. *La construction du réel chez l'enfant* (1937) [deutsch: *Der Aufbau der Wirklichkeit beim Kinde*, Stuttgart: Klett 1974]; *La formation du symbole chez l'enfant* (1945), [deutsch: *Die Entwicklung der Symbolfunktion beim Kinde*, Stuttgart: Klett 1969].

wicht, Masse usw.) mußte es eine Reihe von Entwicklungsstadien der Ideen von Invarianz geben, die man eher in konkreten Situationen als über die Sprache allein untersuchen können müßte. Ich nahm meine Experimente zu diesem Problem erst viel später nach meiner Rückkehr nach Genf und mit Hilfe von A. Szeminska und B. Inhelder wieder auf.

Bevor ich Neuchâtel verließ, hatte ich meine Untersuchungen über die Mollusken beendet und dabei einen Punkt geklärt, der mich während vieler Jahre beschäftigt hatte und der das Grundproblem der Beziehungen zwischen Erbstruktur und Umwelt berührte. In Wahrheit ist mir dieses letztere Problem immer als ein zentrales erschienen, nicht nur für die genetische Bestimmung der organischen Formen (Morphogenese), sondern auch für die psychologische Theorie des Lernens (Reifung gegen Lernen) und für die Epistemologie. Infolgedessen schien es mir angebracht, meine zoologischen Kenntnisse dafür zu verwenden, das Problem der Morphogenese zu untersuchen, und wäre es auch nur in einer beschränkten Weise. Ich hatte mich für eine Abart der *Limmaea stagnalis* interessiert, die im *Lac de Neuchâtel* besonders reichlich vorhanden und in ihrer Umweltanpassung bemerkenswert ist. Ihre zusammengezogene Form resultiert aus der Bewegung der Wellen, die das Tier beständig dazu zwingen, sich an die Felsen anzuklammern, und so eine Vergrößerung der Muschelöffnung und eine Kontraktion seines Gewindes hervorrufen, und zwar während des Wachstums. Das Problem bestand darin, zu bestimmen, ob diese Eigenschaften erblich wären. Die Beobachtung von mehr als 80000 in ihrer natürlichen Umwelt lebender und mehrerer Tausend im Aquarium gezüchteter Tiere erlaubte mir, folgende Schlüsse zu ziehen: 1. diese Spielart lebt nur in den großen Seen und in den Teilen dieser Seen, in denen das Wasser am bewegtesten ist; 2. ihre Eigenschaften sind erblich und erhalten sich im Aquarium über fünf oder sechs Generationen; ein reiner Stamm von ihnen kann erzielt werden, der sich in seinen Kreuzungen nach den Mendelschen Gesetzen reproduziert. Diese Spielart kann auch außerhalb der Seen leben: ich setzte einige Muster davon in einen Teich, in dem sie seit zwanzig Jahren überlebt. Die Hypothese einer zufälligen Mutation, unabhängig von einem Umwelteinfluß, scheint in diesem besonderen Fall wenig plausibel zu sein, da nichts die zusammengezogene Spielart daran hindert, in irgendeiner nicht salzigen Umgebung zu überleben[11]. Diese Erfahrung hat mich unter anderen gelehrt, nicht das gesamte geistige Leben allein durch die Reifung erklären zu wollen!

VI. 1929–1939

Im Jahre 1929 kehrte ich an die Universität Genf zurück als Professor für Wissenschaftsgeschichte an der naturwissenschaftlichen Fakultät und als stellvertretender Direktor des *Instituts J.-J. Rousseau;* 1932 wurde ich sein Mitdirektor mit CLAPARÈDE und BOVET. Seit 1936 habe ich auch einen Tag in der Woche Experimentalpsychologie in Lausanne unterrichtet. Außerdem nahm ich 1929 unklugerweise das Amt des Direktors des *Bureau International de l'Education* an, wobei ich dem Drängen meines Freundes PEDRO ROSELLO, der sein stellvertretender Direktor geworden war, nachgab. Diese internationale Institution, die heute in enger Zusammenarbeit mit der UNESCO arbeitet, interessierte mich aus zwei Gründen. Erstens konnte sie dank ihrer zwischenstaatlichen Organisation zu einer Verbesserung der pädagogischen Methoden und der offiziellen Übernahme von Techniken beitragen, die dem Geist des Kindes besser angepaßt waren. Zum zweiten steckte in diesem Abenteuer ein, ich möchte sagen, sportliches Element. ROSELLO und mir war es gelungen, diese neue Institution vor allem auf der zwischenstaatlichen Ebene zu errichten. An dem Tag, an dem das Abkommen unterzeichnet wurde, gab es jedoch nur drei vertragschließende Regierungen: Kanton Genf (die Bundesregierung war vertreten, aber unentschlossen), Polen und Ecuador. Außerdem waren wir einer kaum unterdrückten Opposition (ich spreche zu Psychologen!) unterworfen, die aus dem *Institut de Coopération intellectuelle* kam. Wir mußten schnell und diplomatisch handeln. Einige Jahre später waren zwischen fünfunddreißig und fünfundvierzig Regierungen bei der jährlichen Konferenz vertreten, die von der Schweizer Regierung einberufen wurde (heute untersteht diese

[11] Vgl. *Les races lacustres de la Limnaea stagnalis, recherches sur les rapports de l'adaptation héréditaire avec le milieu,* in: *Bull. biol. de la France et de la Belgique,* 1929, *18,* 424–455; und: *L'adaptation de la Limnaea stagnalis aux milieux lacustres de la Suisse romande,* in: *Rev. suisse de zool.,* 1929, *36,* 263–531.

Institution der Leitung der UNESCO und des *Bureau International de l'Education*). Diese Sache hat mich sicherlich viel Zeit gekostet, die ich zweifellos besser verwendet hätte, wenn ich sie der Forschung auf dem Gebiet der Kinderpsychologie gewidmet hätte, aber ich habe dafür viel über die Psychologie des Erwachsenen gelernt!

Über diese nichtwissenschaftlichen Arbeiten hinaus hatte ich andere administrative Verpflichtungen und insbesondere die Aufgabe, das *Institut J.-J. Rousseau* zu reorganisieren, das aus einem privaten Institut zu einem zum Teil der Universität angeschlossenen wurde. Die Jahre zwischen 1929 und 1939 sind ausgefüllt mit wissenschaftlichen Tätigkeiten. Rückblickend heben sich drei Ereignisse ab:

Erstens erlaubte mir die Vorlesung über Wissenschaftsgeschichte, die ich an der naturwissenschaftlichen Fakultät Genf hielt, energisch weiter vorzustoßen in Richtung auf eine Epistemologie, die sich auf die sowohl ontogenetische wie phylogenetische geistige Entwicklung gründet. Innerhalb von zehn aufeinanderfolgenden Jahren untersuchte ich intensiv das Auftauchen und die Geschichte der wichtigsten Begriffe der Mathematik, der Physik und der Biologie.

Zweitens nahm ich in einem größeren Maßstab meine Untersuchungen zur Kinderpsychologie am *Institut J.-J. Rousseau* wieder auf. Diese Arbeit wurde zusammen mit meinen fähigsten Assistenten durchgeführt, insbesondere mit A. SZEMINSKA und B. INHELDER, die jetzt einen Lehrstuhl für Kinderpsychologie innehat. Ihnen ist es zu verdanken, daß eine neue Reihe von Experimenten durchgeführt werden konnte, die sich systematisch mit Problemen der Handlung (Umgang mit den Objekten) beschäftigte, bei denen die Befragung ausschließlich zu gewissen Verhaltensweisen beim Umgang mit Gegenständen führen sollte. Ich wandte diese Methode mit A. SZEMINSKA an, um die Entwicklung der Zahl zu erforschen, und mit B. INHELDER, um die Vorstellungen von der physikalischen Quantität zu untersuchen; ich begann auch mit E. MEYER Untersuchungen über die raumzeitlichen und andere Beziehungen. Die am weitesten fortgeschrittenen Untersuchungen wurden um 1940 herum[12] veröf-

[12] PIAGET und SZEMINSKA, *La genèse du nombre chez l'enfant* (1941) [deutsch: *Die Entwicklung des Zahlbegriffs beim Kinde,* Stuttgart: Klett 1965]; PIAGET und INHELDER, *Le développement des quantités physiques chez l'enfant* (1941)

fentlicht, zu einer Zeit, in der die Psychologen nicht mehr die Gelegenheit hatten, ihre Gedanken über die Grenzen hinweg auszutauschen oder gar Untersuchungen vorzunehmen. So wurden diese Bücher außerhalb des französischen Sprachraums wenig gelesen, obwohl sie die ersten waren, die eine bestimmte Anzahl von Problemen vollkommen entwickelten, die meine ersten Bücher gerade eben angeschnitten hatten.

Drittens erlaubte mir die Untersuchung der konkreten Operationen, endlich die Strukturen der operatorischen Ganzheit zu entdecken, die ich seit langem suchte. Ich untersuchte bei Kindern von vier bis zu sieben oder acht Jahren die Beziehung zwischen dem Teil und dem Ganzen (indem ich sie aufforderte, Perlen Gruppen von vorher festgelegter Größe zuzuordnen), die Reihen asymmetrischer Beziehungen (indem ich sie Reihenbildungen vornehmen ließ, deren Ordnung vorher festgelegt war), und die begrifflichen Entsprechungen (indem ich sie zwei oder mehrere korrespondierende Reihen konstruieren ließ), usw. Diese Arbeiten ließen mich begreifen, warum sich die logischen und mathematischen Operationen nicht unabhängig voneinander entwickeln können: das Kind kann eine bestimmte Operation nur erfassen, wenn es gleichzeitig imstande ist, Operationen zu koordinieren, indem es sie in verschiedenen, genau bestimmten Weisen modifiziert – z. B. indem es sie umkehrt. Diese Operationen setzen, wie jedes primitive Intelligenzverhalten, die Möglichkeit voraus, Umwege zu machen (was der »Assoziativität« der Logiker entspricht) und umzukehren (die »Umkehrbarkeit«). So stellen die Operationen immer umkehrbare Strukturen dar, die von einem Gesamtsystem abhängen, das in sich völlig additiv sein kann. Manche dieser komplexeren Strukturen sind in der Mathematik unter dem Namen »Gruppen« oder *lattices* untersucht worden. Tatsächlich ist das Vorhandensein von operatorischen Systemen dieser Art wichtig für den Aufbau von Gleichgewichtszuständen des Denkens. Ich suchte die elementarsten operatorischen Strukturen, und ich fand sie schließlich in den psychologischen Vorgängen, die der Bildung der Idee der Invariation oder der Konstanz zugrunde liegen. Diese Strukturen sind einfacher als die Gruppen und die *lattices* und stellen die ursprünglichsten Organisationsformen von Teilen innerhalb ei-

[deutsch: *Die Entwicklung der physikalischen Mengenbegriffe beim Kinde. Erhaltung und Atomismus*, Stuttgart: Klett 1969].

nes Ganzen dar: ich habe sie »Gruppierungen« genannt. Zum Beispiel ist eine Klassifizierung (in der die Klassen desselben Ranges immer unterschieden und getrennt sind) eine Gruppierung.

Ich legte mein erstes Paper zu diesem Thema, obwohl ich es noch nicht ganz beherrscht hatte, auf dem internationalen Kongreß für Psychologie in Paris im Jahre 1937 vor. Zur gleichen Zeit versuchte ich die logische Struktur der Gruppierungen von Klassen und Relationen zu bestimmen, von denen ich acht wechselseitig aufeinander bezogene Formen isolieren konnte. Auf Wunsch von P. GUILLAUME und I. MEYERSON schrieb ich ein Werk zu diesem Thema, das in ihrer *Collection Psychologique et Philosophique*[13] veröffentlicht wurde.

VII. 1939–1950

Der Krieg verschonte die Schweiz, ohne daß wir genau verstanden, warum. So groß seine Unruhe sein mochte, ein Intellektueller meines Alters (43 Jahre), der nicht mehr zum Wehrdienst verpflichtet war (ich war im Jahre 1916 endgültig freigestellt worden), konnte nur mehr die Hände in den Schoß legen oder an seine Arbeit zurückkehren.

Als der Professor für Soziologie an der Universität Genf im Jahre 1939 seinen Lehrstuhl aufgab, wurde ich als sein Nachfolger berufen, ohne davon unterrichtet zu sein; ich nahm diesen Ruf an. Einige Monate später befiel CLAPARÈDE eine Krankheit, an der er sterben sollte; ich vertrat ihn einige Zeit, bekam im Jahre 1940 den Lehrstuhl für experimentelle Psychologie und wurde zum Direktor des Laboratoriums für Psychologie ernannt (wo ich in LAMBERCIER einen außergewöhnlichen Mitarbeiter fand). Ich fuhr fort, als Herausgeber die *Archives de Psychologie* zu leiten, zunächst mit REY, dann mit REY und LAMBERCIER. Eine *Société Suisse de Psychologie* wurde einige Zeit später gegründet, und ich übernahm ihren Vorsitz für die ersten drei Jahre; dabei arbeitete ich mit MORGENTHALER zusammen, um eine neue *Revue Suisse de Psychologie* herauszugeben. Es gab viel zu tun.

[13] *Classes relations et nombre. Essai sur la réversibilité de la pensée,* Paris: Vrin 1945.

Von 1939 bis 1945 widmete ich mich zwei Arten von Untersuchungen. Indem ich erstens die Verantwortung für das Laboratorium übernahm, das durch die Namen von TH. FLOURNOY und ED. CLAPARÈDE berühmt geworden war, begann ich mit LAMBERCIER und verschiedenen Assistenten eine langfristige Untersuchung der Entwicklung der Wahrnehmung des Kindes (bis zum Erwachsenenalter). Das Ziel dieser Arbeit bestand darin, sowohl die Beziehungen zwischen der Wahrnehmung und der Intelligenz besser zu verstehen, als auch die Behauptungen der Gestalttheorie zu prüfen (die mich im Hinblick auf das Problem der Intelligenz kaum überzeugt hatte). Die ersten Ergebnisse dieser Untersuchung, die noch nicht abgeschlossen ist, sind schon in den *Archives de Psychologie*[14] erschienen; sie scheinen uns für eine Theorie der Struktur recht lehrreich zu sein. Während sich die logischen Strukturen nur auf einen oder mehrere Aspekte der Objekte erstrecken (Klasse, Anzahl, Gewicht, Größe, etc.), aber in einer vollständigen Weise, was diesen Aspekt anbetrifft, sind die Wahrnehmungsstrukturen zum größten Teil unvollständig, weil sie statistisch oder nur wahrscheinlich sind. Aufgrund dieses probabilistischen Charakters sind diese Wahrnehmungsstrukturen nicht additiv und folgen den Gesetzen der Gestalt. Diese Strukturen entwickeln sich übrigens mit dem Alter: sie haben beim Kind einen weniger aktiven Charakter als beim Erwachsenen und sind bei diesem den Produkten der Intelligenz näher. Diese Tatsachen sind wichtig, wenn es sich darum handelt, die Entwicklung der optisch-geometrischen Sinnestäuschung in Abhängigkeit vom Alter oder die Größe der Konstanz in der Wahrnehmung zu verstehen, usw.

Zweitens begann ich mit Untersuchungen über die Entwicklung der Vorstellungen von Zeit, Bewegung und Geschwindigkeit, sowie über Verhaltensweisen, die diese Begriffe implizieren, und wandte dabei mit Hilfe zahlreicher Mitarbeiter eine konkrete experimentelle Technik und analytische Verfahren an[15].

Im Jahre 1942 hatte PIÉRON die Freundlichkeit, mich zu einer Reihe von Vorträgen am *Collège de France* einzuladen; bei dieser

[14] *Recherches sur le développement des perceptions* (*Recherches* I à XII, in: *Arch. de Psychol.* 1942–1950.

[15] *Le développement de la notion de temps chez l'enfant* (1946) [deutsch: *Die Bildung des Zeitbegriffs beim Kinde*, Zürich: Rascher 1955]; *Les notions de mouvement et de vitesse chez l'enfant* (1946).

Gelegenheit konnte ich meinen französischen Kollegen – das geschah während der deutschen Besetzung – ein Zeugnis von der unerschütterlichen Zuneigung ihrer ausländischen Freunde überbringen. Der Inhalt dieser Vorträge erschien kurz nach dem Krieg in einem kleinen Band, der ins Englische, ins Deutsche, ins Schwedische usw. übersetzt wurde[16].

Gleich nach Beendigung des Krieges wurden die Beziehungen über die Grenzen hinweg mit verstärkter Intensität wieder aufgenommen. Das *Bureau International de l'Education* hatte in den Jahren zwischen 1939 und 1945 niemals völlig seine Arbeit eingestellt; es hatte insbesondere die Aufgabe wahrgenommen, bildende Bücher an Kriegsgefangene zu verschicken. Während der Gründungszeit der UNESCO nahm das *Bureau de l'Education* an den voraufgehenden Konferenzen und später an den jährlichen allgemeinen Konferenzen teil, die über die Gesamtpolitik und über die zu leistende Arbeit der beiden Institutionen entschieden. Nachdem die Schweiz der UNESCO beigetreten war, wurde ich von meiner Regierung zum Präsidenten der Schweizer Kommission der UNESCO ernannt, und ich leitete die Schweizer Delegationen bei den allgemeinen Konferenzen von Beirut, Paris und Florenz. Die UNESCO schickte mich als Vertreter zu den Konferenzen von Sèvre und Rio de Janeiro und übertrug mir die Herausgabe einer Broschüre *Das Recht auf Erziehung;* ich erfüllte auch während einiger Monate die Aufgaben eines stellvertretenden Generaldirektors für das Ressort Erziehung. Als mir TORRÈS-BODET diesen Posten für eine längere Zeit anbot, brachte er mich in eine recht schwierige Lage; ich brauchte in der Tat nicht lange, um zwischen den internationalen Aufgaben und den Forderungen meiner unvollendeten Forschungsarbeit zu wählen: ich übernahm zwar die Verantwortung, die er mir anbot, aber nur für einige Zeit. Ich habe mich vor kurzem jedoch bereit erklärt, Mitglied des Exekutivrates der UNESCO zu werden, nachdem ich auf der allgemeinen Konferenz von Florenz in diesen Rat gewählt worden war.

Da ich von internationalen Beziehungen spreche, könnte ich erwähnen, daß ich im Jahre 1946 die Freude hatte, die Ehrendoktorwürde der Sorbonne zu erhalten; man hatte mir schon im

[16] *La psychologie de l'intelligence* (1950) [deutsch: *Psychologie der Intelligenz*, Zürich: Rascher 1948, Olten/Freiburg: Walter ^{6}1974 und in *Geist und Psyche*, München: Kindler 1976.

Jahre 1936 in Harvard während der unvergeßlichen Zeremonien zur Dreihundertjahrfeier dieser großen Universität diese Ehre erwiesen. Im Jahre 1949 erhielt ich einen Doktortitel der Universität von Brüssel und im selben Jahr den Professorentitel *honoris causa* der Universität von Brasilien in Rio de Janeiro. Und ich möchte auch sagen, wie sehr ich mich gefreut habe, als ich Mitglied der Akademie der Wissenschaften von New York wurde.

Aber die Aktivitäten der Nachkriegszeit ließen mich deswegen nicht meine Arbeit vernachlässigen. Im Gegenteil, ich eilte mich damit aber etwas, aus Angst, ich könnte nicht rechtzeitig fertig sein, wenn sich die internationale Situation von neuem verschlechtern würde. Das erklärt die Zahl meiner Veröffentlichungen. Diese Steigerung meiner Produktion bedeutet jedoch keine übereilte Improvisation: ich hatte schon seit sehr langer Zeit an jeder dieser Publikationen gearbeitet[17].

Zuerst konnte ich mit Hilfe von B. INHELDER eine große Zahl von Experimenten über die Entwicklung der räumlichen Beziehungen zwischen zwei oder drei Jahren und elf oder zwölf Jahren durchführen[18], ein Problem, das um so komplexer ist, als die

[17] Man hat mich oft gefragt, wo ich die notwendige Zeit fände, um neben meiner Universitätsarbeit und meinen internationalen Verpflichtungen so viel zu schreiben. Das verdanke ich in erster Linie der außergewöhnlichen Qualität der Menschen, und insbesondere der Frauen, die mit mir zusammen gearbeitet haben, und die mir weit mehr geholfen haben, als ich es hier zum Ausdruck bringen könnte. Nachdem ich Jahre damit zugebracht habe, allein oder mit kleinen Gruppen von Studenten Kinder zu befragen, wurde mir während dieser letzten Jahre von Assistententeams und Kollegen geholfen, die sich nicht auf die Sammlung der Fakten beschränkten, sondern die eine zunehmend aktive Rolle in der Durchführung der Untersuchung spielten. Ich verdanke es auch einem besonderen Zug meines Charakters. Grundsätzlich bin ich ein ängstlicher Mensch, den allein die Arbeit erleichtern kann. Es ist richtig, daß ich soziabel bin und daß ich gern an Versammlungen jeder Art teilnehme oder dort unterrichte, aber ich empfinde ein zwingendes Bedürfnis danach, allein zu sein und Kontakt mit der Natur zu haben. Nach einem mit anderen verbrachten Vormittag, beginne ich jedenNachmittag mit einem Spaziergang, auf dem ich ruhig meine Gedanken sammle und ordne und danach zu meinem Arbeitstisch bei mir zu Hause auf dem Lande zurückkehre. Sobald die Ferien beginnen, flüchte ich mich in die Berge in den wilden Regionen des Valais und schreibe wochenlang auf improvisierten Tischen und nach angenehmen Spaziergängen. Dieser Zwiespalt in mir, dem sozialen Wesen einerseits und dem Menschen der Natur andererseits (in dem sich die dionysische Erregung in intellektueller Tätigkeit vollendet), haben es mir erlaubt, eine ständig vorhandene Angst zu überwinden und sie in Bedürfnis nach Arbeit umzuwandeln.

[18] PIAGET und INHELDER, *La représentation de l'espace chez l'enfant* (1948)

Interferenz zwischen der Wahrnehmung und der Handlung hier konstant ist. Auf der anderen Seite brachte uns die Untersuchung der intellektuellen Operationen als einzige umkehrbare geistige Mechanismen (im Gegensatz zur Wahrnehmung, zu den sensomotorischen Verhaltensweisen, usw., die nur in eine Richtung laufen) dazu, die Reaktionen kleiner Kinder auf irreversible physikalische Phänomene, wie Mischung oder Zufall[19], zu untersuchen. Ich vollendete auch mit B. INHELDER eine Untersuchung über die Genese der Wahrscheinlichkeit, die auf das umfassendere Problem der Induktion ausgedehnt wurde.

Ich konnte zweitens endlich mein altes Projekt, eine genetische Epistemologie zu schreiben, realisieren[20]. Als CLAPARÈDE starb, hatte ich meine Vorlesung über die Geschichte des wissenschaftlichen Denkens aufgegeben, um die experimentelle Psychologie wieder aufzunehmen. Da ich genügend experimentelle Daten zu den psychologischen Vorgängen besaß, die den logisch-mathematischen und physikalischen Operationen zugrunde liegen, schien es mir an der Zeit, die zusammenfassende Arbeit zu schreiben, von der ich seit Beginn meiner Studien geträumt hatte. Anstatt der Kinderpsychologie fünf Jahre zu widmen, wie ich es im Jahre 1921 vorgesehen hatte, hatte ich beinahe dreißig Jahre damit zugebracht; es war eine faszinierende Arbeit, und ich bedauere sie nicht im geringsten. Aber es war Zeit abzuschließen, und das versuchte ich in diesem umfassenden Werk, das im Grunde eine Analyse des Mechanismus des Erwerbs der Erkenntnisse darstellt, der dabei nicht statisch, sondern vom Blickpunkt des Wachsens und der Entwicklung her untersucht wurde.

Schließlich bat mich der Verlag Colin, einen *Traité de Logique* zu schreiben mit dem zweifachen Ziel, in knapper Form die Operationsmethoden der Logistik (oder der modernen algebraischen Logik) darzustellen und meine persönlichen Gedanken zu

[deutsch: *Die Entwicklung des räumlichen Denkens beim Kinde*, Stuttgart: Klett 1971]; PIAGET, SZEMINSKA und INHELDER, *La géométrie spontanée chez l'enfant* (1948) [deutsch: *Die natürliche Geometrie des Kindes*, Stuttgart: Klett 1974].

19 *La genèse de l'idée de hasard chez l'enfant* (1951).

20 *Introduction à l'épistémologie génétique. I. La pensée mathématique; II. La pensée physique; III. La pensée biologique, la pensée psychologique et la pensée sociologique* (1949–50) [deutsch: *Die Entwicklung des Erkennens. I. Das mathematische Denken*, Stuttgart: Klett 1972. *II. Das physikalische Denken*, Stuttgart: Klett 1973. *III. Das biologische Denken; das psychologische Denken; das soziologische Denken*, Stuttgart: Klett 1973].

diesem Thema darzulegen. Ich zögerte zunächst, denn ich bin kein Logiker von Beruf. Dann reizte mich der Wunsch, einen schematischen Entwurf der Logistik zu konstruieren, der einerseits den Etappen der Herausbildung der Operationen (konkrete Operationen, Klassen und Relationen – formale Operationen oder Logik der Sätze) und andererseits den Strukturtypen entsprechen würde, deren grundlegende psychologische Bedeutung ich früher entdeckt hatte. Seitdem habe ich ein kürzeres Werk geschrieben, das noch nicht veröffentlicht ist, das sich mit den Strukturen beschäftigt (Gruppen, *lattices* und Gruppierungen), die mittels dreier Sätze definiert werden können (die Logik der 256 ternären Operationen)[21].

Schluß. – Meine einzige Idee, die ich in verschiedener Form in zweiundzwanzig Bänden entwickelt habe, war die, daß die geistigen Operationen in der Art von Ganzheitsstrukturen vorgehen. Diese Strukturen bestimmen die Arten des Gleichgewichts, auf das hin die ganze Entwicklung tendiert; ihre gleichzeitig organischen, psychologischen und sozialen Wurzeln reichen bis zu der biologischen Morphogenese selbst hinab.

Dieser Gedanke ist zweifellos weiter verbreitet, als man im allgemeinen meint; trotzdem war er niemals in befriedigender Weise bewiesen worden. Nach mehr als dreißig Jahren Arbeit über die höheren Aspekte dieser Entwicklung würde ich gerne eines Tages auf ihre ursprünglichsten Mechanismen zurückkommen; das ist einer der Gründe, warum ich mich für die Wahrnehmung beim kleinen Kind interessierte. Die charakteristische Umkehrbarkeit der Operationen des logischen Denkens wird nicht *en bloc* erworben, sondern wird im Laufe einer Reihe von aufeinanderfolgenden Stadien vorbereitet: elementare Rhythmen, immer komplexere Regulationen (halb-umkehrbare Strukturen) und schließlich umkehrbare operatorische Strukturen. Dieses Entwicklungsgesetz nun, das die gesamte geistige Entwicklung beherrscht, entspricht zweifellos bestimmten Gesetzen der Strukturierung des Nervensystems, und es wäre interessant, diese in Begriffen qualitativer mathematischer Strukturen auszudrücken (Gruppen, *lattices*, usw.)[22].

[21] *Traité de logique, esquisse d'une logistique opératoire,* Paris: Colin 1949, und *Essai sur les transformations des opérations logiques,* Paris: P. U. F. 1952.

[22] *Le problème neurologique de l'intériorisation des actions en opérations réversibles,* in: *Arch. de Psychol.,* 1946, *32,* 241–258.

Was die »Gestalten« betrifft, so bilden sie nur einen Sonderfall unter den möglichen Strukturen und gehören eher zu den Regulationen als zu den (umkehrbaren) Operationen. Ich hoffe, eines Tages die Beziehungen zwischen den geistigen Strukturen und den Stadien der Nervenentwicklung aufzeigen und damit zu der allgemeinen Theorie der Strukturen gelangen zu können, zu der meine früheren Untersuchungen nur die Einleitung bilden.

VIII. 1950–1966

In den voraufgegangenen Seiten habe ich versucht, die Beweggründe und die Etappen der Beiträge herauszuarbeiten, die ich für unsere Disziplin habe liefern können, und das ist es zweifellos, was man von ihnen erwartet in einer *Geschichte der Psychologie in Autobiographien*, wie der Titel des amerikanischen Sammelbandes lautet, dessen Herausgeber MURCHISON und BORING mich um dieses Exposé gebeten hatten. Aber da sich die Gelegenheit bietet, sie bis in das Jahr 1966 zu vervollständigen, kann es nützlich sein, diese Gelegenheit zu ergreifen, um einige Lehren aus den gemachten Erfahrungen zu ziehen.

Eine Autobiographie ist niemals objektiv, und es ist natürlich Sache des Lesers, sie in die Richtung der unpersönlichen Wahrheit zurückzubringen. Sie bietet nichtsdestoweniger den Reiz, einige Angaben über das zu liefern, was ein Autor hat machen wollen, und über die Art und Weise, in der er sich selbst versteht. Wenn es sich um einen Autor handelt, der in sehr verschiedener Weise interpretiert wird, kann das sogar nützlich sein: in neueren Publikationen bin ich der Reihe nach als »Neoassoziationist« (BERLYNE), »Transzendentalist« (BATTRO), »Neogestalttheoretiker« (MEILI), »der marxistischen Dialektik nahestehend« (GOLDMANN, NOWINSKI u. a.) angesehen worden; oder auch als in bestimmten Punkten abhängig von ARISTOTELES und dem heiligen THOMAS VON AQUIN (CHAUCHARD). All das ist sehr ehrenwert, aber es kann einige Präzisierungen über die Art und Weise, wie man zu bestimmten Ideen gelangt ist, wünschenswert machen. Deshalb mußte ich, als mich meine Studenten an der Sorbonne eines Tages fragten, wie ich trotz meiner biologischen

Ausbildung zum Gebrauch der symbolischen Logik und abstrakter Modelle gekommen sei, auf eine autobiographische Weise[23] antworten. Ebenso schien es mir notwendig, in einem kleinen Buch der Auseinandersetzung über den Wert der Philosophie den Philosophen Einzelheiten zu erzählen, wie ich mich von ihnen gelöst hatte[24]. Mit dieser zusammen sind es also ein wenig zu viele Autobiographien, von denen man übrigens wünschen muß, daß sie sich niemals untereinander widersprechen. Aber da man mich gebeten hat, diejenige zu vervollständigen, die man gerade gelesen hat, würde ich gern daraus den Nutzen ziehen, um darzulegen, wie ich am Ziel einer Laufbahn auf retrospektiven ebenso wie auf aktuellen Wegen zu einigen Überzeugungen gelangt bin.

Zunächst reduzieren sich die Ereignisse zwischen 1950 und 1966 auf vier wichtige Punkte. Erstens hatte ich das Glück und die Ehre, im Jahre 1952 von der Sorbonne berufen zu werden, um dort regelmäßig genetische Psychologie zu unterrichten, und ich konnte diesen Posten bis 1963 behalten (wobei ich zwischen Genf und Paris hin- und herpendelte), als mich die immer wachsende Aktivität des *Centre international d'Epistémologie génétique* in Genf zwang, auf diese Pariser Vorlesungen zu verzichten, trotz der großen Freude und der geistigen Bereicherung, die ich daraus zog. Zweitens konnte ich im Jahre 1956 an der naturwissenschaftlichen Fakultät Genf mit Unterstützung der *Rockefeller Foundation* während acht Jahren, und dann des *Fond national suisse de la Recherche scientifique* das Zentrum für Epistemologie, von dem schon die Rede war, gründen, und ich habe an anderer Stelle mit einiger Ausführlichkeit[25] den Ablauf dieses spannenden Abenteuers dargestellt, das darin besteht, Spezialisten sehr unterschiedlicher Disziplinen (Logiker, Mathematiker, Physiker, Biologen, Psychologen und Linguisten) bei gemeinsamen Untersuchungen zusammenarbeiten zu lassen und immer wieder die theoretische Untersuchung mit der experimentellen Analyse zu verbinden. Drittens mußte ich, aufgrund der Arbeiten dieses Zentrums ebenso wie wegen der lebhaften Aktivität unserer Mitarbeiter und Assistenten an zahlreichen Publikatio-

[23] *Bulletin de psychologie* (Paris), 1959–60, 13, Nr. 169, S. 7–13.

[24] *Sagesse et illusions de la philosophie*, (1965) Kap. I [deutsch: *Weisheit und Illusionen der Philosophie*, Frankfurt/M.: Suhrkamp 1974].

[25] Ebd., S. 43–55.

nen mitarbeiten; man findet ihre Aufstellung in der von B. INHELDER und ihren Mitarbeitern im Hinblick auf eine Festschrift[26] zusammengestellten sorgfältigen und vollständigen Bibliographie, die in dem vorliegenden Heft wiederum abgedruckt ist; und man wird bemerken, daß beinahe jedes der erwähnten Werke aus dieser letzten Periode das Ergebnis einer Zusammenarbeit, an erster Stelle mit B. INHELDER selbst, ist. Und schließlich hat sich viertens in diesen Jahren eine Anzahl von administrativen und internationalen Aufgaben vervielfacht (UNESCO, *Bureau International d'Education*, etc.), von denen ich eine der angenehmsten erwähnen will: die Gründung und die Entwicklung der *»Union internationale de psychologie scientifique«*, deren zweiter Präsident als Nachfolger von PIÉRON zu sein ich die Ehre hatte.

Nunmehr kehre ich zur Geschichte der Ideen zurück und stelle fest, daß ich am Ende der im Jahre 1950 geschriebenen Seiten (Schluß von VII.) die zweifache Absicht ankündigte, mich auf eine allgemeinere Theorie der Strukturen und auf eine engere Verbindung zu den biologischen und neurologischen Gebieten hin auszurichten. Ich war also noch recht jung, und der Moment ist gekommen zu sagen, was tatsächlich daraus geworden ist, und die Lehren aus den seitdem erworbenen Erfahrungen zu ziehen. In Wirklichkeit waren diese Hoffnungen nicht völlig vergeblich, aber ich habe mich nur mehr oder weniger den Zielen auf Wegen nähern können, die sich von den vorgesehenen unterschieden, und über sie würde ich gern ein wenig nachdenken, wenigstens was die Strukturen anbetrifft. Was die Beziehungen zwischen den kognitiven Strukturen und den organischen Strukturen anlangt, so versteht sich von selbst, daß es zu früh ist, um an präzise Entsprechungen zwischen den ersteren und der Entwicklung des Nervensystems zu denken, und man muß noch abwarten, bis man die schönen Hypothesen von McCULLOCH auf zahlreichen Sektoren weiter hat differenzieren können. Dagegen hat mich eine am *Centre d'épistémologie génétique* gemeinsam durchgeführte Untersuchung über die hauptsächlichen Strömungen der zeitgenössischen Biologie nicht nur von dem Parallelismus der Probleme (auf den Gebieten der Anpassung, der Entwicklung usw.) überzeugt, auf dem ich seit langem insistiert habe, sondern

[26] *Psychologie et épistémologie génétiques, thèmes piagétiens,* Paris: Dunod 1966, S. 7–38.

auch von der Übereinstimmung der Begriffe oder gewisser Problemlösungen der gegenwärtigen Biologie mit dem, was uns in der Erforschung der Intelligenz begegnet. Ich habe also über dieses Thema eine theoretische Arbeit *(Biologie et connaissance)* geschrieben, die die Probleme darlegen oder präzisieren soll und die in Kürze bei GALLIMARD in der von J. ROSTAND herausgegebenen Reihe erscheinen wird.

Was die Fragen der allgemeinen Theorie der Strukturen betrifft, so sind wir sicher vorangekommen, aber nur in Zusammenarbeit, und gerade diesen immer mehr notwendigen Aspekt der psychologischen Forschung möchte ich am Ende dieser Autobiographie betonen, indem ich im folgenden den Plural an die Stelle des Singulars setze, bis das Wort Symbiographie geschaffen wird.

I. Zunächst muß, noch unabhängig von diesem Programm der Strukturen, auf die wachsende Bedeutung hingewiesen werden, die ich mich veranlaßt gesehen habe, der Kritik beizumessen, insbesondere in den Glücksfällen, in denen sie auf eine echte gegenseitige Kontrolle hinausläuft. Zweifellos bin ich einer der Psychologen dieses Jahrhunderts gewesen, der ein Höchstmaß an Kritiken ertragen mußte: meine ersten Arbeiten über die Sprache des Kindes, sein Weltbild und seinen Kausalitätsbegriff haben (siehe unter IV.) zu sehr lebhaften Kontroversen Anlaß gegeben, die sich aber weniger mit dem befaßten, was an ihnen tatsächlich ungenügend war, als gerade mit dem Begriff qualitativer oder struktureller Transformationen des Denkens im Lauf der Entwicklung. Da diese Kritiken im allgemeinen von einem mehr oder weniger vollständigen Unverständnis für das Problem selbst Zeugnis ablegten, habe ich mich wenig um sie gekümmert, da ich überzeugt war, daß die folgenden Untersuchungen die gewünschten Beweise liefern würden, und ich habe keine Antworten veröffentlicht, außer an SUZAN und an NATHAN ISAACS. Ich hatte seitdem übrigens die Genugtuung, bei N. ISAACS solide Unterstützung zu finden; zu sehen, wie M. LAURENDEAU und A. PINARD eine scharfsichtige methodologische Kritik an meinen alten Kritikern vornahmen angesichts der von ihnen gesammelten neuen Fakten[27]; und schließlich eine Arbeit von JAN SMEDSLUND zu lesen, in der in einer neuen Form meine alten Hypothe-

[27] M. LAURENDEAU und A. PINARD, *La pensée causale*, Paris: P. U. F.

sen über die geistige Egozentrik und Dezentrierung[28] entwickelt wird, usw. Über diese alten Kritiken nun möchte ich hier nicht gerne sprechen.

Dagegen hat in den letzten zehn bis fünfzehn Jahren und in dem Maße, wie unsere Ergebnisse über die voroperatorischen (Nichterhaltung *[non-conservation]*) und die operatorischen Reaktionen des Kindes zahlreicher wurden, eine recht beträchtliche Zahl von Forschern unsere Experimente aufgegriffen, ohne im allgemeinen die Tatsachen selbst mehr zu bestreiten, sondern indem sie die Interpretationen genauer untersuchten. Auf einem solchen Gebiet werden dann die Kritik und die Diskussion besonders nützlich, denn bevor man die Hypothese über die Ganzheitsstrukturen und über ihren fortschreitenden Aufbau nach einem Rhythmus, der nicht unendlich beschleunigt werden kann, als bewiesen betrachtet, ist es ganz sicher wichtig, alle anderen Formen der Erklärung zu versuchen und ihren jeweiligen Wert sehr genau zu überprüfen.

Einige entscheidende Erfahrungen, die ich erlebt habe, haben mich so über den unersetzlichen Wert dieser gegenseitigen Kontrollen belehrt, aber unter der Bedingung, daß sie in einer recht systematischen Weise und, was noch viel schwieriger ist, in einer Atmosphäre von ausreichender Reziprozität eingesetzt werden, um reale Fortschritte sicherzustellen. Es ist einige Jahre her, daß ein vortrefflicher französischer Experimentator, P. FRAISSE, Zweifel an einigen unserer Ergebnisse auf den Gebieten der Wahrnehmung im allgemeinen sowie der Begriffe der Geschwindigkeit und der Zeit, für die er Spezialist war, hegte. Nun interessierten uns diese Meinungsverschiedenheiten, die zu Kontroversen in der gewöhnlichen Weise führten, so sehr (ganz abgesehen von der festen Freundschaft, die aus diesen Kontakten entstand, daß wir in zwei Arten von Gewohnheiten vorgingen, die sich als entscheidend erwiesen: jeder wiederholte die Experimente des anderen, und wir teilten uns gegenseitig unsere Ausarbeitungen vor der Veröffentlichung mit, um sie kritisch zu überprüfen und auch um uns zu versichern, immer vom Partner verstanden zu werden. Man kann sich kaum vorstellen, bevor man eine solche Methode angewendet hat, wie instruktiv sie für die Feststellung der Fakten selbst und, noch viel mehr, für die

[28] L. SMEDSLUND, *Les origines sociales de la décentration*, in: *La psychologie et épistémologie génétiques*, Paris: Dunod 1966, S. 159–168.

Verfeinerung der Interpretationen ist: ohne eine solche Anstrengung versteht man tatsächlich andere Interpretationen als die eigenen schlecht, weil man ihre versteckten Beweggründe und Implikationen nicht erkennt, während man, wenn man sie versteht, seine eigene Betrachtungsweise bereichert, selbst wenn man nicht zu völliger Übereinstimmung gelangt.

An anderer Stelle[29] habe ich erzählt, daß ich mit dem Logiker E. W. Beth dieselbe Erfahrung wie mit P. Fraisse gemacht habe, bevor wir ein gemeinsames Buch schreiben konnten; und die Situation war sehr viel schwieriger, denn ich bin vom Metier her kein Logiker, und Beths Kritiken schienen unwiderleglich zu sein. Aber solche positiven Ergebnisse wechselseitiger Kontrollen sind nur unter der Bedingung eines ziemlich ständigen persönlichen Kontaktes möglich, und die Umstände erlauben das nicht immer.

Dies führt zu dem Problem der Strukturen zurück, an dem gegenwärtig am häufigsten und am zentralsten Kritik geübt wird, die aber von Autoren aus den USA und der UdSSR kommt, die regelmäßig zu sehen ich wenig Gelegenheit hatte. Die Thesen, die man mir entgegenhält, sind einfach und meines Erachtens viel zu einfach: das Denken besteht darin, Bilder von Objekten zu konstruieren und diese Bilder mit Hilfe der verbalen Zeichen zu lenken oder zu organisieren, wobei die Sprache selbst eine adäquate Beschreibung der Dinge darstellt; die Aktivität des Subjektes läuft so nur darauf hinaus, sich richtige Vorstellungen von der Wirklichkeit zu konstruieren, und nichts hindert infolgedessen, daß diese Entwicklung durch gesellschaftliches Lernen und Weitergeben nach Wunsch beschleunigt wird, bis es sogar Stadien überspringt oder sie durch ein sofortiges Erreichen extrem verkürzt; aus pädagogischer Sicht würde man dann die Perspektive »optimistisch« nennen, nach der man dem Kind in jedem beliebigen Stadium alles beibringen kann, und mich wird man als »Pessimisten« bezeichnen, wenn ich daran festhalte, daß das Kind, um zu assimilieren, was man es lehrt, Strukturen braucht, die es mit seiner eigenen Aktivität konstruiert.

Wenn ich mit solchen Autoren eine regelmäßigere Verbindung aufnehmen könnte, z. B. mit J. Bruner, der glaubt, die Erklä-

[29] *Sagesse et illusions de la philosophie*, S. 50 [deutsch: *Weisheit und Illusionen der Philosophie*].

rung für die Invarianz durch seine Theorie der semiotischen Bilder und der Instrumente erneuert zu haben, würde ich nicht müde werden, darüber zu staunen, daß die Vertreter großer Länder, die sich vorsetzen, die Welt zu verändern, keine anderen Ambitionen haben, um die Aktivität des Subjektes zu charakterisieren, als es übereinstimmende Bilder und eine adäquate Sprache konstruieren zu lassen. Bis auf weitere Belehrung glaubte ich, daß die Handlung darin besteht, die Realität zu verändern und nicht zu imitieren, und ich hätte nicht geglaubt, daß man Sputniks konstruiert und Reisen auf den Mond projektiert, indem man sich mit Kopien zufriedengibt, die mit den zu beobachtenden und schon beobachteten Gegebenheiten übereinstimmen. Daß ein Schulmeister alten Stils, der niemals etwas erfunden hat, das Ideal optimistisch nennt, den Schülern möglichst viel möglichst rasch beizubringen – sei's drum; aber daß sich schöpferische Geister besorgt zeigen über die Idee, die jedem Kind die Fähigkeit der Erfindung und des Wiedererfindens (d. h. im Laufe der Zeit, wie es jede effektive Konstruktion voraussetzt) zuerkennt, das geht über meinen Verstand. Kurz, die Operationen und operatorischen Strukturen ernst nehmen, heißt glauben, daß das Subjekt die Wirklichkeit verändern kann, während der Primat der Bilder und der Sprache zu einem grundsätzlich konservativen Modell der Intelligenz und der Sprache führt. Ist die Intelligenz wesentlich Erfindung oder Vorstellung? Das ist das Problem; und man kann nun nicht die Erfindung durch das einfache Spiel der Vorstellungen erklären, während diese bereits einem wichtigen Teil der aktiven Strukturierung entsprechen.

II. Gehen diese Thesen über die Grenzen der Psychologie hinaus? Sicher, was ihre Bedeutung, sicher nicht, was ihre Überprüfung anbetrifft. Einer der offensichtlichen Beweggründe der Autoren, die den Struktur- und Operationsideen mißtrauen, ist die Furcht, die Psychologie zu verlassen, um auf logische oder epistemologische Erwägungen zurückzugreifen. Die entscheidende Erfahrung, die ich in diesem Jahrzehnt und hauptsächlich an unserem *Centre d'épistémologie génétique* gemacht habe, hat mich dagegen von der Notwendigkeit interdisziplinärer Untersuchungen und ihrer Fruchtbarkeit für die Lösung spezifisch und authentisch psychologischer Probleme überzeugt. Alles, was ich seit ungefähr einem Jahrzehnt habe machen können, ist in der Tat in Zusammenarbeit entworfen und ausgearbeitet worden, selbstverständlich mit B. INHELDER wie früher, aber zugleich mit den Psychologen, Logikern, Mathematikern, Physikern, Biologen und Kybernetikern unseres Zentrums, ohne deren ständige Hilfe das Problem der Strukturen keinen Schritt weitergekommen wäre. Wenn man dagegen die formalen Genealogien der Strukturen mit den psychogenetischen Filiationen in ihrer konkreten Realisierung und mit den kybernetischen Modellen der Selbstregulierung und ihren biologischen Realisationen in Beziehung setzt, beginnt man zu verstehen, wie die operatorischen Strukturen die Brücke bilden zwischen der lebendigen Organisation und den logisch-mathematischen Realitäten. Aber, wie gesagt, der Zusammenhang und die zunehmende Wahrscheinlichkeit dieser Hypothesen sind unserer ständigen Zusammenarbeit und nicht der einsamen Arbeit eines individuellen Forschers zu verdanken.

Allein die Frage, die sich im Laufe dieser Jahre unaufhörlich von neuem gestellt hat, ist die der Legitimität dieses interdisziplinären Austauschs, denn dieselben Autoren, an deren kritische Haltung ich eben erinnert habe, widersetzen sich jedem Eindringen der Logik und der Epistemologie in die Psychologie und werfen mir oft vor, die Grenzen der letzteren überschritten zu haben, wenn ich von Strukturen und Operationen spreche. Das ist insbesondere der Fall bei J. BRUNER in seinem letzten Buch,[30] und diese kritische Position ist um so merkwürdiger, als BRUNER mit mir einer der ersten ist, der von »Strategien« gesprochen und versucht hat, die Theorie der Spiele oder der Entscheidung bei der Lösung der Intelligenzprobleme zu gebrauchen, wenn er in diesem Zusammenhang anmerkt, daß die »Operation Piagets« eine Strategie sei, und daß er die anderen Operationen unserer »Gruppierungen« zwar beiseite läßt, sich dabei aber unaufhörlich auf die Identität beruft, die eine Operation wie jede andere ist!

Warten wir also ab, wohin diese Ablehnung der interdisziplinären Idee führt, eine lebenswichtige Frage für die Zukunft unserer Arbeiten ... Als erstes Faktum muß festgestellt werden, daß kein Autor auf die Dauer innerhalb der Grenzen der Psy-

[30] J. S. BRUNER u. a., *Studies in Cognitive Growth*, New York: Wiley, 1966 [deutsch: *Studien zur kognitiven Entwicklung*, Stuttgart: Klett 1971]. Ich danke übrigens meinem Freund Bruner sehr herzlich, mir dieses Werk gewidmet zu haben.

chologie bleiben kann, ohne sie jemals zu überschreiten. Die Theorie, die J. BRUNER zum Beispiel meinen strukturalen Hypothesen entgegensetzt, bringt zumindest drei Faktoren ins Spiel: das Bild, die Sprache und die Kommunikation zwischen Individuen (er bezieht sich auch auf die Handlung, aber offensichtlich ohne genau zu wissen, was er damit anfangen soll, was interessant ist, da sie es ist, aus der die Operationen hervorgehen). Was das Bild anlangt, so handelt es sich zunächst darum, seine Beziehungen zur Wahrnehmung oder zu der verinnerlichten Nachahmung und den von den Neurologen im Zusammenhang damit untersuchten Bewegungsansätzen *(ébauches motrices)* klarzustellen; das setzt doch die Zusammenarbeit zwischen der Psychologie und der Neurologie voraus, was alle Welt (oder beinahe alle Welt) akzeptiert, was aber schon interdisziplinäres Vorgehen ist. Die soziale Kommunikation bringt ebenfalls eine soziologische Dimension mit sich, und die Zusammenarbeit zwischen Psychologie und Soziologie wird damit ebenfalls einbezogen, zumindest im Prinzip. Aber der Bezug zur Sprache impliziert noch viel mehr: auf derselben Universität wie BRUNER (in Harvard) lehrt N. CHOMSKY, daß das Funktionieren der Rede eine »generative Grammatik« zur Anwendung kommen läßt, deren Gebrauch eine beständige Aktivität des Subjektes voraussetzt und von der Beteiligung von Strukturen zeugt, die den logischen Strukturen sehr nahestehen; mehr noch, CHOMSKY zögert nicht, diese Strukturen im Sinne eines Angeborenseins als präformiert anzusehen, und er geht so noch viel weiter als wir, die wir nur von einer progressiven und notwendig werdenden Herstellung des Gleichgewichts sprechen, aber nicht von einem Angeborensein im eigentlichen Sinne. Wie soll man dann verstehen, daß ein Psychologe lange Zeit auf die Sprache zurückgreifen kann, um den Strukturalismus PIAGETS zu bekämpfen, wenn neben ihm ein Linguist arbeitet, der gerade versucht, die Sprache den sowohl logischen oder semi-logischen als auch angeborenen Strukturen unterzuordnen? Und viertens, kein Psychologe ist so weit gegangen, das Vorhandensein dieser fundamentalen Struktur von wunderbarem Reichtum, nämlich die Reihe der »natürlichen« oder ganzen Zahlen, in der menschlichen Intelligenz und ihren progressiven Aufbau beim Kind zu leugnen! Warum muß man in diesem Fall Angst vor logischen Operationen und Strukturen haben, da die Zahl direkt aus ihnen hervorgeht? Ich für meinen

Teil fürchte sehr, daß hier ein neues Anzeichen für einen fast unheilbaren Konservatismus gewisser Psychologen vorliegt: sie zeigen gegenüber der Zahl oder der Mathematik keinerlei Mißtrauen, weil man ihnen davon seit 25 Jahrhunderten täglich spricht, während sie schützende Verdrängungsmechanismen zeigen, sobald man die Begriffe der modernen Logik oder Epistemologie nennt.

Dies führt mich zu dem zentralen Problem, das unsere Position aufwirft: es gibt keine mögliche Psychologie der kognitiven Funktionen ohne den Rückgriff auf die logischen Modelle und vor allem ohne eine ständige epistemologische Analyse. Gerade an diesen beiden Punkten scheinen die Kritiken, deren Objekt ich gewesen bin, am systematischsten zu sein (gleichgültig, ob sie explizit oder implizit geübt wurden), denn der traditionelle Psychologe möchte gern mit dem Neurologen, dem Soziologen, dem Volkswirt, dem Linguisten zusammenarbeiten (trotz dem oben vermerkten latenten Konflikt), während für ihn die Logik und die Epistemologie mit der »Philosophie« zu tun haben und ihn also in gar nichts weiter betreffen. Darauf kann ich zwei sich ergänzende Antworten geben (auf die Philosophie muß ich allerdings unter III. noch einmal zurückkommen), die eine von mathematischen Strukturen ausgehend, die andere von der Biologie.

Keiner denkt nämlich im Traum daran zu leugnen, daß die menschliche Intelligenz, die des Kindes eingeschlossen, es vermag, die ganze, die sogenannte »natürliche« Zahl zu beherrschen, weil sie schon auf der vorwissenschaftlichen Ebene erreicht ist. Wie kommt es, daß sie das vermag? Es nützt nichts zu antworten, daß die Zahl in der Sprache enthalten ist und daß sie auf sozialem Weg vermittelt wird, denn es muß noch dargelegt werden, wie sie in den »primitiven« Gesellschaften aufgebaut worden ist, und wie jede neue Generation von Kindern dazu gelangt, sie zu verstehen: die Fakten, die wir zu diesem Punkt haben sammeln können, hat man in verschiedenen Gesellschaften wiedergefunden (bis hin nach Aden und Hongkong), aber das Problem der Interpretation bleibt. Die Frage, die wir nun unseren Gegnern stellen, ist einfach die: Ist es möglich, irgend etwas von Wert über die Erwerbung der Zahl zu sagen, ohne irgendeine Vorstellung davon zu haben, was eine Zahl ausmacht? Angenommen, die Kardinalzahl wäre eine Eigenschaft der Objekte, wie KOTARBINSKY behauptet hat (»meine Finger sind fünf«, hat er mir einmal in der Polnischen Akademie der Wissenschaften gesagt), und einst sogar GONSETH (der sie mit der Farbe oder der Transparenz eines festen Körpers verglich) wird sie dann in derselben Weise erworben, wie wenn sie das Ergebnis eines In-Beziehung-Setzens verschiedener Klassen wäre (FREGE, WHITEHEAD, RUSSELL, u. a.), oder, wie ich behauptet habe, einer Synthese von inklusiver Einschachtelung und Reihenbildung? Die Ordnung selbst, die der Ordnungszahl inhärent ist, ist sie eine Eigenschaft der Dinge oder der Handlung des Ordnens als solcher (vgl. die Arbeiten des Behaviouristen BERLYNE über das Lernen der Ordnung, die zu der Hypothese von der Notwendigkeit eines »Zählers« kommen)? Wenn man sich mit dem Erwerb der Zahl beschäftigt und sich dabei weigert, sich diese Probleme zu stellen, scheint mir das ein Beweis derselben Unklugheit zu sein, wie wenn man sich auf die Rolle der Sprache beruft und dabei die generative Grammatik CHOMSKYS vergißt, weil das Nicht-zur-Kenntnis-nehmen der möglichen epistemologischen Lösungen keineswegs bedeutet, daß man sich gegen jede Epistemologie abschirmt, sondern daß man einfach diejenige des gesunden Menschenverstandes mit ihrem naiven Realismus übernimmt, ebenso wie das Vergessen der Linguistik der Linguisten dazu führt, ohne weiteres an der Linguistik der gängigen Meinungen oder des pädagogischen »gesunden Menschenverstandes« festzuhalten.

In einem Wort, wenn man sich auf eine auf den Erwachsenen oder auf diese oder jene Phase der Entwicklung begrenzte statische Psychologie beschränkt, ist es leicht, Grenzen zwischen dieser Psychologie und der Epistemologie zu ziehen. Aber sobald man versucht, was mein ständiges Ziel gewesen ist, die geistigen Verhaltensweisen und Mechanismen durch ihre Entwicklung und vor allem durch ihre Herausbildung selbst zu erklären, sieht man sich aufgrund dieser bloßen Tatsache der fortwährenden und absoluten Notwendigkeit gegenüber, zu entscheiden, was bei dieser Entwicklung vom Objekt abhängt, was von den Aktivitäten des Subjekts abhängt oder was von verschiedenen Interaktionen zwischen beiden und in welcher Weise abhängt: aber das sind, ob man will oder nicht, epistemologische Probleme, und wenn man nicht blind arbeiten und von naiven Epistemologien abhängig bleiben will, ist es die erste Aufgabe der genetischen Psychologen, sich über die epistemologischen Erkenntnisse zu informieren und sie mit Hilfe der gesammelten Fakten zu überprüfen.

Meine zweite Antwort ist immer schon – in diesen letzten Jahren aber mehr und mehr – die gewesen, daß ein solcher Gesichtspunkt von der Biologie selbst gefordert wird, denn das zentrale biologische Problem der Relationen zwischen dem Organismus und der Umwelt umfaßt und beherrscht dasjenige der Relationen zwischen Verstand und Realität, d. h. zwischen Subjekt und Objekt. Daher hat einer der Begründer der zeitgenössischen Verhaltensforschung, K. LORENZ, häufig in neueren Artikeln auf die Unmöglichkeit einer Tierpsychologie hingewiesen, wenn dabei das epistemologische Problem nicht behandelt wird: wenn das bei den Gänsen und Enten von LORENZ wahr ist, die ihn wieder zum Kantianer gemacht haben, möchte ich im Namen der Kinder und jungen Menschen, die mich zu einem genetischen und interaktionistischen Strukturalismus führen, gleichfalls verstanden werden. Mein neues Werk über »Biologie und Erkenntnis« entwickelt die Gründe hierfür ausführlich.

III. Aber das besagt keineswegs, daß sich die Psychologie von neuem in die Philosophie, von der sie sich einstmals gelöst hat, integrieren muß, denn die interdisziplinäre Forschung setzt gemeinsame Methoden der experimentellen Überprüfung oder der formalisierenden Deduktion voraus, und es gibt keine Gemeinsamkeit zwischen den Weisen der wissenschaftlichen Verifikation und der Spekulation oder der reinen »Reflexion« der Philosophie. Im letzten Jahr habe ich ein kleines Buch über dieses Thema *Sagesse et illusions de la philosophie* geschrieben, in dem ich zu zeigen versuche, daß die einzige »Erkenntnis« diejenige ist, die nachprüfbar ist, also die wissenschaftliche Erkenntnis (was keineswegs ein Bekenntnis zum Positivismus bedeutet, der sie begrenzen will, anstatt sie unendlich offen zu lassen); und daß die Metaphysik nur zu einer »Weisheit« gelangt, d. h. zu einem rationalen Glauben, der aber einen Teil von Entscheidungen und Bewertungen enthält, der über das Wissen hinausgeht. Es kann also mehrere Weisheiten geben, so schließt dieses kleine Werk, während es nur eine einzige »Wahrheit« gibt. Das Buch wird in mehrere Sprachen übersetzt, und man kann noch nicht darüber urteilen, wie seine Thesen aufgenommen werden. Aber in den

Ländern französischer Sprache, wo ich darauf gefaßt war, daß es einen Skandal hervorrufen würde, war ich erstaunt über eine Anzahl günstiger oder objektiv nuancierter Reaktionen. Der größte derzeitige Philosoph der französischen Schweiz, J. CL. PIGUET, stimmt mir in bezug auf die Vergangenheit und die Gegenwart zu und spricht mir nur das Recht ab, die Zukunft der Metaphysik vorwegzunehmen, die ja noch ihre entscheidende Methode entdecken kann: da wir darauf schon seit fünfundzwanzig Jahrhunderten warten, bin ich bereit, die Frist auch noch einmal zu verlängern. In Frankreich hat die *Union rationaliste* an der Sorbonne eine öffentliche Debatte veranstaltet, bei der ich mit dem ausgezeichneten Philosophen P. RICOEUR und mit einem Freund SARTRES, F. JEANSON, ausführlich diskutiert habe. Ausgehend von der Minimalvorstellung »Weisheit« hat RICOEUR besonders die Vorstellung verteidigt, daß sie die »Vernunft« voraussetzt, was ich völlig akzeptieren kann, denn eine Entscheidung kann auch aus der Vernunft hervorgehen, ohne deswegen jedoch zu »Wahrheiten« zu führen. Was JEANSON betrifft, so hat er mir, um SARTRE zu verteidigen, das große Vergnügen bereitet, mir vorzuwerfen, meine Kritik habe sich auf seine ersten Werke zur philosophischen Psychologie konzentriert, obgleich sie überholt sind, und er, wie er zu verstehen gegeben hat, kaum mehr an sie glaubt. P. FRAISSE hat dann die Gelegenheit benutzt, ihn zu bitten, das auch auszusprechen, und hat mit Freude festgestellt, wie wenig die zeitgenössischen Philosophen an diese philosophische Psychologie glauben, die eines der Hauptziele meiner Angriffe bildete (und, möchte ich hinzufügen, die manche naiverweise in der französischen Schweiz wieder zum Leben erwecken wollen, während sie in Frankreich unaufhörlich an Boden verliert). RICOEUR hat die Irrtümer SARTRES zugegeben und damit geantwortet, daß er das Problem der philosophischen Psychologie auf das Problem des »Sinnes« beschränkte: aber entweder handelt es sich um kognitive Bedeutung, und wir bleiben auf der wissenschaftlichen Ebene, oder es handelt sich um den menschlichen »Sinn« im allgemeinen, und dann handelt es sich um Werte und um einfache »Weisheit«.

IV. Ich habe (unter II.) zu zeigen versucht, welche bedeutende Rolle für mich in diesen letzten Jahren das Team und die interdisziplinäre Arbeit gespielt haben. Dasselbe muß von unseren eigentlich psychologischen Untersuchungen gesagt werden, insofern als sie nach den gewöhnlich getrennten Kapiteln oder Gebieten aufgeteilt sind und zu Spezialgebieten oder Spezialisten gehören: Intelligenz, Wahrnehmung, Bilder, Gedächtnis, Erlernen etc. Zu diesem Punkt möchte ich zwei Bemerkungen machen.

In den meisten Instituten sind die Untersuchungen vielfältig, aber jeder Forscher ist spezialisiert und bleibt jahrelang auf seinem begrenzten Gebiet: private Gespräche oder periodische Versammlungen mit Berichten eines jeden halten natürlich alle Spezialisten darüber auf dem laufenden, was gemacht wird, aber jeder verfolgt seine Linie auf eine mehr oder weniger unabhängige Weise. Die Organisation der Forschung, zu der wir zu kommen versucht haben, besteht dagegen darin, irgendeine gemeinsame Aufgabe auszuwählen, die die Forschungsbeauftragten, die Projektleiter und Assistenten mehrere Jahre hindurch beschäftigen soll, wobei diese Forscher einmal wöchentlich von B. INHELDER und mir zusammengerufen werden, um Techniken und Ergebnisse mit vorläufigen Berichten, die ich im allgemeinen übernehme, zu besprechen, und die von jedem kritisiert werden, was zu neuen Kontrollen und neuen Projekten führt; und so geht es weiter, bis man das Gefühl hat, nichts Neues mehr zu finden. Diese Organisation war teilweise seit langem verwirklicht, was die Entwicklung des Denkens anbetrifft, zur Zeit unserer Untersuchungen über die Entwicklung der Wahrnehmungen gab es jedoch noch zwei parallele Arbeitsgruppen ohne genügenden Kontakt, und nicht nur eine einzige. Die Einheit ist seitdem hergestellt worden.

Es ging also um das Problem, dieser so eng organisierten Teamarbeit möglichst ausgedehnte Ziele zuzuweisen, d. h. Untersuchungsobjekte zu finden, die über die Grenzen bloßer intellektueller Operationen hinausgingen. Zwischen der Wahrnehmung und der Intelligenz fügte sich ganz natürlich das geistige Bild ein, und wir haben dieser Frage Jahre gewidmet, wobei wir von den Anregungen eines jeden von uns ausgingen und neue Untersuchungen zum Zweck der Überprüfung der vorangegangenen sowie entsprechend den nach und nach neu aufgetretenen Ideen unternommen haben. Eines der Probleme war das der Beziehungen zwischen den Bildern und den Operationen, aber es war am Anfang bei weitem nicht das einzige, und wenn wir immer wieder darauf zurückgeführt worden sind, dann deshalb, weil die Entwicklung der bildlichen Vorstellungen beim Kind selbst mit aller Deutlichkeit zeigt, daß sich das Bild nicht selbst genügt und nur fortschreitet (vom Statischen zum Bewegten und zu Bildern der Umwandlung, oder von der einfachen Reproduktion zur Vorwegnahme), indem es sich den Operationen unterordnet. Ein großer Sammelband[31] ist aus diesen Bemühungen hervorgegangen.

Untersuchungen über das Lernen, die von B. INHELDER, M. BOVET und H. SINCLAIR geleitet worden sind, und mit denen ich nichts zu tun habe, sind aus Arbeiten des *Centre d'épistémologie* über das Erlernen logischer Strukturen und besonders aus Untersuchungen von B. INHELDER über eine gewisse Anzahl von Fällen, die über eine längere Zeit hinweg verfolgt worden sind, entstanden. Eines der wesentlichen Probleme war es festzustellen, wie ein Kind von einem Operationsstadium zum folgenden gelangt, und die so schwierige Analyse der Faktoren des Erwerbs war in einer Weise vorangetrieben worden, die jetzt schon hinreichend die Unzulänglichkeit derjenigen zeigt, an denen allein BRUNER festhält. Die psycho-linguistischen Untersuchungen von H. SINCLAIR[32] zeigen für sich allein, wie sehr die Entwicklung der Sprache mehr derjenigen der Operationen untergeordnet zu sein scheint, als umgekehrt.

Die Untersuchung des Bildes sollte uns früher oder später zu der Untersuchung der Erinnerungsbilder und des Gedächtnisses führen, und auf dieser Ebene nahmen wir an, wir würden das Gebiet der Operationen vollständig verlassen, während wir zugleich mit der Analyse der Erinnerungen mit operatorischen Strukturen begannen. Nun aber sind wir bei diesen Untersuchungen, die uns lange Zeit beschäftigt haben, auf der ganzen Linie in eine systematische Abhängigkeit des Gedächtnisses in bezug auf die operatorischen Schemata zurückgefallen. Um nur ein Beispiel zu nennen: Wenn man dem Kind eine Gruppe von zehn bereits in eine Reihe gebrachten Linealen zeigt und das Kind nicht beeinflußt, wird das Gesehene nach einer Woche in eine

[31] PIAGET, INHELDER u. a., *L'image mentale chez l'enfant*, Paris: P. U. F. (1966) [deutsch in Vorb. bei Suhrkamp, Frankfurt/M.].

[32] H. SINCLAIR DE ZWART, *Acquisition du langage et développement de la pensée*, Paris: Dunod (im Druck).

Erinnerung von Paaren und Dreiergruppen usw. übersetzt, die nicht seine einfache Wahrnehmung, sondern die Art und Weise ausdrücken, in der das Modell entsprechend dem operatorischen Niveau des Subjektes assimiliert worden ist; mehr noch, nach sechs Monaten haben sich 75% dieser Erinnerungen (ohne daß das ursprüngliche Bild noch einmal vorgelegt worden wäre) entsprechend den Fortschritten des Schemas verbessert, als ob die Intelligenz allein dazu geführt hätte, die ursprünglichen Gegebenheiten erneut zu strukturieren. Diese Ergebnisse werden bald erscheinen.

Mit einem Wort: eine Teamarbeit, die sich auf normalerweise getrennte Gebiete erstreckt, hat zweifellos dazu geführt, unser zu Beginn so eng begrenztes Untersuchungsfeld ein wenig zu erneuern, vor allem aber uns in der Folge die innere Einheit dieser so oft voneinander getrennten Gebiete zu zeigen. Die interdisziplinären Methoden tragen also ihre Früchte bis hinein in die Beziehungen, die man inter-unter-disziplinär *(inter-sous-disciplinaire)* nennen könnte, ins Innere der Psychologie selbst.

Es gibt eine Vielzahl solcher verschiedenartiger Zukunftsprojekte. Ich will nur eines erwähnen, das mir schon wie eine Art Erneuerung auf dem Gebiet der kognitiven Operationen selbst vorkommt. Während wir die Entwicklung der logisch-mathematischen Operationen untersuchten, haben wir vor allem Wert auf die spontanen Aktivitäten des Subjektes gelegt, da es sich tatsächlich um Produkte seiner Handlungen und seines Denkens handelt. Aber seit einem alten und recht überholten Werk haben wir die Kausalität ein wenig vernachlässigt, und zwar angefangen von der eigentlichen Handlung in ihren kausalen Wirkungen, und nicht mehr in ihrer inneren Logik. Nun ist die Kausalität die Operation, die man den Objekten zuschreibt und die man nicht mehr einfach auf sie anwendet. Wenn man die Untersuchung der Kausalität systematisch wieder aufnimmt, bedeutet das also, daß man wieder mit der Analyse der kognitiven Entwicklung beginnt, aber dabei den Standpunkt des Objektes und nicht mehr den des Subjektes annimmt; das ist ein ungeheuer weites Feld, das mancherlei Überraschungen bereithalten kann. Aber am Ende eines wissenschaftlichen Lebens ist es besser, bereit zu sein, seine Perspektiven zu ändern, als dazu verdammt zu sein, sich immer zu wiederholen.

Jean Piaget und die Philosophie (I)

Guy Cellerier

»Ich glaube zu verstehen«, sagte eines Tages ein Leser, den die Klarheit und die zupackende Energie von *Sagesse et illusions de la philosophie* entzückt hatte, witzig, »für Piaget ist die Jugend das Alter der Philosophie: alle durchlaufen es, und manche bleiben dort stehen, so wie ich. Das sind die zukünftigen Universitätsphilosophen. Andere verlassen sie durch die enge Pforte der exakten Wissenschaften und nehmen in ihrem Ungestüm einen Teil des Gebäudes mit, wie Piaget.« Daran ist in Wahrheit ein bißchen mehr als an einem bloßen Scherz: Die Jugend ist wirklich das Alter, in dem das Individuum seinen Platz in der Gesellschaft der Erwachsenen sucht und eine autonome kritische Position gegenüber den Bräuchen des Stammes einnimmt. Es findet sich dabei mit einer Vielfalt von zum größten Teil widersprüchlichen Wertsystemen konfrontiert: ästhetischen, ethischen, religiösen, ideologischen, wissenschaftlichen, die es koordinieren müßte, wenn es sich eine kohärente persönliche Sicht vom Menschen, vom Universum und von seinem eigenen Platz in der Ordnung der Dinge schaffen wollte. Diese »überlegte Stellungnahme in bezug auf die Totalität des Realen« ist für PIAGET genau der eigentliche Gegenstand der Philosophie, während der der Erkenntnis, was seinen Inhalt betrifft, immer auf einen Teil des Realen begrenzt ist. »Die zentrale These dieses Werks«, schreibt PIAGET in *Sagesse et illusions de la philosophie*, »ist die, daß die Philosophie nicht zu einer Erkenntnis gelangt, die Schritt für Schritt verifizierend aufgebaut ist, deren Entdeckung und Gebrauch nämlich *ipso facto* jedem Erkenntnisfortschritt den Charakter einer wissenschaftlichen Spezialisierung verleiht: sie kann dagegen durch Koordinierung der Erkenntniswerte mit den anderen menschlichen Werten zu einer »Weisheit« führen; aber eine Weisheit setzt ein Engagement voraus, und es können also mehrere Weisheiten koexistieren, die nicht aufeinander reduzierbar sind, während nur eine einzige Wahrheit auf dem Terrain eines Erkenntnisproblems im strengen Sinn akzeptabel ist.« Deshalb hat er, wenn er die klassischen Hypothesen der philosophischen Epistemologie der logischen Analyse und dem psychologischen Experiment unterworfen und versucht hat, in der genetischen Epistemologie eine eigentlich wissenschaftliche Disziplin zu begründen, »einen Teil des philosophischen Gebäudes eingerissen«, um es auf einem anderen Terrain wieder aufzubauen, genauso wie es fast gleichzeitig die Mathematiker mit der Logik oder mit der mathematischen Grundlagenforschung getan haben. Aber seine eigentliche meta-epistemologische Analyse und Klassifikation der Struktur der philosophischen Epistemologien sowie der internen Epistemologien von Disziplinen wie der Biologie, der Intelligenz, der Soziologie (die übrigens auf die historischen Wissenschaften, auf die Theologie, auf die Theorie der Grundlagen des Rechts und sogar auf die gegenwärtigen Theorien von dem chemischen Ursprung des Lebens ausgedehnt werden kann), haben es ihm erlaubt – gestützt andererseits auf seine experimentellen Entdeckungen über die psychologische Genese der »wesentlichen Begriffe oder Kategorien des Denkens« –, mit Macht in die Arena der Philosophie zurückzukehren. Tatsächlich entwerfen seine Arbeiten in ihrer Gesamtheit eine rationale und einheitliche theoretische Sicht der Beziehungen zwischen dem Geist und der sowohl gesellschaftlichen als auch physikalischen Wirklichkeit.

Ob es sich nun um die Übereinstimmung des logisch-mathematischen Rahmens der Erkenntnis mit dem physikalischen Universum oder um die Übereinstimmung der logischen, moralischen oder juridischen Regeln mit den tatsächlichen Verhaltensweisen des Subjekts handelt, die psychologischen Untersuchungen Piagets machen in der Tat deutlich, daß es dieselben psychogenetischen Prozesse sind, die den Aufbau dieser verschiedenen Wertsysteme und ihre gesellschaftliche Stabilisierung in normativen Systemen auf verschiedenen Ebenen des Gleichgewichts beherrschen.

Diese normativen Strukturen erfüllen außerdem überall dieselbe adaptative Funktion, die darin besteht, ihr Anwendungsfeld der rationalen Deduktion zu unterwerfen, indem sie dem irreversiblen Werden räumlich-zeitliche Realitäten auferlegt, invariante Rahmen, auf die sich die reversiblen und unzeitlichen Operationen des Denkens stützen können. So hat die »illusorische Rechtssicherheit« KELSENS nichtsdestoweniger die positive Funktion, dem Subjekt zu erlauben, seine gesellschaftlichen Verhaltensweisen in den Grenzen der mittelfristigen Gleichgewichtsverschiebungen des Rechtssystems zu kalkulieren, wobei es sich auf die zum Zeitablauf relative Invarianz der Verpflichtungen, die es übernimmt, oder der Rechte, die es erwirbt, stützt. Das Prinzip, daß neue Gesetze nicht rückwirkend gelten, erweitern für das Individuum die Grenzen seines Raumes rechtlicher Vorhersehbarkeit. Ebenso erlauben die Induktion und die Koordination der physikalischen Gesetze in theoretischen Modellen, die formale Systeme normativer Natur sind (woraus sich der Charakter der Notwendigkeit der Kausalbeziehung ergibt), in denen die Gesetze der Erhaltung die Rolle der strukturellen Invarianten spielen, die Vorhersage und die Kontrolle der Auswirkungen des Handelns auf die Wirklichkeit. Ebenso sichern schließlich die Gesetze der Logik die reziproke Invarianz der Sätze, die im Laufe einer kognitiven Interaktion zwischen zwei oder mehreren Gesprächspartnern ausgetauscht worden sind, und ermöglichen so die Koordination und die gegenseitige Kontrolle ihrer jeweiligen Standpunkte und die Bewegung auf das Gleichgewicht hin, wie es die abschließende Übereinstimmung in den unabhängigen Wahrheiten der subjektiven Überzeugungen zum Ausdruck bringt. Das Übereinkommen, das auf diese Weise die Partner verpflichtet, ihre intellektuellen Operationen in Übereinstimmung zu bringen, verwandelt also die Gesetze des inneren Gleichgewichts ihres Denkens in soziale Normen. »Der Nicht-Widerspruch«, schreibt PIAGET in seinen *Etudes sociologiques*, »wird in diesem Fall ›Regel‹, d. h. eine gesellschaftliche Norm des Verkehrs und nicht mehr nur eine Form des Gleichgewichts im Innern des Individuums: Deshalb ist er von einem Gefühl des Zwangs und nicht ausschließlich von einem Gefühl der inneren Harmonie begleitet«.

Es besteht also Einheit der normenschaffenden Wirkungsweise des Geistes in allen Weisen seiner Interaktion mit dem Universum. Diese Einheit kommt ihrerseits in der vergleichenden Analyse der Epistemologien zum Ausdruck, zu der PIAGET durch eine wichtige Entdeckung kommt: Alle Grundlagentheorien sind isomorph und auf sechs fundamentale Gruppen reduzierbar. Ob es sich um die Moral, um das Recht, die Intelligenz, die Anpassung der Organismen, um die Erkenntnis handelt, ihr

Ursprung wird überall entweder dem Subjekt oder dem Objekt oder beiden gleichzeitig zugeschrieben, was in Begriffen der Epistemologien ausgedrückt, jeweils dem Apriorismus, dem Realismus oder der Phänomenologie entspricht (Theorien, die jede Evolution oder Genese leugnen), und dem Konventionalismus, dem Empirismus und dem Interaktionismus PIAGETS (genetische Theorien).

Eine bezeichnende Konsequenz dieser Entdeckung ist der Isomorphismus, den sie zwischen der Problematik der Evolution und der der verschiedenen Grundlagentheorien sichtbar werden läßt. In beiden Fällen geht es tatsächlich darum, den Aufbau der materiellen oder immateriellen Struktur zu erklären, die im Innern kohärent und einer äußeren Wirklichkeit angepaßt sind. Es gibt also eine funktionelle Kontinuität zwischen dem Geistigen und Vitalen.

Auf dem Gebiet der Erkenntniswerte entspricht die innere Kohärenz der Frage nach der Konstituierung normativer Systeme; die äußere Anpassung entspricht der Frage nach ihrer Übereinstimmung mit der Realität oder nach der Objektivität. Die Antwort, die PIAGET auf diese beiden klassischen epistemologischen Fragen gibt, basiert auf den Ergebnissen seiner psychologischen Beobachtungen, auf deren theoretische Konsequenzen hier allein hingewiesen werden soll. Der Ursprung der Erkenntnis liegt weder im Subjekt noch im Objekt, sondern auf halbem Wege zwischen beiden, und zwar im Handeln, das sie zueinander in Beziehung setzt: »Das Subjekt erkennt sich nur durch die Vermittlung des Objekts, und es erkennt dieses wiederum nur in Abhängigkeit von seiner Tätigkeit als Subjekt.« Diese Handlungen und die Rückwirkung ihrer Ergebnisse bilden nämlich das, was man gemeinhin die Erfahrung nennt. Aber es gibt zwei Arten von Handlungen: solche, die allgemein sind, da sie »beliebigen Objekten« angepaßt sind, unabhängig von ihren physikalischen Eigenschaften (aufgliedern, klassifizieren, aufzählen), und solche, die von besonderer Art sind (abwägen, werten, etc.), da sie diesen spezifischen Eigenschaften angepaßt sind. Diesen beiden Arten von Handlungen entsprechen zwei Erfahrungstypen, die nicht aufeinander zurückführbar sind. Wenn ein Kind empirisch entdeckt, daß die Zahl, zu der es gelangt, wenn es Steine, die in einer Reihe geordnet sind, zählt, unabhängig von der Ordnung dieser Objekte ist, dann abstrahiert es aus dieser

»logisch-mathematischen Erfahrung« nur eine Eigenschaft, die in dem koordinierten System seiner Handlungen, das das Zählschema bildet, impliziert ist. Die Objekte haben ihm als Stütze gedient, um eine Eigenschaft zu entdecken, die seine Handlung hier eingeführt hatte. Wohingegen seine besonderen Handlungen ihm erlauben, physikalische Eigenschaften des Objekts zu erreichen, die weder in es eingeführt noch durch die Handlung, die sich an ihm vollzieht, verändert werden. Jedem dieser Erfahrungstypen entspricht ein Abstraktionsmechanismus, der ihm eigen ist; der eine, die reflektierende Abstraktion, betrifft und reorganisiert die Koordinationen der allgemeinen Handlungen des Subjekts und mündet damit in die logisch-mathematischen Konstruktionen; die andere, die einfache oder physikalische Abstraktion, rekonstruiert das physikalische Objekt mit Hilfe dieser logisch-mathematischen Rahmen und bildet die physikalischen Erkenntnisse. Von dieser Vermittlerposition zwischen dem Subjekt und dem Objekt, die ihre Interaktionen einnehmen, gehen zwei Konstruktionen in entgegengesetzter Richtung aus, eine, die auf die Zusammensetzung der Handlungen des Subjekts und die andere, die auf die Rekonstruktion des Objekts ausgerichtet ist. Wie erreichen diese Konstruktionen einerseits den normativen Status, andererseits die Objektivität? Die allgemeinen Handlungen derselben Natur (die Ortsveränderungen des Subjekts zum Beispiel), die zunächst isoliert sind, organisieren sich in zunehmendem Maße in Systemen und werden verinnerlicht. Diese Systeme erreichen Gleichgewichtszustände, die hauptsächlich durch den Umstand charakterisiert sind, daß die Gesamtheit der möglichen Handlungen des Systems dem Denken zugänglich wird, daß diese Handlungen untereinander im Geist oder tatsächlich zusammensetzbar und umkehrbar werden. Nun kommt es vor, daß, wenn diese psychologischen Bedingungen erfüllt sind, das System nun eine besondere algebraische Struktur besitzt (eine Art Mittelding zwischen der Gruppe und dem »*lattice*«), die PIAGET »Gruppierung« genannt hat. Das Verfahren zur Herstellung des Gleichgewichts, das die realen Handlungen insgesamt, »die miteinander durch einen kausalen und temporalen Determinismus verbunden sind«, in die Gesamtheit der virtuellen Handlungen einreiht, der Operationen, deren mögliche Zusammenstellungen zeitlos sind und »nur mehr von der logischen Implikation abhängen«, ist dann der Mechanismus, der die tatsächliche Zukunft des Denkens und der Handlung mit normativer Permanenz verbindet. Die subjektive Evidenz, die dem Erscheinen solcher Systeme im Geist des Subjekts entspricht, wird dann durch die gesellschaftliche Kooperation in normative Notwendigkeit verlängert.

Was die physikalische Erkenntnis anbetrifft, so folgt sie einer Entwicklung, die mit derjenigen der logisch-mathematischen Strukturen verknüpft ist, und sie wird um so objektiver, als das Subjekt fähig ist, die gegenwärtige und fragmentarische physikalische Erfahrung (die isolierte Betrachtung des Zusammenpralls zweier Kugeln zum Beispiel) in die Gesamtheit der realisierbaren, aber nicht gleichzeitig wahrnehmbaren Möglichkeiten einzureihen, die dann ein System mit einer ganz bestimmten Struktur bildet. Die Interaktion der Objekte wird in diesem Fall nicht mehr wie bei dem kleinen Kind mit seiner eigenen Handlung, sondern mit einer Operation (der Vektoraddition in unserem Beispiel der Kugeln) gleichgesetzt, die von einem Gesamtsystem abhängen, dessen Gesetze von seinem subjektiven Standpunkt unabhängig sind.

Schließlich erklärt Piaget die erstaunliche Präadaptation der mathematischen Strukturen an die physikalische Wirklichkeit, die ihnen erlaubt, das Verhalten dieser letzteren darzustellen und sogar zu antizipieren, den »Zirkel von Subjekt und Objekt«, der sich in der zyklischen Struktur des Systems unserer Erkenntnisse manifestiert. Einerseits erklären wir die physikalisch-chemische Wirklichkeit, indem wir sie mathematisieren, andererseits bilden wir unsere mathematischen Rahmen auf der Grundlage von Handlungssystemen, die auf der neurophysiologischen Ebene physikalisch-chemisch erklärt werden müssen. Der Kontakt zwischen dem Subjekt und der Realität und infolgedessen zwischen seinen mathematischen Konstruktionen und der Wirklichkeit ist von Anfang an und von innen heraus durch die physikalische Natur des Organismus sichergestellt, »weil die psycho-physiologische Struktur des Subjekts in der physikalischen Realität wurzelt, wobei sie zugleich am Ursprung der sensomotorischen und dann der intellektuellen Koordinationen steht, die in die logisch-mathematische Deduktion münden«. *(Introduction à l'épistémologie génétique).*

Lucien Goldmann schrieb zu der Klassifikation der Epistemologien, die wir weiter oben erwähnt haben, folgendes: »So gelangt Piaget, ob er will oder nicht, dazu, ›Philosophie‹ zu machen, indem er einen wesentlichen Beitrag zu einer gewissen Anzahl von Fragen liefert, die seit mehr als zweitausend Jahren von den Philosophen diskutiert worden sind«. Dieses Urteil kann auf das gesamte Werk PIAGETS ausgedehnt werden, das einen der allzu seltenen Versuche von seiten der zeitgenössischen Wissenschaftler darstellt, ihren impliziten Glauben an die endliche Verstehbarkeit der Natur sowie der Vernunft selbst in einer zusammenhängenden Gesamtdarstellung zum Ausdruck zu bringen.

Jean Piaget und die Philosophie (II)

Von Lucien Goldmann

Vor etwa zehn Jahren hatte ich zwei Studien zu der philosophischen Bedeutung von Jean Piagets Werk vorgelegt. Dieser hat jetzt selbst ein kleines Buch *Sagesse et illusions de la philosophie* veröffentlicht, in dem er im Namen der positiven und experimentellen Wissenschaft keineswegs schonend mit dem Anspruch der Philosophen verfährt, ein rein begriffliches Wissen aufzubauen, das sich an die Stelle der Beobachtung und der Erfahrung setzen oder diese zumindest korrigieren solle.

Gibt es einen Widerspruch zwischen unseren Beiträgen und der kleinen Schrift Piagets? Wir glauben es nicht. Denn wenn es die spekulative Philosophie noch gibt und sie sogar einen beachtlichen Teil der Lehre der Philosophie an den westlichen Universitäten einnimmt, würden wir mit Piaget übereinstimmen und sagen, daß in dieser Lehre allein die Probleme der Geschichte der Philosophie und diejenigen, die die Werte und die Weisheit betreffen, ein reales Interesse darstellen. Außerdem würden wir gern hinzufügen, daß selbst diese beiden Gebiete in wirklich fruchtbarer Weise nur angesichts der bedeutenden Errungenschaften der zeitgenössischen Wissenschaften vom Menschen betrachtet werden können. Was wäre in der Tat eine Philosophie wert, die nichts von der Soziologie und der Psychologie wüßte? Es ist wieder Piaget selbst, der betont, daß die einzige gültige Weise, die Logik zu untersuchen, diejenige sei, die in ihr einen axiologischen Spiegel des Denkens sieht, eine Betrachtungsweise, die wohlverstanden auf das ganze Problem der Beziehungen zwischen den Normen und Fakten ausgedehnt werden müßte und die Forderung rechtfertigt, das Problem der Normen im Licht einer wissenschaftlichen und positiven Untersuchung der realen Strukturen des Verhaltens zu erforschen.

All dies sei zugestanden; aber kann die Philosophie von der Erforschung und der Erkenntnis der Menschen ausgeschlossen werden? Wir glauben es nicht. Denn gerade im Namen eines Denkens, das die empirischen Tatsachen als einzigen Ausgangspunkt jeder gültigen Reflexion über den Menschen anerkennt und das in dem Verstehen und der Erklärung dieser Tatsachen etwas wie eine höchste und einzige Instanz sieht, um über den Wert einer Untersuchung zu urteilen, stellt sich die Frage, ob die positive Untersuchung der menschlichen Gegebenheiten einen empiristischen und positivistischen oder, im Gegenteil, einen philosophischen Charakter haben muß.

Selbstverständlich könnte man gegen diese Art und Weise, das Problem zu stellen, leicht einen Einwand erheben, der uns jedoch nicht zutreffend erscheint. Man könnte nämlich behaupten, daß alles, was die positive Untersuchung der Fakten betrifft, Sache der Wissenschaft und nicht der Philosophie ist, und daß unsere Art und Weise, das Problem zu sehen, deshalb von vornherein jede Brauchbarkeit eben dieser Philosophie ausschließt. Es ist unnötig zu betonen, daß ein solcher Einwand rein verbalen Charakter hätte und höchstens ein terminologisches Problem stellen würde. Tatsächlich nehmen in dem Kulturraum des heutigen Westeuropa, in dem sich die Diskussion abspielt, eine sehr große Zahl von Soziologen und Psychologen im Namen der Wissenschaft eine positivistische Haltung ein, während so wichtige Probleme, die gerade in dem Werk PIAGETS einen so hervorragenden Platz einnehmen, wie die Probleme der Einheit des Subjekts und Objekts, der Genese, der Beziehungen zwischen der Struktur und der Funktion, der Definition usw., zur Philosophie gehören. Deshalb scheint es uns sicher, daß, wenn wir das ganze Problem der Terminologie beiseitelassen, das Werk JEAN PIAGETS durch seinen gleichzeitig positiven, anti-spekulativen und anti-positivistischen Charakter eine der wichtigsten Realisierungen des zeitgenössischen philosophischen Denkens darstellt.

Der zentrale Gedanke unserer zwei Untersuchungen, der uns noch völlig gültig erscheint, war es, die zugleich überraschende und erhellende Verwandtschaft der Ergebnisse, zu denen PIAGET von seinen positiven und experimentellen Untersuchungen her gelangt war, und der fundamentalen Thesen des marxistischen Denkens, insbesondere des dialektischen Materialismus, zu beleuchten. Zu diesem Punkt, an dem wir nichts mehr zu verändern haben, scheint es uns passender zu sein, unsere Untersuchungen von 1948 und 1952, die in *Recherches dialectiques* veröffentlicht wurden, wiederaufzunehmen.

Über die *Psychologie der Intelligenz* schrieben wir, »daß die Arbeiten Piagets als psychologische Untersuchungen zu Recht ein weltweites Ansehen genießen. Deshalb wollen wir uns darauf beschränken, ihre *philosophische* Bedeutung hervorzuheben, die viel weniger allgemein anerkannt ist.«

Der Autor selbst behauptet, innerhalb der Grenzen der positiven und experimentellen Wissenschaft zu bleiben und mißtraut eher den »Philosophen«, gegen die er von Zeit zu Zeit eine ironische Spitze richtet. Und trotzdem beginnt sein Werk mit einer eminent philosophischen Frage: der nach den Beziehungen zwischen den Normen und den Fakten, zwischen der Logik und der Psychologie. Und schon auf Seite 14, in einem Abschnitt mit dem Titel *Die Klassifikation der möglichen Interpretationen der Intelligenz* stellt er zwei Tatsachen von sehr großer philosophischer Tragweite fest, nämlich:

1. Daß sich die verschiedenen möglichen Interpretationen der Intelligenz auf sechs fundamentale Gruppen, drei statische und drei genetische, reduzieren, und zwar entsprechend:
   a) dem Vorrang des Subjekts,
   b) dem Vorrang des Objekts, und
   c) der Einheit von Subjekt und Objekt.
2. Daß diese Klassifizierung nicht für die Intelligenzpsychologie, nicht einmal für die Psychologie im allgemeinen spezifisch ist, sondern auch ohne die geringste Veränderung für die Biologie, für die Epistemologie und, so erlauben wir uns hinzuzufügen, – Piaget tut es nicht – für die historischen und die Sozialwissenschaften gilt.

Man erhält also die auf S. 70 dargestellte Tabelle.

Wir glauben nicht, den Gedanken Piagets zu strapazieren, wenn wir angesichts dieser Tabelle sagen, daß auf den verschiedenen Gebieten (Intelligenzpsychologie, Biologie, Epistemologie und – von uns hinzugefügt – historische und Sozialwissenschaften) die Haltungen derselben horizontalen Reihe sich gegenseitig einschließen, da es sich immer um dasselbe Objekt, den unter verschiedenen Aspekten untersuchten Menschen, handelt. So kommt Piaget, ob er will oder nicht, zum »Philosophieren«, wenn er einen wesentlichen Beitrag zu einer gewissen Reihe von Fragen liefert, die seit mehr als zwanzig Jahrhunderten von den Philosophen diskutiert werden.

Und ob er es will oder nicht, diese Antworten gehen in eine

		Intelligenzpsychologie	Biologie	Historische und Sozialwissenschaften	Epistemologie
statische Theorien	Vorrang des Subjekts	Denkpsychologie (Bühler, Seltz)	Präformistischer Mutationismus	Rationalismus, Philosophie der Aufklärung	Rationalistischer Apriorismus
	Vorrang des Objekts	Logistischer Platonismus (B. Russell)	Prästabilierte Harmonie. Kreationismus	Traditionalismus	Platonismus
	Einheit von Subjekt und Objekt	Gestaltpsychologie	Emergenztheorie	Phänomenologische Soziologie	Phänomenologie
genetische Theorien	Vorrang des Subjekts	Theorie von Trial und Error	Mutationismus	Idealistische Geschichtsphilosophien	Pragmatismus
	Vorrang des Objekts	Assoziationismus	Lamarckismus	Mechanistischer Materialismus. Durkheimsche Soziologie	Empirismus
	Einheit von Subjekt und Objekt	Operatorische Theorie (Piaget)	Interaktion	Historischer Materialismus	Dialektischer Materialismus (was Piaget relativistischen Interaktionismus nennt)

sehr bestimmte Richtung, denn sie laufen darauf hinaus, in positiver und experimenteller Weise die Richtigkeit einer Denkströmung zu beweisen, die über KANT und HEGEL bis heute ihren präzisesten und wissenschaftlichsten Ausdruck in dem Denken von MARX und ENGELS gefunden hat, einer Strömung also, die wir gewöhnlich die dialektische Philosophie und in ihrer marxistischen Form den *dialektischen Materialismus* nennen.

PIAGET ist sicherlich kein Marxist, und die Bestätigung oder Widerlegung des MARXschen Denkens ist die letzte seiner Bemühungen. Diese Tatsache erhöht jedoch die philosophische Bedeutung seiner Arbeiten. Denn nichts bestätigt den Wert einer Auffassung besser, als die Übereinstimmung von Denkern, die von verschiedenen Richtungen kommen und von denen keiner die Unternehmen und die Arbeiten der anderen gekannt hatte.

Seit einigen Jahren nun scheinen die Psychologie und die Soziologie eine getrennte Existenz zu führen und zu widersprechenden Ergebnissen zu gelangen. In Frankreich hatte DURKHEIM gelehrt, daß sich die Gesetze, die die »kollektiven Vorstellungen« beherrschen, völlig von denen unterscheiden, die die individuellen Vorstellungen beherrschen. Der Mensch schien durch eine Art von unverständlichem Wunder den Forschern zwei widersprechende Aspekte zu zeigen, je nachdem, ob sie ihn allein oder in der Gruppe untersuchten. Und beinahe alle Versuche, diese beiden Wissenschaften einander näherzubringen, zeigten denselben Fehler: sie versuchten in einer schematischen und naiven Weise, die Ergebnisse der biologischen und psychologischen Wissenschaften auf die Soziologie (SPENCER, TARDE, FREUD) oder umgekehrt soziologische Gesichtspunkte auf die Untersuchung der Tiere (ESPINAS, ALVAREDES, usw.) auszudehnen.

Zum ersten Mal gelangen nun eine Soziologie, die sich sehr wenig um Biologie oder Psychologie kümmert, und eine experimentelle Psychologie, die strikt in ihrem eigenen Bereich bleibt, zu in hohem Maße übereinstimmenden Ergebnissen. Man darf die Bedeutung dieses Umstandes für die Ausbildung einer allgemeinen und einheitlichen Wissenschaft des Menschen, d. h. für die Philosophie, nicht unterschätzen.

Wir werden also angesichts dieser Übereinstimmung mit dem dialektischen Materialismus versuchen, einige Aspekte des Werks von PIAGET darzustellen.

Die geistige Verwandtschaft zwischen den beiden Doktrinen ist von Anfang an offensichtlich. Über die schon erwähnte Klassifikation hinaus ist der Abschnitt mit dem Titel *Definition der Intelligenz* (S. 12) von diesem Standpunkt aus äußerst vielsagend. Man kennt die Bedeutung, die MARX und ENGELS dem Problem der Definition (Problem der Definition des Kapitals, des Kapitalismus, usw.) beigemessen haben. Es ist das einer der wesentlichen Punkte des Gegensatzes zwischen dem metaphysischen und dem dialektischen Denken[1].

PIAGET stößt auch auf dieselben Probleme, wenn er die wissenschaftliche Unzulänglichkeit der Definitionen entdeckt, die ENGELS »metaphysische« genannt hatte, weil sie in einer starren Weise die Intelligenz von ihrem genetischen Ursprung trennen oder sie im Gegenteil mit den elementarsten empirischen Versuchen verwechseln (CLAPARÈDE, BÜHLER, KÖHLER). Er formuliert die Schwierigkeit so: »Es gibt folglich nur eine der beiden Möglichkeiten: entweder gibt man sich mit einer funktionalen Definition zufrieden, auf die Gefahr hin, fast die Gesamtheit der Erkenntnisstrukturen einzubeziehen, oder man wählt als Kriterium eine besondere Struktur aus; aber die Wahl bleibt konventionell und läuft Gefahr, die reale Kontinuität zu vernachlässigen.« (S. 16)

[1] An einer berühmten Stelle des *Anti-Dühring* beschrieb ENGELS den Gegensatz zwischen dem metaphysischen und dem dialektischen Denken folgendermaßen: »Für den Metaphysiker sind die Dinge und ihre Gedankenabbilder, die Begriffe, vereinzelte, eins nach dem andern und ohne das andre zu betrachtende, feste, starre, ein für allemal gegebne Gegenstände der Untersuchung. Er denkt in lauter unvermittelten Gegensätzen: seine Rede ist ja, ja, nein, nein, was darüber ist, ist vom Übel. Für ihn existiert ein Ding entweder, oder es existiert nicht: ein Ding kann ebensowenig zugleich es selbst und ein andres sein. Positiv und negativ schließen einander absolut aus; Ursache und Wirkung stehn ebenso in starrem Gegensatz zueinander. (. . .) . . . Die metaphysische Anschauungsweise, auf so weiten, je nach der Natur des Gegenstandes ausgedehnten Gebieten sie auch berechtigt und sogar notwendig ist, stößt doch jedesmal früher oder später auf eine Schranke, jenseits welcher sie einseitig, borniert, abstrakt wird und sich in unlösliche Widersprüche verirrt, weil sie über den einzelnen Dingen deren Zusammenhang, über ihrem Sein ihr Werden und Vergehn, über ihrer Ruhe ihre Bewegung vergißt, weil sie vor lauter Bäumen den Wald nicht sieht. (. . .) . . . Die Dialektik dagegen [faßt] die Dinge und ihre begrifflichen Abbilder wesentlich in ihrem Zusammenhang, ihrer Verkettung, ihrer Bewegung, ihrem Entstehn und Vergehn [auf] . . .« (FRIEDRICH ENGELS, *Anti-Dühring* . . ., Einleitung; *Friedrich Engels-Studienausgabe*, hg. u. eingel. v. HARTMUT MEHRINGER und GOTTFRIED MERGNER, Reinbek 1973, Bd. 1, S. 29f.)

Und er kommt zu einer echt dialektischen Definition, weil sie die Intelligenz in ihrer Genese definiert, indem sie das, was an ihr spezifisch ist, »den strukturalen Mechanismus«, und das, was sie mit anderen sensomotorischen Aspekten des Lebens gemeinsam hat, »die funktionale Situation«, miteinander verbindet.

Hier berühren wir übrigens einen der wesentlichen Aspekte des dialektischen Denkens, der von der ersten bis zur letzten Seite das Buch PIAGETs beherrscht: alle starren Oppositionen (Instinkt – Intelligenz, Denken – Handeln, Norm – Faktum usw.) abzulehnen, ohne jedoch jemals in den Eklektizismus zu verfallen, und zu zeigen, daß sie einfach dem Wunsch entspringen, *reale* und *partielle* Aspekte der totalen konkreten Realität absolut und »metaphysisch« zu setzen.

Ein anderer wichtiger Punkt, der hervorgehoben werden muß, ist die Analogie zwischen dem, was PIAGET »die adaptative Natur der Intelligenz« nennt, und dem historischen Materialismus. Denn für PIAGET setzt sich die Adaptation aus zwei Vorgängen zusammen: a) der »Assimilation«, der »Wirkung des Organismus auf die ihn umgebenden Objekte, *insoweit diese Wirkung von früheren Verhaltensweisen abhängt und sich auf dieselben Objekte oder auf analoge Objekte erstreckt*«[2], und b) aus der »Akkommodation, der Wirkung der Umwelt auf den Organismus, wobei klar ist, daß das Lebewesen niemals die unveränderte Wirkung der Körper, die es umgeben, erträgt, sondern daß es einfach den Assimilationszyklus verändert, indem es ihn ihnen anpaßt«[3].

Im »Kapital« formuliert MARX seine Vorstellung so (Bd. I, Kap. VII, Hg. K. KAUTSKY, S. 133):

»Die Arbeit ist zunächst ein Prozeß zwischen Mensch und Natur, ein Prozeß, worin der Mensch seinen Stoffwechsel mit der Natur durch seine eigene Tat vermittelt, regelt und kontrolliert. Er tritt dem Naturstoff selbst als eine Naturmacht gegenüber. Die seiner Leiblichkeit angehörigen Naturkräfte, Arme und Beine, Kopf und Hand, setzt er in Bewegung, um sich den Naturstoff in einer für sein eigenes Leben brauchbaren Form

[2] Zit. auf Seite 13. Hervorhebung durch uns. Die Ähnlichkeit mit der Entwicklung der Produktionsmittel innerhalb einer bestimmten Gesamtheit von Produktionsbeziehungen ist offensichtlich.

[3] Zit. auf Seite 13. Auch hier versteht man leicht die Analogie zu der Adaptation des Überbaus an die Transformationen, die das Milieu und ihre eigene Entwicklung den Produktionskräften auferlegen.

anzueignen. Indem er durch diese Bewegung auf die Natur außer ihm wirkt und sie verändert, verändert er zugleich seine eigene Natur.«

Die Identität beider Auffassungen ist offensichtlich. Die Rolle der »Natur«, der »Materie«, der Objekte ist in der Psychologie PIAGETS und im historischen Materialismus identisch.

Die folgenden Seiten sind, was bei einem Gegner der »Philosophen« nicht ohne Pikanterie ist, ein Musterbeispiel *philosophischer* Kritik der verschiedenen Auffassungen von Intelligenz. Denn einerseits versteht es sich von selbst, daß PIAGET auf den wenigen Seiten seines kleinen Bands nicht in erschöpfender Weise die Arbeiten von BERTRAND RUSSELL, der Denk- oder der Gestaltpsychologie analysieren kann, und andererseits will er gewiß nicht die sehr große positive Bedeutung ihrer Untersuchungen und ihrer Arbeiten leugnen.

Dagegen sehen wir ihn in meisterhafter Weise auf wenigen Seiten oder manchmal in wenigen Zeilen den wesentlichen *experimentellen* oder *logischen* Einwand gegen die *philosophischen* Auffassungen dieser verschiedenen Schulen formulieren. Und die Tatsache, daß der Einwand oft *experimentell* ist, ändert nichts an dem philosophischen Charakter dieser Kritik.

Gegen die Position BERTRAND RUSSELLS wendet PIAGET ein, daß er immer »auf die grundlegende Schwierigkeit des Realismus der Klassen, der Relationen und der Zahlen stoßen wird«, die die Schwierigkeit der Antinomien bezüglich der »Klasse aller Klassen und der aktuellen unendlichen Zahl« ist, und ferner:

»Vom genetischen Standpunkt aus gesehen, ist die Hypothese einer unmittelbaren Erfassung von unabhängig bestehenden Universalien durch das Denken noch phantastischer. Nehmen wir an, daß die falschen Vorstellungen des Erwachsenen eine Existenz hätten, die derjenigen der wahren Ideen vergleichbar wäre. Wie steht es dann mit den im Laufe seiner heterogenen Entwicklungsstufen nacheinander konstruierten Begriffen des Kindes? Und mit den »Schemata« der praktischen, vorsprachlichen Intelligenz? »Existieren« sie auch außerhalb des Subjekts? Und diejenigen der Intelligenz des Tieres? Und wenn das ewige »Bestehen« nur den wahren Ideen vorbehalten bleibt, von welchem Alter an werden sie dann erfaßt? Und wenn die aufeinanderfolgenden Entwicklungsstufen einfach die fortschreitende Annäherung der Intelligenz an die »unveränderlichen Ideen« bezeichnen, welchen Beweis haben wir dann, daß der Erwachsene oder der Logiker aus der Schule BERTRAND RUSSELLS schon zu ihrer vollkommenen Erfassung gelangt ist und nicht von den kommenden Generationen überholt werden könnte?« (S. 25)

In *Kritik der Denkpsychologie* heißt es:

»Man muß jedoch vor allem feststellen, daß, sogar bei einer einfachen Beschreibung, die Beziehungen zwischen Vorstellung und Denken von der Würzburger Schule allzusehr vereinfacht wurden. Es steht ohne Zweifel fest, daß die Vorstellung kein eigentliches Element des Denkens bildet. Sie begleitet es aber und dient ihm als Symbol . . . Andrerseits ist es eindeutig, daß das Verfahren der Denkpsychologie jedes Hinausgehen über die einfache Beschreibung untersagt . . . Da ihr jedoch die genetische Perspektive fehlt, analysiert die Denkpsychologie ausschließlich die Endstadien der intellektuellen Entwicklung. Und da ihre Terminologie immer von Zuständen und bereits bestehenden Gleichgewichten spricht, ist es nicht überraschend, wenn sie zu einem Panlogismus gelangt und gezwungen ist, die psychologische Analyse vor der nicht weiter reduzierbaren Tatsache der logischen Gesetze abzubrechen.« (S. 30/31)

Später finden wir experimentelle Argumente gegen die Konstanz der psychischen Formen.

Was die genauen Beziehungen zwischen der Logik und der Psychologie, den Normen und den Fakten betrifft, so ist die Position PIAGETS mit der des Marxismus streng identisch. Er leugnet zunächst jeden »transzendenten«, »apriorischen«, kurz »metaphysischen Charakter« der Normen. Um seine eigenen Worte zu gebrauchen:

»Die Denkpsychologie läuft darauf hinaus, aus dem Denken ein Abbild der Logik zu machen, und darin besteht die Quelle all der Schwierigkeiten, die sie nicht überwinden kann.
Man könnte jedoch die Frage stellen, ob es nicht richtiger wäre, die Elemente dieser Beziehung einfach umzukehren und aus der Logik ein Abbild des Denkens zu machen, was diesem wenigstens seine konstruktive Unabhängigkeit wiedergeben würde.« (S. 32)

Dies ist der wesentliche Punkt: die Logik ist der Spiegel des Denkens, die Norm der Spiegel der realen und konkreten Tatsachen; aber ein Spiegel, der keine exakte Reproduktion ist. So irrig auch die Position HUSSERLS sein mag, er hat in einem Punkt seiner Kritik am Psychologismus recht; eine logische Regel ist nicht eine einfache Aufzeichnung des Denkens von Jean oder Pierre, noch des größten Teils oder des Durchschnitts der Individuen. »Die Logik ist eine Axiomatik der Vernunft, von der die Intelligenzpsychologie die entsprechende experimentelle Wissenschaft ist.« Und jedes Mal, wenn es sich darum handelt, den Menschen oder die Natur zu untersuchen (wie zum Beispiel die Geometrie, die Mathematik, die rationale Mechanik, usw.), sind solche Axiomatiken unerläßlich. Die Marxisten kennen übrigens dafür ein berühmtes Beispiel, denn das *Kapital*, das die Gesetze des Funktionierens und der Entwicklung einer »rein« kapitalistischen, nur aus Kapitalisten und Arbeitern zusammengesetzten Gesellschaft untersucht, ist eine solche »Axiomatik« des realen und konkreten ökonomischen Lebens.

Aber der Moment, in dem sich PIAGET vielleicht am meisten dem dialektischen Denken nähert, ist der, wenn er, von seiner Untersuchung des realen Denkens ausgehend, dazu gelangt, die Unzulänglichkeiten der klassischen Logik und sogar der Logistik BERTRAND RUSSELLS und des *Wiener Kreises* deutlich zu machen:

». . . wenn die Psychologen mit SELZ, den Gestaltpsychologen und vielen anderen die Funktion der Totalitäten und der Gesamtstrukturen in der wirklichen Tätigkeit des Denkens entdecken, so gibt es keinen Grund, die klassische Logik oder sogar die heutige Logistik, die noch bei einem diskontinuierlichen und atomistischen Beschreibungsverfahren geblieben sind, als endgültig und unantastbar zu betrachten und noch weniger aus ihnen ein Modell zu machen, dessen »Widerspiegelung« das Denken wäre. Es gilt im Gegenteil eine Logik der Totalitäten zu konstruieren, wenn man ein adäquates Schema für die Gleichgewichtszustände des Denkens sucht und die Operationen analysieren will, ohne sie jedoch auf einzelne, vom Standpunkt der psychologischen Erfordernisse unzulängliche Elemente zu reduzieren.« (S. 37)

PIAGET hat in seinem Werk »Classes, relations et nombres« und auch, wie wir sagen können, in neuen Arbeiten, die bald veröffentlicht werden, entscheidende Schritte hin auf die Verwirklichung der dialektischen Logik der Ganzheiten, deren Fehlen von HEGEL und MARX so sehr empfunden und hervorgehoben worden ist, gemacht.

Ohne hier die Details dieser Arbeiten wiedergeben zu können, wollen wir uns darauf beschränken, hervorzuheben, daß man nach PIAGET die »atomistischen« Sätze, Klassen und Relationen der klassischen Logik und der Logistik durch logische »Gruppierungen« ersetzen muß, die durch das Vorhandensein sekundärer Elemente charakterisiert sind (so wie bei ineinander enthaltenen Klassen $A > B > C$ usw., $A' = B - A$, $B' = C - B$, usw.), sowie durch die Additivität, die Reversibilität, die Assoziativität der Operationen, die allgemeine identische Operation und die Tautologie. Die Logik trifft sich so wieder mit dem konkreten Denken, das vom Handeln nicht zu trennen ist, denn »die wesentliche Eigenschaft des logischen Denkens ist es, operatorisch zu sein, d. h. das Handeln durch Verinnerlichen zu verlängern« (S. 45).

An diesen wenigen bruchstückhaften und ungenügenden Bemerkungen erkennt man die große *philosophische* Bedeutung des ganzen ersten Teils von PIAGETS Buch.

Es ist noch nötig, einige Worte zu den beiden anderen im eigentlichen Sinn psychologischen Teilen zu sagen.

Sie enthalten drei Kapitel: »Die Intelligenz und die Wahrnehmung«, »Die Gewohnheit und die sensomotorische Intelligenz«, »Die Erarbeitung des Denkens: Intuitionen und Operationen«.

Alle drei sind von dem sowohl für PIAGETS Psychologie wie für das marxistische Denken wesentlichen Gedanken der grundlegenden Einheit von Denken und Handeln beherrscht. Denn eines der wichtigsten Ergebnisse der experimentellen Arbeiten PIAGETS ist die Feststellung, daß das Bewußtsein und das Handeln zwei voneinander *untrennbare* Teilaspekte einer und derselben konkreten Realität sind. Es gibt offensichtlich im Laufe der genetischen Entwicklung enorme Strukturunterschiede zwischen den verschiedenen Stufen dieser Entwicklung; nichtsdestoweniger enthält schon das elementarste unwillkürliche Verhalten des Säuglings Elemente der Assimilation und der Akkommodation, und noch das abstrakteste Denken ist ein verinnerlichtes und konzeptualisiertes Verhalten.

Der Vergleich zwischen dem MARXschen Denken und den Untersuchungen PIAGETS über die Wahrnehmung drängt sich in einer beinahe unvermeidlichen Weise auf.

Man kennt die berühmten Thesen, in denen MARX FEUERBACH vorwirft, daß er, »mit dem *abstrakten* Denken nicht zufrieden, (. . .) die Anschauung (will); aber er faßt die Sinnlichkeit nicht als *praktische* menschlich-sinnliche Tätigkeit«.

Piaget nun gelangt zu völlig analogen Ergebnissen:

»Man muß, scheint es, im Bereich der Wahrnehmung zwischen der Wahrnehmung als solcher, der Gesamtheit der Beziehungen, die bei jeder Zentrierung als Einheit und unmittelbar gegeben wird, und der Wahrnehmungstätigkeit unterscheiden, die sich unter anderem darin äußert, daß man seinen Blick zentriert oder die Zentrierung ändert.« (S. 90)

Auf diesen Punkt könnte man jedoch einwenden, daß, wenn alle seine Erfahrungen nur die Existenz einer »Wahrnehmungstätigkeit« beweisen, es keinen *experimentellen* Grund mehr gibt, weiter die Existenz, selbst die problematische, einer passiven Wahrnehmung anzunehmen. Es handelt sich nur um den Unterschied zwischen zwei strukturellen Stufen im Innern derselben sensomotorischen funktionellen Realität.

Das Kapitel über die Gewohnheiten enthält eine nicht weniger ausschlaggebende und erhellende Kritik an der Theorie von Trial and error. PIAGET analysiert sie bei CLAPARÈDE, aber seine Einwände gelten uneingeschränkt als eine Kritik des Pragmatismus im allgemeinen.

Das Kapitel über die Erarbeitung des Denkens schließlich beschreibt die genetischen Etappen dieser Verarbeitung von dem symbolischen, vorbegrifflichen Denken bis zu dem abstrakten Denken und zu den formalen Operationen.

Das Kapitel VI handelt von den »sozialen Faktoren der intellektuellen Entwicklung«. Auf den dreizehn Seiten, die PIAGET diesem Thema widmet, kann er das Problem nur flüchtig streifen, und man kann das bedauern. Hier findet sich jedoch allerdings allzu zaghaft eine der wichtigsten Einwände des Marxismus gegen die Universitätssoziologie formuliert.

»Die Soziologie ist ohne Zweifel genötigt, die Gesellschaft als Ganzes aufzufassen, obwohl dieses, von der Summe der Individuen eindeutig verschiedene Ganze, nur die Gesamtheit der Beziehungen und Wechselwirkungen zwischen den Individuen darstellt. Jede Beziehung zwischen mehreren Individuen (angefangen von zwei) verändert dieselben in der Tat und bildet bereits eine Ganzheit, und zwar so, daß die von der Gesamtheit der Gesellschaft gebildete Ganzheit weniger ein Ding, ein Wesen oder eine Ursache als ein System von Beziehungen ist . . . Es ist daher zulässig, eine statistische Sprache zu gebrauchen und von ›der Gesellschaft‹ als einem einheitlichen Ganzen zu sprechen (in der gleichen Art wie man von der *Gestalt* spricht, die das Resultat eines statistischen Beziehungssystems ist). Dabei ist es jedoch wichtig, sich diesen statistischen Charakter der soziologischen Begriffe immer gegenwärtig zu halten, da man sonst den Worten einen mythologischen Sinn gibt. In der Denksoziologie kann man sich sogar fragen, ob es nicht vorteilhafter wäre, die üblichen Gesamtbezeichnungen durch die Erwähnung der verschiedenen Typen von Beziehungen zu ersetzen . . .« (S. 176/177)

Die Marxisten streiten den Wert dieser »statistischen« Sprache ab und wollen sie nicht nur in der Soziologie des Denkens, sondern in der gesamten Soziologie durch die »Analyse der beteiligten Relationstypen« ersetzen.

Fügen wir hinzu, daß ihre Abneigung gegen die Verwendung des Begriffs der sozialen Klasse und des Klassenkampfes und dagegen, sie in den Mittelpunkt ihrer Arbeiten zu stellen, uns die Schwierigkeit der Universitäts- und der offiziellen Soziologie zu erklären scheint, von dem globalen und statistischen Ganzen zu einer präzisen und genetischen Analyse der konkreten sozialen Beziehungen zu gelangen.

Schließlich endet das Werk, wie oft bei PIAGET, mit einer völlig unerwarteten und keineswegs durch den Rest des Werkes vorbereiteten Theorie über die Beziehung zwischen den biologischen Rhythmen und den Regulationen und den psychologischen Gruppierungen. Man muß natürlich die Entwicklung dieser Theorie in den kommenden Werken PIAGETS abwarten, um über ihren Wert urteilen zu können.

Was die Epistemologie anbetrifft, so schrieben wir, daß man »wegen der dreifachen Kompetenz des Kinderpsychologen, des Logikers und des Historikers der Naturwissenschaften, die Jean PIAGET in sich vereinigt, das außergewöhnliche Interesse seiner Epistemologie versteht«. Wir wollen versuchen, einige seiner Ergebnisse herauszuarbeiten.

Zunächst schlägt uns PIAGET vor, die Klassifikation der Wissenschaften vollkommen umzukehren. Seit AUGUSTE COMTE hatten die meisten Klassifikationen linearen Charakter und schlossen sich – absichtlich oder nicht – dem kartesianischen Gedanken an, daß es der natürliche und wirksame Weg der Vernunft ist, vom Einfachen zum Komplizierten, vom Teil zum Ganzen fortzuarbeiten. Die Kritik PIAGETS trifft sich hier mit der Kritik PASCALS an der kartesianischen Epistemologie und Methode, mit derjenigen KANTS an der Monadologie von LEIBNIZ und mit den Kritiken von HEGEL und MARX an dem Empirismus und Rationalismus im allgemeinen. Für diese Denker gibt es weder autonome Teile noch erste Prinzipien. Jeder Teil existiert durch seine Beziehungen zu den anderen Teilen innerhalb des Ganzen, und das wissenschaftliche Denken, das die Wirklichkeit verstehen will, muß innerhalb eines Kreises von Beziehungen durch ständiges Hin- und Hergehen zwischen dem Ganzen und den Teilen vordringen.

Ebenso stellt PIAGET der linearen Klassifikation das, was er den Kreis der Wissenschaften nennt, gegenüber, der nur der Ausdruck des Kreises Subjekt-Objekt auf der Ebene des begrifflichen Denkens ist, und den wir eben beschrieben haben. Wenn wir nämlich von der Logik und der Mathematik ausgehen, die reine Begriffe des Geistes (und gleichzeitig die allgemeinsten Gesetze der Realität) zu sein scheinen, und wenn wir, wie es AUGUSTE COMTE und die Anhänger der *Wiener Schule* zum Beispiel wollten, zu immer komplizierteren Wissenschaften, Physik, Chemie, Biologie, Psychologie, gelangen, dann scheint es, daß wir uns vom Subjekt auf die objektive und äußere Realität hin entfernen und daß wir uns von dem allgemeinsten Rahmen dieser Realität zu ihren ergiebigsten und konkretesten Aspekten wenden, aber der letzte, der komplexeste und am wenigsten deduktive dieser Aspekte, nämlich der, der sich mit der Psychologie, der psychischen Struktur der Menschen befaßt, erweist sich als die Grundlage der deduktiven – PIAGET bevorzugt den genaueren Terminus: implikativen – Systeme der Logistik und der Mathematik, die ihrerseits jede Wissenschaft von der Wirklichkeit begründen.

Es gibt also in der Klassifikation der Wissenschaften weder Basis noch Gipfel, weder Ausgangspunkt noch Ziel, sondern Bewußtwerden eines Kreises, in den wir uns begeben haben, und der sich immer weiter ausdehnt, ebenso wie auch das Gleichgewicht der Beziehungen Subjekt-Objekt von den direkten Berührungen der Pflanze über die realen Handlungen des Tieres und des Kindes bis zu den virtuellen Handlungen der erwachsenen und vernünftigen Menschen fortschreitet. Ein immer größerer Kreis, der immer mehr Subjekte umfaßt (bis zu dem »Wir«, das von der ganzen Menschheit gebildet würde) und immer größere Abschnitte des Objekts, aber ein Kreis, dessen Erweiterung gleichzeitig an den entgegengesetzten Polen geschieht und nicht linear und einseitig orientiert, wie es die verschiedenen Formen des Empirismus und des Rationalismus wollten.

Welches sind die wichtigsten Formen des historischen und individuellen Gleichgewichts des Denkens?

PIAGET, der im Laufe seiner Untersuchungen eine ganze Reihe von Etappen in der Entwicklung des kindlichen Denkens herausgearbeitet hat, gruppiert sie alle in drei große Kategorien, die er auf der historischen Ebene wiederfindet, d. h.: die Rhythmen, die Regulationen und die Gruppierungen. Die ersten sind gebunden an die kosmische Realität der Jahreszeiten und an die Aktivierung des Instinkts und der ererbten Reflexe; die zweiten sind charakterisiert durch die regulative Intervention der Intelligenz; die dritten durch ihren umkehrbaren Charakter. Es sei nur erwähnt, daß auf der soziologischen Ebene diese Unterteilung ziemlich genau der von ENGELS entspricht, welcher zwischen den primitiven klassenlosen Gesellschaften unterschied, in denen das Leben zum großen Teil durch die physiologische Struktur und die Instinkte bestimmt war, den in soziale Klassen unterteilten Gesellschaften, in denen das Gleichgewicht aus dem Zusammenstoß widersprechender Handlungen und ihrer unwillkürlichen Regulation hervorgeht, und schließlich dem Zukunftsstaat der sozialistischen Gesellschaft, dem Reich der Planung und der Freiheit.

Welche ist heute die höhere Form des Gleichgewichts des begrifflichen Denkens?

PIAGET, der sich besonders mit dem logischen und mathematischen Denken beschäftigt hat, hat auf diesem Gebiet einen der zentralen Gedanken seiner Epistemologie herausgearbeitet: den der logischen und mathematischen Ganzheitsstrukturen, z. B. von Gruppierungen und Gruppen, wo die einen wie die anderen durch ihre *Umkehrbarkeit* charakterisiert sind. Ohne ins Detail zu gehen, läßt sich sagen, daß PIAGET mit diesen Begriffen die Verbindung zwischen einer Gesamtheit von Operationen bezeichnet, eine Verbindung von der Art, daß jedem realen oder verinnerlichten Verhalten immer ein umgekehrtes Verhalten entspricht, das jenes aufhebt, ein möglicher Wechsel in der Ordnung der Elemente, die es ausmachen, mehr oder weniger große Umwege, und schließlich für die mathematische Gruppierung die Möglichkeit, dieses Verhalten mit einem anderen analogen zu verbinden (kombinieren) (in der Logik: $a + a = a$; in der Mathematik: $a + a = 2a$). Diese Strukturierung der Intelligenz – die zur Folge hat, daß jedes Denken, Verhalten oder Handeln für ein Bewußtsein, das die formale Ebene erreicht hat, nur ein Element eines gleichzeitig mit ihr gegebenen Ganzen ist, mit dessen anderen Elementen es durch eine *implikative und reversible* Beziehung koordiniert ist – erscheint PIAGET als das wichtigste Charakteristikum des rationalen Denkens und gleichzeitig als eine Gegebenheit, die von der Logistik CARNAPS und RUSSELLS nicht genügend beachtet worden ist. Von daher rührt einerseits das Bedürfnis, ein neues Lehrbuch der operatorischen Logistik zu schreiben, und andererseits die Möglichkeit, Richtlinien in der genetischen Untersuchung der historischen Formen des Denkens und der biographischen Formen der Intelligenz herauszuarbeiten.

Wir bleiben auf der Linie PIAGETS, wenn wir zu diesem Punkt eine Bemerkung machen, die sich uns in diesem Zusammenhang aufzudrängen scheint.

Ist die Gruppierung der Handlungen, das Bewußtwerden der Beziehungen zwischen der direkten und der umgekehrten Handlung, der Assoziativität der Elemente einer Gruppierung, der Möglichkeit der Umwege nicht das Ergebnis der Tatsache, daß sich das Subjekt auf einem bestimmten Niveau der biologischen Entwicklung in seiner Natur verändert hat, daß das Individuum Gruppe geworden ist, das wahrscheinlich unbewußte Ich ein »Wir«, das sich notwendigerweise endlich seiner eigenen Struktur und derjenigen des Universums bewußt werden mußte? Die Gruppe oder die Gruppierung kann zweifellos beliebig durch die Handlungen und die Gedanken eines einzigen Individuums oder durch die Handlungen mehrerer verschiedener Individuen strukturiert sein. Aber das gesamte Tierreich beweist, daß die formale Koordination der Handlungen eines und desselben Individuums zwar möglich, aber nicht notwendig ist. Die empirische, statistische und deformierende Koordination reicht für die biologische Existenz der Individuen aus. Dagegen kann die soziale Gruppe und das, was ihr Wesen ausmacht, die Kooperation bei der Arbeit, nicht ohne Bewußtwerdung existieren und ohne daß die Koordinationsgesetze der verschiedenen Handlungen eines jeden Individuums herausgearbeitet würden. Für die Gruppe ist das Bewußtsein, und sehr schnell das formalisierte Bewußtsein, nicht nur eine Möglichkeit, sondern auch und vor allem eine Notwendigkeit[4].

[4] Ein Einwand stellt sich indessen ein: beweist das nicht vielmehr, daß das Denken für das gesellschaftliche Leben unentbehrlich ist und infolgedessen diesem vorausgeht?
Das Problem scheint uns schlecht gestellt zu sein. Die Frage, ob zuerst das Denken oder die Gesellschaft da waren, erscheint uns genauso müßig wie die Frage danach, ob die Henne vor dem Ei da war oder umgekehrt.
Zweifellos gibt es gegenseitigen Einfluß und Rückwirkung: das Denken begünstigt das gesellschaftliche Leben, und dieses entwickelt das Denken. Wir wollten hier nur auf die enge gegenseitige Durchdringung dieser beiden Realitäten hinweisen, eine Durchdringung, die die Epistemologie PIAGETS mehr denn je deutlich macht.

Biographisch gesehen schließt sich PIAGETS Epistemologie an die seiner beiden Lehrer LÉON BRUNSCHVICG und PIERRE JANET an. Von dem ersteren hat er den Gedanken von einer unbegrenzten konstruktiven Tätigkeit des Geistes übernommen, von letzterem die Zusammengehörigkeit jedes Bewußtseinsphänomens mit den Verhaltensweisen des Individuums. Aber ob er es will oder nicht (genauer gesagt, ohne daß er es will), die von PIAGET verwirklichte Synthese stellt ihn in die Reihe der großen dialektischen Denker KANT, HEGEL und MARX. Wir haben schon in unserem Aufsatz von 1947 mehrere Punkte erwähnt, an denen das sichtbar war, und wir haben eben an die Klassifikation der Wissenschaften und an die Einführung des Gedankens des Ganzen und der Gruppierung in die Logistik erinnert; wir werden jetzt einen anderen Punkt erörtern, an dem diese Tatsache wiederum besonders deutlich wird, nämlich den der Natur des logischen und mathematischen Denkens. Jedermann kennt die Kritiken PASCALS und KANTS an dem skeptischen Empirismus und dem Rationalismus. Der eine und der andere haben deutlich gemacht, daß die Erkenntnis immer eine Synthese von zwei Elementen ist, von einem empirischen und wahrnehmbaren und von einem anderen, *apriorischen* (Empfindungen des Herzens, *apriorische* Formen der reinen Intuition, Kategorien des Verstehens). KANT formulierte exakt das Problem dieses zweiten Elementes als dasjenige der Synthese zwischen der Notwendigkeit bestimmter Urteile und ihrer Ergiebigkeit, ein Problem, das er dasjenige der synthetischen Urteile *a priori* nannte. Man kennt auch die Kritik von HEGEL und MARX an der abstrakten KANTschen Lösung eines *a priori*, das eine reine Form des Geistes wäre, die dem wahrnehmbaren Inhalt entgegengesetzt ist. Aber wenn HEGEL und MARX mit ihrer Kritik recht hatten, dann glauben wir nicht zu übertreiben, wenn wir sagen, daß es ihnen niemals gelungen ist, in einer zufriedenstellenden theoretischen Weise die doppelte deduktive und empirische Natur des Denkens zu erklären. Ebenso blieb das Problem der Natur des gleichzeitig ergiebigen und notwendigen mathematischen Denkens immer für jede dialektische Epistemologie offen.

Es ist keines der geringsten Verdienste von PIAGETS Werk, zu diesem Punkt eine Lösung gebracht zu haben, die uns einleuchtend erscheint, und an die niemand vor ihm gedacht hatte. Für PIAGET (wie für MARX) hängt jedes Denken am Handeln; die theoretische Welt in ihrer Gesamtheit ist ein Bewußtwerden der Bedingungen des realen oder möglichen Handelns. Nun ist jede Handlung eine Synthese von zwei Polen, Subjekt und Objekt, Mensch und Universum. Das theoretische Denken, ein neues Element, das sich in diesen Zyklus von Anpassungen und Assimilationen einfügt, wird immer in jedem seiner Elemente den einen oder den anderen dieser beiden Pole widerspiegeln. Nur wenn jede Wissenschaft die Realität in der Perspektive einer bestimmten realen oder möglichen Handlung sieht, kann es als Grenzfall eine Wissenschaft geben (in Wirklichkeit gibt es zwei: die Logik und die Mathematik), die die Realität als Objekt im allgemeinen betrachtet, indem sie von jeder spezifischen Qualität dieser oder jener Gruppe von besonderen Objekten abstrahiert.

Um einen von GONSETH eingeführten Ausdruck zu gebrauchen, wären dann die Logik und die Mathematik die Wissenschaften, die der Wirkung auf ein »beliebiges Objekt« entsprechen. Wenn übrigens die Theorien von GONSETH über die Natur des mathematischen Urteils diesem Teil der Epistemologie PIAGETS am nächsten zu kommen scheinen, so sind die Unterschiede in Wirklichkeit beträchtlich. Für GONSETH stellt die Logik eine »Physik des beliebigen Objektes« dar. Implizit kann sich ihr Gewißheitsgrad *qualitativ* nicht von dem ganzen Rest der Physik der spezifizierten Objekte unterscheiden. Es gibt zwischen der einen und der anderen nur einen Gradunterschied, da die eine und die andere vom Objekt her abstrakt sind. Das epistemologische Problem der Natur des logischen und mathematischen Denkens bleibt bestehen.

Für PIAGET ist die Situation eine ganz andere. Für ihn sind Logik und Mathematik das Bewußtwerden auf der theoretischen und objektiven Ebene der Bedingungen der Wirkung auf ein beliebiges Objekt und der möglichen Koordinationen zwischen diesen Wirkungen. Das »beliebige Objekt« ist in der Gesamtheit dieser Wissenschaften nur eine ständige Invariante, die Handlungen des Subjekts und ihre Koordinationen das veränderliche Element, das ihren Inhalt bestimmt.

Diese Hypothese löst das dreifache Problem, das die implikativen Wissenschaften stellen, d. h.:

- ihre Gewißheit,
- ihre Ergiebigkeit (für die Mathematik),
- ihre Übereinstimmung mit der Realität.

1. Die *Gewißheit* der Logik und der Mathematik ist natürlich, da sich das Subjekt hier einfach seiner eigenen Handlungen und ihrer realen oder möglichen Wirkungen in der Welt bewußt wird[5];

2. die *Ergiebigkeit* des mathematischen Denkens erklärt sich durch den unbegrenzten Reichtum der Koordinationsmöglichkeiten der menschlichen Handlungen untereinander, einer Koordination, bei der die Mathematik gerade das Bewußtwerden ausmacht;

3. schließlich ist die viele Male bestätigte *Übereinstimmung* zwischen den abstraktesten und am wenigsten erwarteten Schritten des mathematischen Denkens und der Struktur der Realität natürlich, denn da jede »Realität« in der Perspektive einer menschlichen Handlung gesehen wird, kann sie den allgemeinsten Koordinationen dieser Handlung nicht widersprechen. Bestimmte logische oder mathematische Theorien können im Hinblick auf die experimentelle Realität virtuell und möglich bleiben, diese kann ihnen aber niemals widersprechen.

Wir glauben nicht zu übertreiben, wenn wir behaupten, daß diese Theorie eine besonders einfache und suggestive Lösung der Schwierigkeiten darstellt, die sich aus der doppelten Natur des Denkens für die dialektischen Theorien seit KANT und PASCAL bis zu HEGEL und MARX ergaben.

Auf dem Gebiet des physikalischen Denkens wählen wir unter den vielfältigen Untersuchungen des Buches eine einzige aus, die uns besonders interessant erscheint, nämlich die der Kausalität. Man kennt die Diskussion über diesen Punkt, in der sich seit HUME und COMTE Empiristen und Positivisten, Rationalisten und dialektische Denker als Gegner gegenüberstehen. Die erste-

[5] Die einzige Frage könnte nur die sein, zu wissen, was den Augenblick dieser Bewußtwerdung festlegt, denn es ist offensichtlich, daß das Leben des Individuums zu kurz ist, als daß es mit seinen eigenen Kräften dahin gelangen könnte. Dabei wird es jedoch von zwei Kräften tatkräftig unterstützt, wobei PIAGET keine Zuordnungen im einzelnen vornehmen möchte: a) die gesellschaftliche Weitergabe (Sprache, Erziehung, Lehre); b) die erbliche Weitergabe bestimmter Koordinationen, die, ohne bewußt zu sein, real sind und schon im Tierreich von der praktischen Intelligenz angewandt werden. Existiert dieser zweite Faktor wirklich? Kein beweiskräftiges Experiment erlaubt uns heute, das zu leugnen. Es ist nichtsdestoweniger sicher, daß seine Wirksamkeit bei weitem von der der gesellschaftlichen Weitergabe übertroffen wird.

ren haben immer jede Untersuchung der Ursache aus der positiven Wissenschaft verbannt und das große Schwert des »Metaphysikers« geschwungen, sobald die Anhänger dieses Begriffs versuchten, ihm einen Sinn zu verleihen, der auch nur ein ganz klein wenig den des Gesetzes überschritt.

Die rationalistischen und dialektischen Denker haben dagegen niemals aufgehört, den Gedanken der Ursache zu verteidigen, und man kennt aus jüngerer Zeit die subtile und versteckte Ironie der Arbeiten von E. Meyerson, die zeigen, daß die Physiker, die sich in ihren Arbeiten über die Methode als die ärgsten Feinde der kausalen Untersuchung erklärt haben, sie nichtsdestoweniger *de facto* in ihren wissenschaftlichen Untersuchungen weiter praktiziert haben.

Mit der Zeit wurde die Diskussion langweilig, denn sie glich mehr und mehr einem Dialog von Tauben. Auf der einen Seite standen die Empiristen, die sich auf die Ebene des unmittelbar Gegebenen stellten und – zu Recht – behaupteten, daß die Realität niemals etwas anderes zeigen kann als eine konstante und meßbare Beziehung zwischen zwei oder mehreren Phänomenen, eine Beziehung, die, da sie sich in der Vergangenheit immer bestätigt hat, eine gewisse – mehr oder weniger große – Wahrscheinlichkeit aufweist, sich auch in der Zukunft zu wiederholen, und das um so mehr, als sie in den Zusammenhang eines Systems eingefügt (eine physikalische Theorie zum Beispiel), durch eine große Anzahl von Experimenten, die aus den verschiedensten Bezirken der Wirklichkeit hervorgegangen sind, gesichert ist. Auf der anderen Seite standen die rationalistischen oder dialektischen Gegner, die behaupteten, daß eine kausale Beziehung eine *notwendige* und nicht bloß empirische Beziehung zwischen mehreren Phänomenen ist; eine Notwendigkeit, die sie jedoch nur mit Behauptungen rechtfertigen konnten, die über das Gegebene hinausgingen (apriorische Form des Verstehens, materialistische Metaphysik usw.).

In Wirklichkeit war eine konkrete Untersuchung des Problems der Kausalität nur auf der Grundlage eines Einverständnisses über zwei Punkte möglich:

a) Man muß anerkennen, daß die wahrnehmbaren Gegebenheiten niemals etwas anderes darstellen können als einen Zusammenhang von Relationen der Abfolge oder der Gleichzeitigkeit: was man Gesetze nennt.

b) Bei dem Kausalitätsproblem dreht es sich darum zu wissen, ob es unter diesen gesetzlichen Relationen eine Kategorie gibt, die einen *privilegierten* Charakter hat und die *explikativen* oder kausalen Gesetze begründet oder nicht. Eine kausale Beziehung ist nichts anderes als ein Gesetz, aber für den Menschen ist es ein privilegiertes Gesetz. Es war das große Verdienst von E. MEYERSON, das Problem auf diesem Gebiet gestellt zu haben. Unglücklicherweise hat er den Wert seiner Analysen durch die metaphysische Behauptung ruiniert, daß die Identität für den Geist ein unbegründetes und schwer erklärbares Privileg darstelle. Übrigens bewiesen seine eigenen Untersuchungen meistens das Gegenteil, denn jedes Mal, wenn er die mechanischen Erklärungen in Angriff nahm (physikalische Modelle usw.), nahm er *stillschweigend* und ohne jeden Grund an, daß die Ortsveränderung eines Körpers eine geringere Vielfalt als irgendeine andere Veränderung aufweist. Das heißt, daß er sich von vornherein zugestand, was er beweisen wollte. *A priori* ist die Ortsveränderung, die jeder mechanischen Erklärung zugrunde liegt, eine Veränderung wie alle anderen, und wenn sie für die Vernunft etwas Besonderes darstellt, dann muß diese Besonderheit ihrerseits erklärt werden. Es ist richtig, daß MEYERSON außerhalb der Ortsveränderung der Objekte (und der anderen Invarianten, die von Anfang an gegeben zu sein scheinen) die rein intellektuelle Schöpfung des nicht empirischen Begriffs der Energie und das Gesetz der Erhaltung von eben dieser betonte. Aber wie PIAGET zu Recht bemerkt, wenn es wahr ist, daß wir im Laufe der Entwicklung des kindlichen Denkens wie im Laufe der Geschichte der Wissenschaften den Aufbau von zahlreichen Invarianten antreffen (Raum, Zeit, Objekt, Masse, Materie, Volumen), so sind diese jedes Mal mit einem Gesamtzusammenhang von Variationen unlösbar verbunden, deren Komplement sie bilden, und von denen sie nur willkürlich getrennt werden können. Was die Vernunft konstruiert, ist eine *Koordination von Varianten* in Gruppen, die das Vorhandensein von bestimmten Invarianten einschließen, und das nicht, um zu einer willkürlichen und paradoxen Identität zu gelangen, die die Aufhebung jeden menschlichen Lebens bedeutete (für MEYERSON kann der Mensch nur leben, weil die Welt nicht rational ist), sondern nur darum, weil der Mensch angesichts des Universums ein Handelnder ist, und weil es nach unserem Verständnis das höchste

Ziel der Vernunft ist, die unbegrenzt vielfältige und veränderliche Realität an eine dem Handeln des Subjekts zugängliche Ordnung zu binden.

Schon H. Poincaré hatte die rationale Bevorzugung der Ortsveränderung mit der Unterscheidung zwischen der Gruppe der Positionsveränderungen, *die wir produzieren können*, und der Gesamtheit der Zustandsveränderungen, die sich unserem direkten Einfluß entzieht, in Zusammenhang gebracht. Beim Entwickeln einer irrigen Theorie hatte A. Comte zwei besonders suggestive und glückliche Formeln gefunden; die erste, als er im Zuge der Verwerfung der Kausaluntersuchung verbot, *nach der Produktionsweise zu suchen*; die zweite, als er bei der Definition der menschlichen Nützlichkeit der positiven Wissenschaft sagte, daß *Wissen Vorausschauen* ist *(»savoir c'est prévoir«)*. Wenn nun die Suche nach der Ursache auch in der Tat die Suche nach der *Produktionsweise* ist, dann war das Ideal des theoretischen Denkens doch niemals das einer einfachen kontemplativen Vorausschau. Wiederholen wir es noch einmal, der Mensch ist nicht *Zuschauer*, sondern *Handelnder*: Wissen heißt nicht nur Vorausschauen, sondern auch, die Dinge verwandeln und den Ablauf der Ereignisse verändern können; Wissen heißt *Produzieren-Können*: Die Vorhersage, das Gesetz ist nur ein Notbehelf, mit der sich der Denker zufriedengibt, wenn er nicht imstande ist, die *Ursache*, die *Produktionsweise* zu erkennen. Die Beziehungen der Abfolge oder der Gleichzeitigkeit haben für den Menschen nicht alle denselben Wert. Die einen erlauben ihm eine einfache Vorhersage, das sind die funktionalen Gesetze; die anderen gehören unmittelbar zu seiner Handlung, und das sind die kausalen oder explikativen Gesetze. Unter diesen waren diejenigen am einleuchtendsten, die die Veränderungen des Objektes mit der Gruppe der Positionswechsel verbanden, die mechanische Physik. Unglücklicherweise haben sie sich auf bestimmten Gebieten, und vor allem außerhalb der durchschnittlichen Dimensionen, als nicht anwendbar erwiesen. Es bleibt jedoch immer die Hoffnung, die Veränderungen der Wirklichkeit mit den allgemeinsten Koordinationen der Handlung des Subjekts, d. h. mit den mathematischen Gruppen in Beziehung zu bringen; und darum bemüht sich gerade im wesentlichen die zeitgenössische Physik, auch wenn sie das, wenigstens vorläufig, nicht immer erreicht.

Die physikalische Erklärung setzt immer die Einführung eines fiktiven, aber dem Menschen analogen Handelnden in die Transformationen der Materie voraus, eine anthropomorphe Einführung bei den niederen Formen der menschlichen Bewußtwerdung (Artifizialismus, Animismus usw.), objektiv und mathematisch bei den höheren Formen des begrifflichen und formalisierten Denkens[6].

In dem dritten Band, der dem biologischen, psychologischen und soziologischen Denken gewidmet ist, arbeitet PIAGET die vollkommene Übereinstimmung in diesen drei Wissenschaften nicht nur bei der Stellung des Problems, sondern auch in den Typen der vorgeschlagenen Antworten heraus. Wir wollen auch feststellen, daß er auf der Ebene des soziologischen Denkens dieses Mal explizit zu den Schlußfolgerungen kommt, die wir anläßlich von *La Psychologie de l'intelligence* herausgearbeitet haben, wobei wir feststellten, »daß die marxistische Soziologie diejenige ist, die am meisten den Ergebnissen seiner psychologischen Arbeiten und seinen allgemeinen epistemologischen Überzeugungen entspricht«.

Wie wir schon gesagt haben, scheinen uns diese Untersuchungen ihren Wert vollkommen bewahrt zu haben. Wenn wir sie indes heute, viele Jahre später, wieder lesen, werden wir uns der Tatsache bewußt, daß, wenn PIAGET den größten Teil der methodologischen Schlußfolgerungen von MARX und ENGELS wiedergefunden hat, seine Erfahrung als Biologe und Forscher im Laboratorium es ihm jedoch erlaubt hat, in einer klareren und besonders mit dem zeitgenössischen Denken enger verbundenen Art und Weise eine ganze Reihe von Ideen zu formulieren, die

[6] GALILEI hat einmal gesagt, die Natur sei ein in mathematischer Sprache geschriebenes Buch. Die genaue Formulierung wäre gewesen, daß es ein Buch ist, das wir in mathematischer Sprache schreiben, aber das uns ein dieser Schrift völlig angepaßtes Material liefert. Woher kommt diese Angepaßtheit? Das ist ein metaphysisches Problem, das über die positive Wissenschaft hinausgeht. Tatsache ist, daß die Menschen nicht in einem Universum hätten leben können, das der Struktur ihrer Tätigkeiten unangemessen wäre. Wenn wir existieren, dann, weil diese Adaptation real und damit möglich war, und weil unsere mathematischen Begriffe und die Handlungen, denen sie entsprechen, immer eine Realität gefunden haben, in die sie sich haben einfügen können.

Das physikalische Denken ist in seiner Tendenz und seinen Bestrebungen explikativ, kausal und mathematisch, weil es unser Denken ist, das dazu neigt, die Realität mit unseren Handlungen zu verbinden, und es wäre sicher ein anderes für imaginäre Wesen, die andere Mittel als wir hätten, auf die Realität einzuwirken.

sich zweifellos bei MARX befanden, die aber auch in der spekulativen Sprache des Hegelianismus ausgedrückt waren. Das ist zum Beispiel der Fall bei den Begriffen *Struktur* und *Funktion*, die sich sehr selten in den MARXschen Texten finden, die aber dort in einem solchen Maße impliziert sind, daß die französischen Übersetzer lange vor der Ausarbeitung der zeitgenössischen strukturalistischen Sprache die beiden Schlüsselbegriffe der materialistischen Auffassung von der Geschichte mit den Wörtern *infra-* und *supra-structures* (Unter- und Überbau) übersetzt hatten.

Ebenso wird bei PIAGET die Behauptung des Übergangs von der Quantität zur Qualität, die äußerst spekulativ erschien und immer das Mißtrauen der positivistischen Forscher weckte, ganz und gar positiv gesehen. Sie entspricht dem Moment, in dem der Transformationsprozeß einer vorhergehenden Struktur in eine neue den Punkt erreicht, wo es sinnvoller und wirksamer wird, den erreichten Zustand in Begriffen einer nicht ganz ausgearbeiteten neuen Struktur zu beschreiben, als in Begriffen einer alten Struktur, die Veränderungen erfahren hat.

Wenn wir nun diese Untersuchung beenden, möchten wir noch einmal ausdrücklich darauf hinweisen, daß die philosophische Bedeutung der Arbeiten PIAGETS und ihre führende Rolle im Laufe der letzten zwei Jahrzehnte noch beträchtlich größer geworden ist.

Wenn nämlich bis 1950/55 die genetischen Positionen in der philosophischen und methodologischen Diskussion eine Richtung darstellten, dessen Gewicht demjenigen statischer Orientierungen wenigstens gleichkam, so hat sich die Situation seitdem spürbar verändert. Der Übergang vom Kapitalismus in der Krise zum Kapitalismus der Organisation[7] hat eine Veränderung

[7] Genauer gesagt nennen wir Kapitalismus in der Krise die Periode, während der nach der Zerstörung des freien Marktes durch die Entwicklung der Trusts und Monopole die westliche Gesellschaft durch eine ganze Reihe rasch aufeinanderfolgender sozialer und politischer Krisen erschüttert worden ist, die alle mühsam überwunden wurden, um in jedem Fall einem völlig provisorischen und übrigens sehr schnell zerstörten Gleichgewicht Platz zu machen (erster Weltkrieg, revolutionäre Bewegungen zwischen 1917 und 1923, Wirtschaftskrise von 1929–1933, Hitlerzeit, zweiter Weltkrieg und an der europäischen Peripherie der Industriegesellschaften italienischer Faschismus und spanische Revolution). Demgegenüber nennen wir Organisationskapitalismus den gegenwärtigen Zustand, in dem Schöpfung und Entwicklung der Regulationsmechanismen, die in erster Linie aus

des soziologischen Denkens mit sich gebracht, in der gegenwärtig die ahistorischen und selbst antihistorischen Positionen im Begriff sind, einen absolut beherrschenden Platz einzunehmen. Die Trennung der Begriffe Struktur und Funktion hat einerseits zu einem statischen Funktionalismus geführt, andererseits zu einem formalistischen und nicht genetischen Strukturalismus, deren wichtigste Vertreter (TALCOTT PARSONS, R. K. MERTON und besonders LÉVI-STRAUSS und ROLAND BARTHES) einen beachtlichen Einfluß auf das zeitgenössische Denken ausüben.

Andererseits orientieren sich sogar Denker wie MICHEL FOUCAULT, die der Geschichte noch eine gewisse Bedeutung zugestehen, hin zum Irrationalismus, eliminieren jede Reflexion auf den Vorgang der Transformation und schaffen schließlich vor allem, so paradox das auch für Historiker erscheinen mag, sogar den Begriff des Subjekts ab.

Die neueste Darlegung dieser Richtung ist die Veröffentlichung von drei Werken und zahlreichen Aufsätzen von LOUIS ALTHUSSER und der Gruppe, die unter seiner Leitung arbeitet; Werke, die marxistisch sein wollen, die uns lehren, daß MARX ein genialer Denker war, der jedoch nicht wußte, was er tat, und dessen Methodologie und philosophische Voraussetzungen erst von JACQUES LACAN und MICHEL FOUCAULT klar formuliert worden sind. Bei dieser Betrachtungsweise ist es nicht erstaunlich, festzustellen, daß ALTHUSSER und seine Gruppe sogar die Abschaffung des Begriffes Subjekt fordern, der ihrer Meinung nach einen rein ideologischen Charakter hat, und es ist auch nicht erstaunlich, daß sie uns erklären, daß das MARXsche Denken ahumanistisch und ahistorisch ist.

In diesem Aufblühen einer Ideologie, die mit einer selten erreichten Sicherheit im Namen der Philosophie und der positiven Wissenschaft spricht, wird ein Werk wie das von JEAN PIAGET von Tag zu Tag ein immer bedeutenderer und unentbehrlicherer Stützpunkt für alle diejenigen, deren »Denken links und verfälscht *(gauche et gauchie)*« ist, wie MICHEL FOUCAULT ironisch und voller Verachtung sagt, und für die, die »jede Erkenntnis auf die Wahrheiten des Menschen selbst zurückführen, und für alle

staatlichen Interventionen hervorgehen, einen fortgesetzten wirtschaftlichen Aufschwung erlauben, und dadurch sogar die endogenen sozialen und politischen Krisen beträchtlich verringern und sogar vermeiden.

diejenigen, die nicht formalisieren wollen, ohne zu anthropologisieren«, und auch nicht »denken, ohne sogleich zu denken, daß der Mensch es ist, der denkt« und die besonders und mehr denn je »nicht mythologisieren wollen, ohne zu entmystifizieren«[8].

[8] M. Foucault, *Les mots et les choses*, Paris: Gallimard, 1966, S. 353–354.

Die Logik und die Wissenschaften vom Menschen

Von Jean-Blaise Grize

I. Einführung

Nichts eignet sich auf den ersten Blick weniger für den Versuch einer Formalisierung, als die psychologischen und die Sozialwissenschaften. Einerseits sind die menschlichen Verhaltensweisen – seien sie nun individuell oder kollektiv – tatsächlich immer komplexer als die meisten physikalischen Phänomene. Andererseits sind es Disziplinen, bei denen der Forscher gleichzeitig Richter und Partei ist. Das bedeutet, daß wir kaum zögern, einen vertrauten Gegenstand in einer vereinfachten Abbildung wiederzuerkennen, uns jedoch weigern, uns selbst in der noch ziemlich rohen Form wiederzuerkennen, die uns die Logik und die Mathematik von uns selbst vorlegen. Psychologie wie Soziologie schließlich sind noch junge Wissenschaften, ja auf vielen Gebieten erst im Entstehen begriffen. Wenn man sich dann daran erinnert, daß die Physik erst seit Galilei mathematisch geworden ist, und daß die deduktive Chemie eine völlig neue Errungenschaft ist, kann man, wie es scheint, daran Zweifel hegen, ob es schon möglich ist, die Logik und die Mathematik in den Wissenschaften vom Menschen anzuwenden.

Bei genauerer Betrachtung jedoch sind es genau dieselben Gründe, die den Gebrauch der logisch-mathematischen Methoden auf diesem Untersuchungsfeld noch notwendiger machen. Ihr hoher Grad an Komplexität hat nämlich nur zu sehr die Tendenz, die gewöhnlichen, in der Alltagssprache durchgeführten Analysen unwirksam zu machen. Die Weigerung, sich in eine Beschreibung, die man als stark vereinfachend beurteilt, einschließen zu lassen, ohne jedoch genau zu präzisieren, an was es ihr fehlt, ist nur eine affektive Reaktion, und eine präzise Karikatur führt leichter zu einem wahrhaftigen Porträt als eine verschwommene Abbildung. Weil die Wissenschaften vom Menschen eben noch jung sind, fehlt es ihnen noch an großen richtungweisenden und erprobten Ideen, die es ihnen gleich ihren älteren Schwestern erlauben würden, ihrer Problematik ins Auge zu sehen, ohne aus fremden Quellen zu schöpfen. Daraus folgt, daß, wenn die logischen Methoden vielleicht zu eng sind, um die menschlichen Verhaltensweisen zu beschreiben, ihre Forderungen dagegen einen wertvollen Schutz bieten gegen die Versuchungen gewisser Vereinfachungen und illusorischer Gewißheiten.

Übrigens beruhen die Argumente, die man im allgemeinen gegen die Anwendung der Logik und der Mathematik auf die menschlichen Verhaltensweisen vorbringt, zum größten Teil auf dem Gedanken einer linearen Klassifikation der Wissenschaften, der von AUGUSTE COMTE stammt. Aber sobald man sich mit PIAGET des kreisförmigen Bezugs bewußt wird, der unsere Kenntnisse verbindet, fallen die meisten Einwände von selbst. Wenn nämlich einerseits die psycho-sozialen Wissenschaften von der Logik am weitesten entfernt sind, da sie ja von ihr durch alle physikalisch-chemischen und biologischen Wissenschaften getrennt sind, sind sie ihr andererseits auch am nächsten. Denn die logisch-mathematischen Strukturen haben ihren Ursprung ebensosehr – und sogar noch mehr – in den psychologischen und sozialen Verhaltensweisen als in der physikalischen Welt. Als Ergebnisse der Koordinationen von Handlungen des Subjekts hängen sie sogar ziemlich wenig von den Objekten ab, mit denen sie es zu tun haben.

Schließlich muß man zwei Formen der Logik unterscheiden: diejenige der Individuen, auf die sich die Aufmerksamkeit des Psychologen und Soziologen richtet, und diejenige, deren sich diese Forscher bei ihren Untersuchungen bedienen werden. Ich nenne die erstere »Objektlogik« *(logique-objet)*. Für sich allein genommen erfordert sie ebensowenig den Gebrauch einer Logik, wie es zur Untersuchung irrationaler Verhaltensweisen nötig ist, sich eine Haltung mangelnder Vernunft zuzulegen. Ich nenne die zweite »funktionale Logik« *(logique-outil)*, und nichts begrenzt ihre Anwendung auf die Untersuchung der Objektlogik. Jedes Verhalten kann grundsätzlich in ihren Bereich gehören.

2. Die Objektlogik

Gehen wir von der banalen Tatsache aus, daß die Menschen denken, daß sie es auf jeden Fall manchmal feierlich behaupten, und daß sie gelegentlich versichern, Schlüsse zu ziehen. Die Sache ist wichtig genug, daß eine ganze philosophische Tradition geglaubt hat, der Seele das Denken zuschreiben zu können wie der Materie die Masse.

Von außen gesehen jedoch ist das Denken eine Verhaltensweise unter anderen, und PIAGET hat zeigen können, wie das Denken das Handeln bedingt, wobei dieses übrigens gleichzeitig von jenem bedingt wird. Dieser wechselseitige Bezug ist sogar so wesentlich, daß man niemals einen zusammenhängenden Gedanken, also Logik, ohne einen gewissen Gleichgewichtszustand beobachtet. Auch der Begriff »Zustand« kann übrigens etwas irreführend sein. Um es mit wenigen Worten zu sagen: was man beobachtet, ist niemals eine lokale und definitive Stabilität, sondern eine Reihe von aufeinanderfolgenden Äquilibrationen, die sich immer mehr ausdehnen und Störungen immer mehr Widerstand leisten. So daß man, um einen Begriff zu verwenden, den SARTRE in Mode gebracht hat und der hier ausgezeichnet paßt, von Totalisierungen und sogar von umfassenden Totalisierungen sprechen könnte.

Gerade an diesem Punkt wird am heftigsten Kritik an der Logik geübt, zumindest an ihren nicht dialektischen Formen. Die formale Logik, sagt man, ist wesentlich atomistisch; sie erklärt das Ganze durch seine Teile, und kein Subjekt könnte sie den Totalisierungen dienstbar machen, die es in seiner Praxis realisiert hat.

Solche Behauptungen, die in Fülle in der Literatur verbreitet sind, sind sicherlich nicht ohne jede Grundlage. Es ist nichtsdestoweniger gut, zwei Mißverständnisse zu zerstreuen.

Ein formales System des logischen Typs ist sicher in der Hinsicht atomistisch, als seine Komponenten (Wörter, Ausdrücke, Thesen) rekursiv – d. h. in dicht aufeinanderfolgenden Schritten – von »Atomen« her erzeugt werden. Aber daraus ohne weiteres schließen zu wollen, daß infolgedessen »das Ganze gleich der Summe der Teile« ist (wie man sagt), stellt zumindest eine unkluge Behauptung dar. Der Ausdruck hat zunächst nur den Anschein der Genauigkeit für sich, und niemand hat meiner Kenntnis nach genau sagen können, wie man hier das Wort »Summe« zu verstehen hat. Wenn man sich andererseits damit zufrieden gibt, die Behauptung naiv zu interpretieren in dem Sinn, daß die Bedeutung der Atome überhaupt nicht von dem Ganzen abhängen würde, das sie ausmachen, dann formuliert man einfach einen falschen Gedanken. Tatsächlich hängt in einem logischen Kalkül jedes Atom – z. B. das Zeichen ~ , das im allgemeinen als Negation gedeutet wird – von der Gesamtheit der Relationen des Systems ab. Es genügt also, ihr ein einziges Atom hinzuzufügen oder eines wegzunehmen, und selbst wenn das Zeichen ~ nicht ausdrücklich erwähnt wird, kann das System so grundlegend verändert werden, daß es unmöglich wird, es wie vorher zu interpretieren.

Das andere Mißverständnis kommt von seiten der Realität, die vom Subjekt erlebt und vom Forscher beobachtet wird. Die Gesamtheiten, die die Subjekte konstruieren, nämlich die, die gleich zum Gegenstand der Beschreibung durch den Psychologen und den Soziologen werden sollen, sind nicht so sehr monolithisch, als daß man an ihnen nicht Teile unterscheiden könnte. PIAGET hat das in beachtlicher Weise verstanden, wenn er zum Beispiel von dem gesellschaftlichen Ganzen schreibt, daß es »weder eine Vereinigung vorliegender Elemente sei noch eine neue Totalität, sondern ein *Bezugssystem*, bei dem jeder, eben als Bezug, eine Veränderung der Begriffe erzeugt, die er miteinander verbindet«[1].

Demzufolge haben letztlich das, was das Subjekt durch seine Handlungen realisiert, und das, was es durch Abstraktion des Denkens herausarbeitet, genügend ähnliche Strukturen, daß es möglich ist zu verstehen, wie das eine dem anderen dienen kann. Man steht einem »Bezugssystem« gegenüber zwischen Subjekten, zwischen Subjekten und Handlungen, zwischen Elementen, zwischen Elementen und Gesamtheiten. Aber daraus leitet sich auch ab, daß man keine genaue, endgültige Grenze zwischen den individuellen und den gesellschaftlichen Verhaltensweisen ziehen kann. Und das erklärt, daß dasselbe logische Werkzeug es PIAGET ermöglicht hat, wesentliche Beiträge auf Forschungsgebieten zu liefern, die die akademische Tradition, zumindest in der Schweiz, gewöhnlich noch voneinander trennt.

[1] J. PIAGET, *Etudes sociologiques*, Genf: Librairie Droz, 1965, S. 29 (Hervorhebung von mir).

3. Die funktionale Logik

Es scheint mir nützlich, hier zwei Weisen im Gebrauch der Logik zu unterscheiden, je nachdem, ob es sich darum handelt, sich ihrer zu Zwecken der Voraussage oder der Erklärung zu bedienen. Vorhersehen und erklären stellen zweifellos mehr oder minder eng miteinander verbundene Intentionen dar. Wollte man sie jedoch völlig zusammenfallen lassen, würde man sich mit Sicherheit Enttäuschungen aussetzen.

Derjenige, der eine Gesamtheit von Verhaltensweisen beobachtet hat, versucht natürlicherweise, ihre Gesetze herauszufinden und sich so in die Lage zu versetzen, Phänomene vorauszusagen, die er noch nicht beobachten konnte. Die sicherste und wirksamste Weise des Vorgehens besteht darin, das Gebiet der betreffenden Tatsachen zu axiomatisieren. Und es ist klar, daß sogar unabhängig von der praktischen Tragweite des Ergebnisses das Verfahren einen sicheren heuristischen Wert besitzt. Entweder werden sich nämlich die Subjekte so verhalten, wie die »Theoreme« es vorhersehen, und das Ziel ist erreicht. Oder aber – und das ist im allgemeinen der Fall – werden Divergenzen zwischen der Theorie und der Erfahrung auftreten. Wenn diese Divergenzen auch ein Mißlingen auf der praktischen Ebene bezeichnen, so enthalten sie nichtsdestoweniger eine wertvolle Lehre. Der Forscher, der jetzt jede Sicherheit für die Gültigkeit seiner Gedankengänge hat, kann die Ungültigkeit der Ergebnisse vollständig der Wahl seiner Prämissen zuschreiben. Jede Veränderung, die er an ihnen vornimmt, wird ihn vollständiger über die untersuchte Situation unterrichten. Und man begreift leicht, daß er, wenn er so in kleinen Schritten vorgeht, schließlich zu einer Kenntnis gelangen wird, die ihm andere weniger strenge Untersuchungsmethoden niemals hätten verschaffen können.

Es bleibt jedoch sehr zweifelhaft, ob ein solcher Gebrauch der Logik schon zu einer wirklich explikativen Ebene führen kann, und das im wesentlichen aus zwei Gründen. Der erste ist in dem Sinn zufällig, als er von den noch recht beschränkten Mitteln abhängt, über die die Logik verfügt. Ursprünglich dafür gemacht, die Mathematik zu formalisieren, ist sie noch recht ungeeignet für konkretere Aufgaben. Es ist zum Beispiel sehr schwierig, in modaler Logik mit einer großen Anzahl von Variablen zu rechnen, so schwierig sogar, daß es selbst bei gewissen wohl bekannten Zusammenhängen (Entscheidungsvorgängen) undenkbar ist, die Aufgabe einem Computer anzuvertrauen. Da wir übrigens guten Grund haben zu glauben, daß es gerade nicht-klassische Logiken sind, die für die Wissenschaften vom Menschen am besten geeignet sind, und daß die Variablen, die dabei eingeführt werden müssen, immer sehr zahlreich sein werden, sieht man, daß es gegenwärtig kaum möglich ist, mehr als nur sehr kleine Sektoren zu axiomatisieren. Es genügt also, an das zu erinnern, was weiter oben über die Wichtigkeit der immer mehr umfassenden Totalitäten gesagt wurde, um ohne weiteres die Grenzen der Methode zu begreifen.

Wenn man nichtsdestoweniger vernünftigerweise hoffen kann, daß diese Beschränkungen recht schnell überschritten werden können, hängt die andere Tatsache, auf die ich hinweisen wollte, gerade an der Natur der Logik selbst: an der äußersten Freiheit, die wir hier haben. Ein und derselbe Zusammenhang von Theoremen kann immer auf der Grundlage einer sehr großen – grundsätzlich sogar unbeschränkten – Anzahl von Axiomsystemen gewonnen werden. Wenn also bestimmte durch Erfahrung oder durch Beobachtung begrenzte Verhaltensweisen axiomatisiert werden, sagen die vorhersagenden Sätze mehr über die Denkart des Logikers aus, der die Arbeit gemacht hat, als über die Prinzipien, auf die sich die Subjekte implizit beziehen.

Es ist sicher nicht ausgeschlossen, durch ein Hin und Her zwischen Axiomatisierungen und Beobachtungen bestimmte Hypothesen zu eliminieren, andere allmählich zu bestätigen und so nach und nach unser Verständnis der Phänomene zu vertiefen. Es gibt jedoch schon eine andere Art und Weise, sich der Logik zu bedienen, die auf direkterem Weg zu einer Erklärung der beobachteten Tatsachen führt. Es handelt sich wohlverstanden noch darum, eine Beschreibung der konkreten Realität anzustreben, dabei aber jetzt auf zwei Dinge aufmerksam zu bleiben. Zunächst – und das ist nicht neu –, jede Zweideutigkeit zu vermeiden. Dann vor allem, die Beziehungen zwischen den Verhaltensweisen eines Feldes zu betonen, das weit genug ist, um eine wirkliche erlebte Ganzheit zu bilden. Das bedeutet, daß hier das logische Werkzeug gebraucht wird, um Strukturen eines Zusammenhangs herauszulösen, und nicht mehr, um isolierte und lokale Verhaltensweisen vorauszusehen.

Ich will damit keineswegs behaupten, daß die beiden gerade unterschiedenen Weisen des Gebrauchs von Logik von Natur aus untereinander differieren. Es ist eine Frage des Grads, und es geht um das Gewicht, das ich dem einen oder dem anderen Aspekt beimesse. Es ist völlig begreiflich, daß ein solches Vorhersagesystem nur eben gerade die Struktur eines Zusammenhangs herauszuarbeiten vermag, der ausgedehnt genug ist, um ganz explikativ zu sein. Es scheint aber, daß trotzdem viele Enttäuschungen aus der Verwechslung dieses doppelten Aspekts entstanden sind; eine Enttäuschung für diejenigen, die auf eine Erklärung hofften und fast nur eine banale fanden; eine Enttäuschung auch für die, die praktische »Formeln« erwarteten und nur theoretische Beschreibungen fanden.

Wie dem im übrigen auch sei, es ist nicht zu leugnen, daß die Logik, die PIAGET in seinen Arbeiten angewandt und aus der er, wie man weiß, hervorragenden Nutzen zu ziehen verstanden hat, nicht eine Logik der prädikativen Deduktion, sondern eine Logik der Erklärung ist.

Die Logik PIAGETS, so wie sie systematisch im *Traité de logique*[2] dargestellt ist, hat nämlich nicht die Deduktion zum Ziel. Einige haben es ihr sogar früher vorgeworfen, weil ihnen die Rolle nicht klar war, die sie in der Ökonomie seines Werkes spielen sollte. Aber PIAGET hat nicht versucht, ein deduktives System zu konstruieren, weil er keinen Bedarf dafür hatte. Seine Logik enthält sicherlich präzise Definitionen, aber man findet darin weder Axiome noch explizite Inferenzregeln. Es ging ihm nicht darum, ein in dem jetzt klassischen Sinn des Begriffs formales System herzustellen, sondern darum, eine genaue Darstellung der mit den Wissenschaften vom Menschen verbundenen Phänomene zu geben. Seine Logik strebt das nicht nur an, sie erreicht es auch.

Andererseits – und das geht noch weiter – ist seine Logik insoweit nicht ganz formal, als ihre Ausdrücke nicht völlig auf den beim Kalkül gebräuchlichen Kriterien beruhen. Man sieht sich einer Logik gegenüber, in der die Bedeutung der Begriffe eine Rolle spielt, die mit derjenigen ihrer Form vergleichbar ist, kurz gesagt, einer Logik des Begreifens.

[2] J. PIAGET, *Traité de logique. Essai de logistique opératoire*, Paris: A. Colin, 1949.

Mit diesem Instrument war es ihm möglich, einige der großen Strukturen präzise herauszuarbeiten und zu beschreiben, die sowohl die aufeinanderfolgenden Ebenen der individuellen Intelligenz als auch bestimmte grundlegende Zustände gesellschaftlicher Interaktionen charakterisieren. Es ist jedoch wahr, daß das Werkzeug, wie anpassungsfähig und differenziert auch immer es geschaffen ist, sich nicht ohne Unterschied überall anwenden läßt, und sein Schöpfer ist sich dessen als erster bewußt. Tatsächlich ist es immer dann besonders brauchbar – und bringt dann eine unvergleichliche Präzision und Klarheit –, wenn man es mit Werten und Normen zu tun hat, die sich die Subjekte geben oder die sie akzeptieren. Sie enthalten nämlich Regelmäßigkeiten, die die Logik sofort in den Griff bekommen kann. Wenn man dagegen einfachen und ständig in Bewegung befindlichen Regulationen und Interaktionen gegenübersteht, hat es die Logik weniger leicht, und zwei Wege können ausprobiert werden. Der eine besteht darin, die benutzten logischen Strukturen weiter zu verfeinern, und die Mathematik fängt an, eine recht breite Skala von Möglichkeiten anzubieten: nicht-assoziative Algebra, Stammesstruktur, etc. Aber es scheint, zumindest vorläufig, daß man nicht endlos diese Richtung verfolgen kann, ohne schließlich gerade das Spezifische der Logik zu verlieren und damit das, was ihren Wert ausmacht. Der andere Weg dagegen eröffnet wahrscheinlich ausgedehntere Möglichkeiten: das ist der der Kybernetik. An dieser Stelle wäre es angebracht, genau zu sagen, in was sich Kybernetik einerseits und Logik und Mathematik andererseits decken und worin sie sich voneinander unterscheiden. Aber – um bei Genf zu bleiben – die Arbeiten von SAYMOUR PAPERT und heute die Untersuchungen von GUY CELLERIER haben bereits zu beachtlichen Ergebnissen geführt.

Gerade das Werk PIAGETS oder – genauer – eine der Methoden, die er angewandt hat, liefert den Beweis, daß die Wissenschaft vom Menschen an sich dem Instrument der Logik nicht weniger zugänglich ist als die Naturwissenschaften. Aber so wie der Biologe und der Mineraloge nicht genau den gleichen Mikroskoptyp verwenden, ebenso brauchen auch der Psychologe, der Soziologe und der Mathematiker verschiedene Logiken, und ein jeder bedient sich ihrer auf seine Weise.

Für den Logiker endlich, der durch die unproduktiven Jahrhunderte seiner Wissenschaft gewarnt ist, ist es zutiefst ermutigend, einem Menschen wir JEAN PIAGET zu begegnen, der ihm nicht nur Gründe liefert, die Logik neuen Problemen anzupassen, sondern der ihm auch auf neuen Wegen vorausgeht.

Jean Piaget und die Linguistik

Von Hermina Sinclair

Großen Gelehrten ist es vielleicht eigentümlich, daß sie zahlreiche Erkenntnisbereiche beeinflussen, mitunter auch Disziplinen, mit denen sie sich niemals direkt beschäftigt haben. DARWIN hätte wohl Anlaß, über die beträchtliche Wirkung seiner Theorien auf die heutigen Geisteswissenschaften zu staunen. JEAN PIAGETS Epistemologie und seine genetische Psychologie sind ganz sicher geeignet, Einfluß weit über ihre unmittelbaren Anwendungsgebiete hinaus auszuüben. Auf gewissen Gebieten ist dieser Einfluß, wiewohl indirekt, bereits offensichtlich; auf anderen wird er vielleicht nicht lange auf sich warten lassen. Zu den Disziplinen, bei denen man ihn zur Zeit erst ahnen kann, muß die Linguistik gerechnet werden. Man kann sich wundern, daß diejenigen, die sich mit der Sprache, dieser fesselnden Schöpfung des menschlichen Geistes beschäftigen, einer psychologischen Theorie von so großer Tragweite wie der von PIAGET bisher so wenig Beachtung geschenkt haben; indes sind im Lauf der Jahrhunderte die Beziehungen zwischen Psychologie und Linguistik immer sehr merkwürdig gewesen.

Nach einem langen Zeitabschnitt, während dessen sich die Linguistik ständig auf psychologische Ideen gestützt und in dem die Psychologen den menschlichen Geist an seinem Sprachverhalten untersucht haben, ist eine Spaltung zwischen beiden Disziplinen eingetreten. Auf beiden Seiten sind eine Methodologie und analytische Verfahren ausgearbeitet worden und erst in jüngster Zeit ist eine neue, fruchtbare Zusammenarbeit möglich geworden, wie der Aufschwung der Psycholinguistik bezeugt. Bisher ist diese Zusammenarbeit indes also einseitig gewesen. Die Psychologen haben von den sprachwissenschaftlichen Entdekkungen profitiert, um gewisse Fakten, besonders auf dem Gebiet der Sprachpathologie, zu deuten. Umgekehrt scheint die Mehrzahl der Linguisten nicht das Bedürfnis verspürt zu haben, über eine Klassifikation der sprachlichen Elemente in den verschiedenen Sprachen hinauszugehen, wenn auch einige unter ihnen hin und wieder die Meinung geäußert haben, daß die Linguistik die Psychologie zu Hilfe nehmen sollte. Der große amerikanische Linguist SAPIR[1] hat geschrieben, daß sich »die Sprachwissenschaftler immer mehr mit den vielfältigen anthropologischen, soziologischen und psychologischen Problemen beschäftigen werden müssen, die in das Gebiet der Sprache eindringen«. Seither haben einige der bedeutendsten Linguisten für die Deutung sprachlicher Fakten auf Prinzipien, die man psychologische nennen kann, hingewiesen (z. B. JESPERSEN, ZIPF, JAKOBSON, MARTINET); das hat aber nicht zu einer allgemeinen sprachwissenschaftlichen Theorie geführt, die sich um ein besseres Verständnis der Natur der Sprache bemüht hätte. Es ist richtig, daß die Furcht der Sprachwissenschaftler vor der sogenannten »Falle des Psychologismus« im Abnehmen ist. Es ist leider ebenso richtig, daß die aus dem Behaviourismus hervorgegangenen Lerntheorien weit davon entfernt sind, den Spracherwerb durch das Kind oder die sprachlichen Verhaltensweisen des Erwachsenen erklären zu können. O. MOORE[2] meint, »daß wenig Hoffnung besteht, eine der gegenwärtigen Lerntheorien könnte mit Erfolg auf den Erwerb der Muttersprache angewandt werden«.

Indes ist in unseren Tagen ein Anwachsen des Interesses für alte sprachwissenschaftliche Probleme festzustellen. Die allgemeine Grammatik des XVII. und des XVIII. Jahrhunderts versuchte, die Regeln der Sprache von den universellen Gesetzen des Geistes her zu begründen. In jener Zeit verfügten die Grammatiker jedoch weder über verfeinerte Methoden der Analyse noch über eine ausgedehnte Kenntnis sehr verschiedener Sprachen, und der Vorwurf von LEIBNIZ[3] – »wer eine Universalgrammatik schreibt, täte gut daran, von der Essenz der Sprachen zu ihrer Existenz überzugehen« – war vollauf gerechtfertigt.

Angeregt von SAUSSURE in der Schweiz und, unter anderen, von BLOOMFIELD in Amerika hat die Linguistik eine Menge von Fakten geordnet; sie hat subtile Untersuchungstechniken erar-

[1] E. SAPIR. *The status of linguistics as a science*, *Language*, 5, 1929.

[2] O. K. MOORE, *Comments and Conclusions*, *Child Dev. Monogr.*, 29, 1, 1964.

[3] G. W. LEIBNIZ, *Dissertation sur l'origine des nations*, 1710, zit. bei JEAN PERROT, in *La Linguistique*, Paris: P.U.F., 1959.

beitet und die Probleme auf wissenschaftliche Art gestellt. Sie verfügt jetzt über die nötigen Waffen, um von neuem die Grundfragen in Angriff zu nehmen: erstens die Beziehung zwischen dem sprechenden Menschen und der Sprache, die er spricht, und zweitens den Prozeß, in dem das Kind lernt, seine Muttersprache zu sprechen – d. h. Probleme der Epistemologie und der Psychologie. Es ist klar, daß eine sprachwissenschaftliche Bearbeitung solcher Probleme nur im Rahmen der theoretischen Grundlagen dieser beiden Disziplinen erfolgen kann.

Im Lauf der letzten Jahre hat sich das Interesse der Psychologen und einiger Sprachwissenschaftler dem dynamischen Aspekt der Sprache zugewandt. Während die Psychologen sich bisher um die Untersuchung des Spracherwerbs und die Quantifizierung der Performanz (Vergrößerung des Wortschatzes und der Satzlängen) bemüht haben, versuchen sie jetzt, die sprachlichen Strukturen sichtbar zu machen, die das Kind in verschiedenen Stadien seiner Entwicklung zu handhaben versteht. Psycholinguisten wie S. Erwin, W. Miller[4], R. Brown und U. Bellugi[5] schreiben »Kindergrammatiken«, wobei sie zugleich die schöpferische Tätigkeit des Kindes selbst hervorheben. Während sich die strukturalistischen Sprachwissenschaftler vorwiegend mit den Sprachen als von immanenten Regeln beherrschten Systemen von Elementen beschäftigen, spricht man jetzt von »generativer Grammatik«. Eine solche Grammatik »produziert« das Gesamt der grammatisch korrekten Sätze einer Sprache und liefert für jeden von ihnen eine oder mehrere strukturale Beschreibungen. Der Wert, der dem »kreativen« Element zuerkannt wird, macht das Hauptmerkmal der neuen Tendenz aus, die von Linguisten wie Z. Harris, M. Halle und vor allem N. Chomsky vertreten wird. Während eine Grammatik, die sich allein auf die strukturale Analyse der unmittelbaren Konstituenten stützt, die Einführung einer großen Zahl von *ad hoc* gebildeten Regeln nötig macht, sobald es um offensichtlich miteinander zusammenhängende Sätze geht wie »Ich habe dieses Buch gekauft« und »Hast du dieses Buch gekauft?«, löst eine generative Grammatik das Problem auf einfache und psychologisch befriedigende Weise,

[4] W. Miller und S. Ervin, *The development of grammar in child language,* in: *Child Dev. Monogr.*, 29, 1, 1964.

[5] R. Brown und U. Bellugi, *Three processes in the child's acquisition of syntax,* in: *Harv. Educ. Rev.*, 34, 1964.

indem sie Transformationsregeln einführt, die erlauben, diese Sätze ausgehend von denselben Kernsätzen, zu bilden und sie infolgedessen miteinander zu verbinden.

Nach CHOMSKY[6] »ist das zentrale Problem, mit dem eine brauchbare linguistische Theorie sich beschäftigen muß, das folgende: der Sprecher ist fähig, einen neuen Satz zu bilden, wenn es nötig ist, und der Hörer (der dieselbe Sprache spricht) kann ihn unmittelbar verstehen, obgleich auch für ihn der Satz neu ist«. Diese allen normalen Menschen gemeinsame Fähigkeit, neue, vorher nie gehörte oder ausgesprochene Sätze zu bilden und sie auch zu verstehen, kann als eine verinnerlichte generative Grammatik betrachtet werden. Auf der Basis der Sätze, die das Kind die Personen seiner Umgebung aussprechen hört, erarbeitet es im Lauf seiner Entwicklung diese Grammatik, die ihm erlaubt, neue Aussagen zu bilden und zu verstehen, sowie richtige und falsche Sätze und solche, die konkret genug sind, um verstanden zu werden, voneinander zu unterscheiden. Der geheimnisvolle Prozeß des Erwerbs der Muttersprache und ihres Gebrauchs wird erst aufgehellt werden, wenn wir auf der einen Seite über eine wirklich allgemeine sprachwissenschaftliche Theorie und auf der anderen Seite über eine psychologische Theorie verfügen, die das Lernen erklären kann.

Auf der Seite der Sprachwissenschaft ist CHOMSKY dabei, eine solche Theorie zu entwickeln. Auf der Seite der Psychologie ist die einzige Theorie, welche die psychologischen und epistemologischen Prinzipien liefern kann, deren die linguistische Theorie bedarf, die Theorie PIAGETS.

Bei seiner ersten Begegnung mit PIAGETS Theorien wird ein Sprachwissenschaftler eine gewisse Verwunderung empfinden. Der genetische Ansatz PIAGETS erinnert (sogar etymologisch) an die generative Grammatik CHOMSKYS; wie dieser legt PIAGET den Akzent auf die strukturierende Tätigkeit des Subjekts; das Subjekt nimmt ja die Gegenstände zur Kenntnis, indem es auf sie einwirkt, und seine Handlungen, sobald sie als Operationen verinnerlicht sind, bestehen in umkehrbaren Transformationen. Auch CHOMSKY legt den Akzent auf die Transformationen, die *»a partially ordered set of operations«* bilden. Andererseits wird der Linguist feststellen, daß PIAGET den Ursprung der Operatio-

[6] N. CHOMSKY, *Current Issues in Linguistic Theory*, The Hague, Mouton 1964.

nen in der Koordination der Handlungen auf sensomotorischer Ebene sieht, die der Sprache vorausgeht, und daß bei ihm die Bedeutung der Sprache (nicht jedoch die der semiotischen Funktion im allgemeinen), verglichen mit anderen psychologischen Theorien, geringer zu sein scheint. Er wird sich vielleicht fragen, ob es sich nicht eher um eine oberflächliche terminologische Ähnlichkeit handelt, als um eine grundsätzliche theoretische Vereinbarkeit. Wenn er sich jedoch die Mühe macht, PIAGETS Werk und das seiner Mitarbeiterin BÄRBEL INHELDER weiter zu studieren, dann wird er sehen, daß die Ähnlichkeit keineswegs oberflächlich ist. Innerhalb der enormen Komplexität der kognitiven Verhaltensweisen hat PIAGET die tieferliegenden Operationen definiert, die zusammenhängende Strukturen bilden, deren Entwicklung sich nach einigen fundamentalen Prinzipien vollzieht. CHOMSKY hat nachgewiesen, daß sich unter der Komplexität der sprachlichen Strukturen, die die strukturale Analyse herausgearbeitet hat, Tiefenstrukturen verbergen, die mit den sichtbaren Strukturen durch eine Reihe von Transformationsregeln verbunden sind. Operationen im Sinne PIAGETS sind Handlungen, die einen Zustand *A* in einen Zustand *B* überführen und dabei mindestens eine unveränderliche Eigenschaft im Lauf dieser Transformation hinterlassen: So sehen wir beim Kind im Verlauf seiner Entwicklung die verschiedenen »Invarianzen« (*conservations*) der Zahl, der Menge, des Umfangs sich ausbilden. Nach CHOMSKY hängt die vollständige semantische und phonetische Interpretation einer Aussage nicht allein von der sichtbaren Struktur dieser Aussage selbst ab, sondern ebenso von ihrer Transformationsgeschichte und von ihrer Tiefenstruktur, die an die Kernsätze gebunden ist und eine Art funktioneller Invariante darstellt.

Wenn es eine psychologische Theorie gibt, die dazu bestimmt ist, einen tiefen Einfluß auf die moderne Sprachwissenschaft auszuüben, so ist es die JEAN PIAGETS als die einzige, die mit der neuen Richtung, die die linguistische Forschung genommen hat, vereinbar ist. Und die Zukunft der Psycholinguistik wird weitgehend von dem Einfluß dieser Psychologie und dieser Epistemologie auf die moderne Sprachwissenschaft abhängen.

Soziologie und Gesellschaft nach Jean Piaget

Von Roger Girod

Es ist der Soziologie gelungen, eine relativ klare Konzeption des Gesellschaftlichen vorzulegen. Wesentlich weniger weit ist sie in der Ausarbeitung einer objektiven Idee der Gesellschaft vorangekommen. Unter gesellschaftlicher Realität ist hier eine Ordnung von Phänomenen zu verstehen, die in der einen oder anderen Weise dem entsprechen, was DURKHEIM den Zwang nannte, und was die meisten anderen Autoren die gesellschaftliche Interaktion nennen. Die zahlreichen Formen der gesellschaftlichen Interaktion können für sich in ihren wechselseitigen Beziehungen studiert werden im Hinblick auf die herbeigeführten Wirkungen usw. Von daher sind die gängigen Arbeiten der konkreten Soziologie über die verschiedenen Arten von Gruppen, den Grad ihrer Integration, ihre Beziehungen, ihr Verkehr untereinander usw. zu sehen. Die Gesellschaft würde also in dem Sinn ein gesellschaftliches Phänomen besonderer Art – das wichtigste von allen – darstellen, als sie ein großes Ganzes wäre, das die Universalität der gesellschaftlichen Bezüge geringerer Tragweite nach ihren eigenen Gesetzen zusammenfaßt. Die Soziologie hat diesen Gedanken von den ältesten Philosophien übernommen, welche ihn auch den großen modernen Ideologien mitgeteilt haben. Für diese ist jede gesellschaftliche Ordnung eine Totalität, die im ganzen nach den höchsten Forderungen des Menschen oder gegen sie funktioniert, und die eine bestimmte historische Berufung hat.

Spricht man demzufolge von der Gesellschaft oder von verschiedenen Arten von Gesellschaften, so heißt das fast unvermeidlich, daß man das Terrain der klaren Feststellungen und präzisen Überlegungen verläßt, um sich in die Konfrontation größtenteils subjektiver Entscheidungen einzulassen.

Die auf konkrete Beobachtung ausgerichteten Soziologen finden wenig Geschmack an diesen Diskussionen, zumindest bei der Ausübung ihrer Tätigkeit. Das geht so weit, daß sie, mehr oder weniger bewußt, alle die Probleme aus dem Feld ihres Interesses entfernen, die sich auf die globalen Strukturen gesellschaftlicher Zusammenhänge beziehen, insbesondere von solchen, die auf der Ebene der Regionen, der Nationen und Gruppen von Nationen, der Kulturkreise und sogar der ganzen Menschheit liegen, insofern als alle ihre Teile untereinander in einer mehr oder weniger engen Verknüpfung durch das System des wirtschaftlichen Austauschs, durch das System der politischen Beziehungen und durch Ideenströmungen miteinander verbunden sind. Die wissenschaftliche Untersuchung dieser Fakten jedoch ist immer der höchste Zweck der Soziologie gewesen. Aber wie kann man sie in der Weise begreifen, daß man die notwendigen Unterscheidungen treffen kann zwischen dem, was der wissenschaftlichen Untersuchung zugänglich ist und den Wesenheiten, die die Ideologie durch tausendfache Kunstgriffe an die Stelle der Realität setzt? Ich will die Abfassung dieser Seiten dazu benutzen, zu prüfen, welche Antwort JEAN PIAGET auf diese Frage gibt. In einem ersten Teil werden wir ihn fragen, inwieweit der Begriff der Gesellschaft von den Regeln des wissenschaftlichen Denkens her gesehen wirklich zulässig ist; in einem zweiten Teil werden wir bestimmte Aspekte seiner Auffassung von den Methoden betrachten, die in der Tat erlauben können, die soziologische Untersuchung auf die Phänomene dieser Art auszudehnen.

Ehe ich fortfahre, möchte ich jeden Zweifel an dem Sinn dieses Textes zerstreuen. Es handelt sich in keiner Weise um eine Zusammenfassung der Soziologie von JEAN PIAGET, sondern um eine Interpretation einiger Elemente dieser Soziologie im Blick auf das Problem, das gerade angedeutet wurde. Zahlreiche Teile der Soziologie PIAGETS werden überhaupt nicht berührt (zum Beispiel die Frage nach den Beziehungen zwischen den synchronischen und diachronischen Phänomenen, die Frage nach der Rolle der Regeln, der Werte und der Zeichen, die nach der formalen oder axiomatischen Erklärung usw.).

Der soziologische Gesichtspunkt und der Gesichtspunkt der Sozialphilosophie

Der Soziologe, ob er nun so weit geht, die Gesellschaft als eine integrale Totalität zu begreifen, oder ob er sich darauf beschränkt, die gegenseitige Abhängigkeit bestimmter wichtiger Gesichtspunkte ihrer wirtschaftlichen, politischen und sozialen Strukturen zu betrachten, kann niemals darauf verzichten, ein Gesamturteil über die Gesellschaft, der er angehört, und über die anderen zeitgenössischen oder vergangenen Gesellschaften, die ihn interessieren, abzugeben. Diese Synthesen gehen normalerweise über die gesicherten Tatsachen hinaus: Wenn ich sage, die amerikanische Gesellschaft, die sowjetische Gesellschaft, die kapitalistische Gesellschaft des 19. Jahrhunderts usw., dann habe ich tatsächlich einen Gesamtzusammenhang im Auge, bei dem eine bestimmte Anzahl präziser Gegebenheiten mit anderen sehr viel vageren verbunden werden, und wo sich zweifellos auch reine Vermutungen in ein hypothetisches Ganzes einschleichen, über das ein Werturteil gefällt wird oder zumindest fast immer gefällt wird. Muß man sich aufgrund ihres größtenteils auf Vermutungen beruhenden Charakters Überlegungen dieser Art verbieten und, vorausgesetzt, daß sie berechtigt und nützlich sind, wie soll man ihre Beziehungen zu der wissenschaftlichen Soziologie begreifen?

Jean Piaget behandelt Probleme, die diesen sehr nahestehen, in *Sagesse et illusions de la philosophie*[1] sowie in der *Introduction à l'épistémologie génétique*[2]. Wenn wir betrachten, was er in diesen Werken insbesondere über die Beziehungen der Philosophie im allgemeinen zum wissenschaftlichen Denken sagt, werden wir diese beiden Fragen sicher mit größerer Klarheit angehen können.

Für den Autor von *Sagesse et illusions de la philosophie* haben das wissenschaftliche Wissen und die philosophischen Vorstellungen genau unterschiedene Funktionen.

Die Wissenschaft gelangt zur Wahrheit, d. h. zu Sätzen, die alle, die an ihnen zweifeln, prüfen können – vorausgesetzt, sie wenden die nötige Mühe auf – und die alle logisch Denkenden und Informierten zur Übereinstimmung bringen, unabhängig von den metaphysischen und ideologischen Verschiedenheiten. Sie gelangt zu diesem Ergebnis vor allem aufgrund einer Begrenzung der Probleme. Außerdem arbeitet sie auch im Hinblick auf

[1] Paris: P.U.F., 1965, S. 287 [deutsch: *Weisheit und Illusionen der Philosophie*, Frankfurt/M.: Suhrkamp 1974].

[2] Paris: P.U.F., 1950, 3 Bde. [deutsch: *Die Entwicklung des Erkennens*, 3 Bde., Stuttgart: Klett 1972/73].

diese Probleme Methoden der Beobachtung und Beweisführung aus, die mit den logischen Regeln übereinstimmen, und sie bemüht sich um die Zustimmung aller Denkenden nur bei den durch diese Verfahrensweisen erzielten Ergebnissen[3]. Auf diese Art betreffen üblicherweise die Schlußfolgerungen einer wissenschaftlichen Untersuchung nur einen bestimmten Teil der Realität und nicht die benachbarten Gebiete und noch weniger die allgemeine Philosophie des einzelnen. Sicher kann dieser, ausgehend von einer wissenschaftlichen Feststellung, Überlegungen und Revisionen anstellen, die über das eigentliche Anwendungsfeld dieser Feststellung weit hinausgehen. Manche dieser Verlängerungen der ursprünglichen Operation werden wissenschaftlich richtig sein, weil sie experimentell oder logisch bewiesen werden können, andere dagegen werden unbeweisbar sein und so im Zustand subjektiver Evidenz bleiben.

Eine Abgrenzung der Probleme bedeutet nicht, daß man sich auf die Untersuchung begrenzter Fragen beschränkt. Es bedeutet nur, daß man jede von ihnen in Begriffen formuliert, die eine Untersuchung ermöglichen. Die erste Bedingung dafür ist, daß man dahin gelangt, aus einer Frage ein genaues Untersuchungsobjekt zu machen, das durch aufzählbare Eigenschaften definiert ist, d. h. eine Grenze zu ziehen zwischen dem, was im Rahmen eines bestimmten Typs von Forschungen untersucht wird, und den Phänomenen, die sich außerhalb dieses Feldes befinden. Aber die betrachtete Frage kann von sehr hoher Tragweite sein, wie es – um nur einige Beispiele zu nennen – so viele Arbeiten über die Beschaffenheit der Materie und über die astronomischen Gesetze, die Werke der Historiker über bestimmte Kovariationen der intellektuellen und moralischen Formen der Zivilisation und der wirtschaftlichen Strukturen und die Untersuchungen der Psychologen zeigen, die sich mit den physiologischen und sozialen Bedingungen der Affekte oder der Denkweise beschäftigen (und die Arbeiten von Jean Piaget selbst über die Ausbildung der Intelligenz und der moralischen Verhaltensweisen).

Die Rolle der Philosophie besteht gerade darin, die Aufgabe anzugeben, die die Wissenschaft nicht unternimmt, und die darin besteht, eine Gesamtidee von alledem auszuarbeiten, was den

[3] *Epistémologie,* a.a.O., Bd. I, S. 7 und Bd. III, S. 254; *Sagesse,* a.a.O., S. 22 und 112; *Etudes sociologiques,* Genf; Droz, 1965, S. 143.

Menschen beschäftigt, alles dessen, was zu der Bestimmung des Sinns seiner Existenz gehört.

»Der Gegenstand der Philosophie ist die Totalität der Wirklichkeit. Sie umfaßt die Realität der Objektwelt, die Realität des Geistes und auch die Beziehungen zwischen diesen beiden Welten. Insofern kann sie über keine spezifischen Methoden verfügen, außer der reflektierenden Analyse. Da sie zudem eine jede Realität behandeln muß, enthalten die von ihr konstruierten Systeme notwendigerweise Aussagen über Werte ebenso wie über Feststellungen. Weil sie an der Mannigfaltigkeit der Werte festhält, die sich dem menschlichen Bewußtsein anbieten, führt sie aber früher oder später zu unlösbaren Gegensätzen. Das ist der Grund für die Verschiedenheit der traditionellen Standpunkte, die periodisch im Verlaufe der Geschichte der Metaphysik auftreten. Anstatt sich seine Probleme abzugrenzen, bemüht sich der Philosoph darum immer, ›alles mit allem zu verbinden‹, ohne ›den Wunsch oder gar das Recht‹ zu haben, ›eine Beschneidung vorzunehmen‹. ›Man könnte fast, ohne maliziös zu werden, sagen, daß der Philosoph ein Theoretiker ist, der sich verpflichtet fühlt, sich mit allem gleichzeitig zu befassen und davon zu sprechen, während der Wissenschaftler sich zwingt, die Fragen aufzuteilen und aneinanderzureihen und sich so die Zeit nimmt, eine eigene Methode für jedes Problem zu finden[4].«

Die eigentliche Funktion der Philosophie – diejenige, die gerechtfertigt ist, und die die Wissenschaft nicht an ihrer Stelle erfüllen kann, würde ich sagen und damit zusammenfassen, was mir das Wesentliche am Denken von JEAN PIAGET zu diesem Punkt zu sein scheint – ist es, das Wertsystem des Menschen (oder der Gruppe) so kohärent wie möglich zu machen oder, was dasselbe in anderen Worten ist, die grundlegenden Normen, die die Ausrichtung seines Lebens beherrschen, so vernünftig wie möglich zu machen. Deswegen ist es unmöglich, nicht in der einen oder anderen Weise zu versuchen, das Problem der Bedeutung des menschlichen Lebens für sich selbst zu lösen, was einschließt, daß man diese Existenz in Beziehung zu der Gesamtheit der Dinge und der Ideen setzt und dabei sowohl die wissenschaftlich begründeten Tatsachen als auch die Überzeugungen spekulativer Art heranzieht. Hier ein oder zwei Absätze, in denen sich diese Haltung widerspiegelt:

»Ein unversehrter Mensch wird es ablehnen, die Dinge zu verwechseln und Hypothesen als bewiesene Wahrheiten anzuerkennen; ebenso wird

[4] *»Epistémologie«*, a.a.O., Bd. I, S. 7–9 (*Die Entwicklung des Erkennens I. Das mathematische Denken.* Stuttgart: Klett 1972, S. 13f.)

er eine Zerteilung oder Zerstückelung seiner Persönlichkeit ablehnen, die dazu führte, daß er sich einerseits auf Feststellen, Argumentieren und Verifizieren beschränkt und sich andererseits mit dem Glauben an Werte begnügt, die ihn verpflichten und ihm eine Orientierung geben, die er aber nicht begreift. Es versteht sich vielmehr von selbst, daß ein denkendes Subjekt, das Erkenntnisse und Werte hat, diese notwendigerweise in einer Gesamtauffassung miteinander in Einklang zu bringen sucht: eben das ist die Aufgabe der Philosophie als vernünftiger Einstellung zur Totalität des Realen. Jeder denkende Mensch nimmt eine Philosophie an oder macht sich selber eine, auch dann, wenn seine Gesamtauffassung von der Realität und sein Verständnis der Werte in seinen Augen approximativ und persönlich bleiben[5].«

Und:

». . . denn die wissenschaftliche Wahrheit, an der ohnehin nur eine Minderheit interessiert ist, erfaßt die Natur des Menschen keineswegs erschöpfend, auch nicht die dieser Minderheit. Der Mensch lebt, ergreift Partei, glaubt an eine Vielzahl von Werten, bringt sie in eine hierarchische Ordnung und gibt seiner Existenz einen Sinn, indem er ständig Entscheidungen trifft, welche die Grenzen seiner tatsächlichen Erkenntnis überschreiten. Beim Menschen, der zu denken vermag, kann diese Koordinierung der Werte nur vernünftig sein, das heißt, um zwischen dem, was er glaubt, und zwischen dem, was er weiß, eine Synthese herzustellen, kann er sich nur der Reflexion bedienen: entweder sein Wissen verlängern oder dem Wissen gegenüber eine kritische Haltung einnehmen, seine – vom jeweiligen Stand der Erkenntnis abhängenden – Grenzen festlegen und jenseits des Wissens angesiedelte Werte legitimieren. Diese vernünftige Synthese zwischen Überzeugungen, welcher Art diese auch sein mögen, und den Bindungen des Wissens oder der Erkenntnis im strengen Sinn ist das, was wir als »Einsicht« bezeichnet haben, und das, worin wir das Objekt der Philosophie sehen[6].«

Nach seiner persönlichen Orientierung ist jeder offensichtlich im Hinblick auf eine Konzeption dieser Art frei, dem metaphysischen Teil seiner persönlichen Synthese mehr Bedeutung beizumessen oder umgekehrt der Meinung zu sein, daß seine religiösen oder ideologischen Entscheidungen sich auf wesentlichere Fragen beziehen als diejenigen, auf die sein bewiesenes Wissen Antwort gibt. Hier geht es eben um die allgemeine Koordinierung der Werte in Abhängigkeit von einer Idee vom Sinn des menschlichen Schicksals, also um Philosophie und nicht um wissenschaftliche Beweisführung. Alles, was JEAN PIAGET fordert ist,

[5] *»Sagesse«*, a.a.O., S. 63. [deutsch: *Weisheit und Illusionen der Philosophie*, a.a.O., S. 61]. Siehe auch insb. S. 5–6, 29, 85, 93, 159, usw.

[6] *Ebd.*, a.a.O., S. 281 [ebd., a.a.O., 259].

daß die Spekulation nicht beansprucht, die Wissenschaft zu gängeln.

Wenn die meisten großen Philosophen im Prinzip der Wissenschaft jegliche Freiheit zugestehen, sich ihre Probleme zu stellen und zu lösen und in keiner Weise den Wert ihrer Ergebnisse innerhalb der Grenzen ihrer wirklichen Tragweite in Frage stellen, so verraten viele zeitgenössische Denker diesen Grundsatz. Gegen sie ist die scharfe Kritik von *Sagesse et illusions de la philosophie* [*Weisheit und Illusionen der Philosophie*] gerichtet. In manchen Fällen werden wissenschaftliche Fakten ganz einfach von einem Autor beiseitegeschoben zugunsten vorgefaßter Anschauungen, die ihm zu den Grundlagen seines Denkens besser zu passen scheinen, oder die er einfach aus Gewohnheit vorzieht. PIAGET nennt hier insbesondere berühmte Fälle, bei denen die Theorien EINSTEINS unbedacht abgelehnt worden sind. Aber solche Verhaltensweisen sind zweifellos vom Standpunkt des allgemeinen Fortschritts des – philosophischen und wissenschaftlichen – Denkens weniger störend, als das Vorhandensein von Systemen, die bei jedem Anlaß eine neue Ordnung der Phänomene aufzustellen behaupten, eine andere Wahrheit als die der Wissenschaft, und im allgemeinen nicht nur eine andere Wahrheit, sondern eine Überwahrheit, die als höher und reicher angesehen wird als die wissenschaftliche Wahrheit, weil sie über die Phänomene hinausgeht, um eine wesenhaftere Wirklichkeit zu erreichen. Die »Naturphilosophie« HEGELS ist ein hervorragendes Beispiel für diese Neigung, sich an die Stelle einer Wissenschaft auf deren eigenem Gebiet zu setzen[7]. Auf dem Gebiet der Wissenschaften vom Menschen gibt es parawissenschaftliche Systeme im Überfluß. Insbesondere gegen verschiedene Arten philosophischer Psychologie richtet PIAGET seine heftigsten Angriffe: gegen die von BERGSON, SARTRE und MERLEAU-PONTY.

Da es sich jedoch um Probleme handelt, die in Begriffen formuliert werden, die die methodische Untersuchung des Beweises möglich machen, ist neben den Tatsachen, deren Gültigkeit von der Allgemeinheit der Forscher anerkannt worden ist, kein Platz für durch Dekret aufgezwungene »Evidenzen«. Der größte Nachteil der parawissenschaftlichen Philosophien besteht in der

[7] *Sagesse*, a.a.O., S. 84 [deutsch: Weisheit und Illusionen . . . a.a.O., S. 79f.]

Tat darin, dies zu leugnen und so an der Idee festzuhalten, daß das verstandesmäßige Urteil nicht nur eines ist, sondern daß es eine Wahrheit für die Wissenschaft und eine Wahrheit für die Philosophie gibt. In Wirklichkeit liegt nur ein Unterschied in der Methode vor: auf manchen Gebieten muß das menschliche Denken in reflexiver Annäherung vorgehen, weil es den Fragen, die es beschäftigen, keine wissenschaftliche Form hat geben können; auf anderen kann es zu Beweisen gelangen. Wenn man diese Einheit des rationalen Denkens nicht anerkennt, so bedeutet das offensichtlich, daß man das Tun der für die Sache der Menschenwürde gefährlichsten Denkschulen erleichtert, sowie diejenige harmloserer Erbauer von Systemen. Die parawissenschaftlichen Doktrinen haben auch die bedauerliche Konsequenz, bei Tatsachenfragen Diskussionen, die ohne wirkliches Interesse sind und die der Definition nach keinen objektiven Schluß zulassen, ausgehend von den ihnen eigenen Begriffen zu verlängern. Daraus ergibt sich eine Zeitverschwendung, die große Ausmaße annehmen kann, besonders wenn gegebene gesellschaftliche und politische Bedingungen Schichten viel Einfluß verleihen, die den fraglichen Doktrinen Bedeutung beimessen. JEAN PIAGET widmet dieser Art gesellschaftlicher Klasse mit gerontologischen Strukturen, wie sie die »professionellen Philosophen« in dem einen oder dem anderen Land bilden, herzerfrischende Seiten. Das bedeutet im ganzen – wobei wir das Denken des Autors stark schematisieren –, daß er der Meinung ist, daß die Philosophie der Wissenschaft die Tatsachen überlassen sollte, die schon für Methoden erreichbar sind, die die Möglichkeit einer beweiskräftigen Verifikation enthalten, daß sie ferner die Hypothesen, die sie zu den anderen Tatsachen formuliert, als provisorische, sehr wahrscheinlich illusorische Vermutungen betrachten und sich schließlich auf die metaphysischen Fragen konzentrieren sollte (allgemeine Hierarchie der Werte, ihre Begründung, Bedeutung der Existenz, Realität oder Nichtrealität eines Wesens der Dinge jenseits der sinnlich erfahrbaren Welt, religiöse Probleme, usw.). Es ist übrigens selbstverständlich, daß die Fortschritte der wissenschaftlichen Erkenntnis die Voraussetzungen dieser Fragen in gewisser Hinsicht verändern.

Manchmal sind die Probleme, die die philosophische Spekulation in ihrer eigenen Sprache formuliert hat, dazu geeignet, von einem bestimmten Moment an in die Sprache der Wissenschaft übersetzt zu werden und führen dann zu wichtigen Feststellungen. Aber wohlgemerkt, es ist keineswegs notwendig, daß sich die Wissenschaft auf die Untersuchung von Problemen philosophischen Ursprungs beschränkt. Es ist ihre Sache, ihre Arbeitsthemen auszuwählen, sei es, daß sie sie teilweise der philosophischen Tradition entnimmt, oder sei es, daß sie sie selbst in Abhängigkeit vom Fortschritt ihrer Arbeiten formuliert.

Die wissenschaftliche Arbeit hat nichts Absolutes. Sie ist abhängig von einer Methodologie, die eine Geschichte hat, und diese ist in hohem Maße konditioniert durch die allgemeine Entwicklung der Gesellschaft (abgesehen jedoch von den Strukturen des Verstandes als solchen, die die Notwendigkeit der kohärenten Gedankenverbindung ausdrücken). Die Probleme, die sich die Wissenschaftler stellen, sind von dieser Dynamik ebensowenig unabhängig. Das bedeutet, daß jede Wissenschaft von einem ideologischen »Hof« umgeben ist, von dem sie sich graduell nicht sehr unterscheidet[8]. Außerdem weist die wissenschaftliche Gewißheit Gradunterschiede (von der mehr oder weniger wahrscheinlichen bis zur bewiesenen) auf[9]. Das Verhältnis zwischen philosophischer Überzeugung und wissenschaftlicher Feststellung ist also abgestuft.

»Wenn es sich aber so verhält und der Glaube an eine philosophische ›Erkenntnis‹ in der Regel an ein komplexes Ensemble individueller und sozialer Motivationen gebunden ist, versteht es sich von selbst, daß ein Autor, der den Erkenntnischarakter der Philosophie in Frage stellt und überzeugt ist, daß das metaphysische Denken sich auf kluge Einsichten oder einen vernünftigen Glauben reduziert, seinerseits natürlich ebenfalls von vielfältigen Motivationen beeinflußt ist. In einer solchen Diskussion, an der jeder als mehr oder weniger stark Betroffener teilnimmt, ist es unmöglich, sich über die Parteien zu stellen; Objektivität bleibt hier noch mehr als anderswo ein verpflichtendes, aber schwer erreichbares Ideal«[10].

Um dem Leser ein genaueres Urteil über diese Motivierungen zu ermöglichen, hat der Autor zahlreichen Abschnitten von *Sagesse et illusions de la philosophie* [*Weisheit und Illusionen der Philosophie*] die Form einer geistigen Biographie gegeben.

[8] *Epistémologie*, a.a.O., Bd. III, S. 253.
[9] *Sagesse*, a.a.O., S. 93.
[10] *Sagesse*, a.a.O., S. 4 [deutsch: *Weisheit und Philosophie* . . . a.a.O., S. 10].

Kehren wir – von dem Vorhergehenden ausgehend und ohne zu behaupten, daß die ganz persönlichen Bemerkungen, die wir machen werden, den einzigen Schluß darstellen, der sich aus den Theorien JEAN PIAGETS über die Punkte, die uns hier interessieren, ziehen ließe – auf die spezielleren Probleme zurück, die am Anfang dieses Abschnittes gestellt worden sind. Wir werden uns der Reihe nach auf den Standpunkt der Wissenschaft, auf den der Philosophie und auf den der Ideologie stellen.

Im Bereich der wissenschaftlichen Untersuchung der gesellschaftlichen Tatsachen hindert nichts daran, als noch zu verifizierende Hypothese anzunehmen, daß diese alle von den Gesetzen einer integralen gesellschaftlichen Totalität abhängen, die ein großes Wesen bildet (deren Dimensionen – lokale Gemeinschaft, Nation, Kultur, Menschheit – noch festgelegt werden müßten). Diese Möglichkeit kann nicht grundsätzlich *a priori* ausgeschlossen werden. Es empfiehlt sich, einen Beweis abzuwarten, der allerdings recht wenig wahrscheinlich ist. Nichtsdestoweniger ist eine derartige Idee sehr weit davon entfernt, sich in ihrer Formulierung auf klare Begriffe zu beziehen, über deren genauen Sinn sich eine Übereinstimmung der Spezialisten abzeichnen würde, und mit deren Hilfe beweiskräftige Feststellungen realisierbar wären. Sie bleibt im Zustand eines mehr oder weniger vagen Glaubens am Horizont des soziologischen Denkens.

Diese Idee hat zweifellos einen gewissen Nutzen als große richtungweisende Hypothese der Soziologie haben können. Sie hat dazu beigetragen, diese ständig zu einer möglichst synthetischen Untersuchung gerade der größten gesellschaftlichen Zusammenhänge zu führen. Es handelt sich um das Beziehen einer Art alles umfassender Position, die der Soziologie ihre allgemeine Richtung gegeben hat, im Gegensatz zur Sozialpsychologie, der Gruppendynamik und den spezialisierten Sozialwissenschaften wie die Wirtschaft usw. Die Idee der Notwendigkeit, die physikalischen Gesetze auf eine möglichst kleine Zahl von Supergesetzen zu bringen, hat eine recht ähnliche Funktion auf dem Gebiet der Naturwissenschaften. Es handelt sich im großen und ganzen um inspirierende Mythen am Schnittpunkt der Wissenschaft und der Metaphysik.

Die gesellschaftliche Typologie jedoch, die darin besteht, nur bestimmte wesentliche Aspekte der gesellschaftlichen Organisation festzuhalten, um deren Grad an gegenseitiger Abhängigkeit zu prüfen, öffnet praktikablere Wege. Das ist die völlig klassische Methode, die man schon bei den alten Philosophen findet und die ihnen dazu dient, Staatsformen zu unterscheiden, die nicht nur durch ihre politische Form bestimmt sind, sondern auch durch den Zustand ihrer Wirtschaft, durch ein gewisses Gleichgewicht der gesellschaftlichen Kräfte und der Strömungen des kollektiven Denkens. Diese Art eines Untersuchungsmodells ist von COMTE und MARX in den solidesten Teilen ihres Werkes übernommen worden, und dann von den Soziologen der nachfolgenden Generationen. Die Methode ist mit der Zeit immer mehr verfeinert und relativiert worden.

Bei einem RAYMOND ARON zum Beispiel besteht sie praktisch in der Bestimmung von Typen von Staatsformen, die durch eine recht beschränkte Anzahl von Faktoren gekennzeichnet sind, deren Bezüge als teilweiser Ausdruck bestimmter gegebener Ganzheitsstrukturen aufgesucht werden und die zweifellos viele andere Strukturen in sich enthalten, die andere Arbeiten sichtbar machen könnten. Diese verschiedenen Strukturen haben für diesen Autor untereinander keine Beziehungen, die von einer globalen Ordnung beherrscht werden. Zumindest scheint ihm diese Idee eines globalen Systems aus keinerlei Evidenz hervorzugehen[11]. Diese Betrachtungsweise entspricht der herrschenden Tendenz der modernen Soziologie. Trotz ihres hohen Niveaus haben die von GEORGES GURVITCH gemachten Versuche zugunsten von Begriffen wie dem eines totalen Gesellschaftsphänomens, der lebendigen Einheit der ganzen kollektiven Realität, bisher nicht zu schlüssigen Beobachtungen geführt. Auf der Ebene der globalen Gesellschaft wird das totale Gesellschaftsphänomen noch im großen und ganzen in dieser Perspektive als eine Art großer Organismus verstanden, den mit Hilfe der Vorstellung zu beschreiben suggestiv ist, der aber zweifellos nicht objektiv erfaßt werden kann.

Abschließend scheint es also, daß es, wenn man nicht jede ernsthafte Überprüfung unmöglich machen will, von Vorteil wäre, die soziologische Typologie auszurichten auf den Rückgriff auf Modelle, die nur mit wenigen Variablen arbeiten, jedoch unter so gearteten Bedingungen, daß die Beziehungen zwischen

[11] *Dix-huit leçons sur la société industrielle*, Paris: NRF, 1962, S. 27.

ihnen möglichst genau bestimmt werden können (und zwar sowohl unter dem Gesichtspunkt ihrer synchronischen Interdependenz als auch unter dem ihrer geschichtlichen Abwandlungen). Ein Modell, das zum Beispiel (was selbst in den kohärentesten gegenwärtigen Typologien kaum der Fall ist) Form der Wirtschaft und Form des Systems der politischen Beziehungen deutlich miteinander ins Verhältnis bringen würde, abgesehen von jeder anderen Überlegung, würde dazu beitragen, die vergleichende politische Soziologie aus ihrem noch völlig embryonalen Zustand herauszuführen. In gleicher Weise, nur auf anderen Gebieten, würde ein Modell wirken, das mit Genauigkeit soziale Mobilität und Rhythmen wirtschaftlichen Wachstums oder die Schichtung der lokalen Gemeinschaften und regionale Abwandlungen in den ideologischen Verhaltensweisen usw. zueinander in Beziehung setzte. Der Gebrauch von Modellen dieser Art setzt die wissenschaftliche Beschreibung (nach den von den kompetenten Wissenschaftlern übernommenen Begriffen, unabhängig von ihrer persönlichen Philosophie und mit Überprüfung der Ergebnisse) von wichtigen Aspekten der Strukturen auf zwei oder drei Ebenen des kollektiven Verhaltens in genau bestimmten Bevölkerungen voraus und ein In-Bezug-Setzen dieser Phänomene nach ebenso strengen Untersuchungsschemata. Solche Arbeiten sind wegen der wachsenden Homogenität der Untersuchungsverfahren der Soziologie schon auf dem Wege der Realisierung, zumindest in verschiedenen Gebieten. Diese Tendenzen verdienen es, ermutigt zu werden. Auf die Dauer werden sie das Veralten der vagen und mehr symbolischen als rationalen Typologien nach sich ziehen.

Keine Begrenzung verlangt selbstverständlich, daß man sich an Modelle mit zwei oder drei Reihen von Variablen hält; diese kennzeichnen einen Anfang, der schon schwierig zu vollbringen ist. Aber die Untersuchung kann sich unbegrenzt vervollständigen, indem sie die Zahl der Faktoren nach dem Grundsatz einer offenen Wissenschaft steigert und sich auf keinerlei vorherbestimmte Grenze festlegt.

Auf der philosophischen und ideologischen Ebene unterscheide ich die Überzeugungen, die sich auf die Tatsachen beziehen, und die eigentlich metaphysischen Begriffe unterscheiden. Hinsichtlich der Fakten, die schon in das Gebiet der Sozialwissenschaft fallen, und zu denen sie Informationen liefert, sind die

Ideen, die von ihnen abweichen, einfache Irrtümer und sogar Vorurteile, insoweit sie nicht aus reiner Unkenntnis aufrechterhalten, sondern der Wahrheit der Wissenschaftler vorgezogen werden, weil sie geheimnisvolle Triebe einer Gruppe (oder eines Individuums) befriedigen, ihr helfen, ihr Handeln zu rechtfertigen usw. Zwischen Vorurteilen und Ideologie ist der Unterschied kein Unterschied der Natur, sondern der Dimension und der Kohärenz. Die ersteren sind die Karikatur mehr isolierter Tatsachen. Die Ideologie ist ein Gesamtbild, das sich eine Gruppe von sich selbst und von den anderen Gruppen gibt. Seine Besonderheit besteht darin, auf die Interessen einer Kategorie von Menschen ausgerichtet zu sein und das soziale Universum gleichzeitig in seinem Werden und in seinem gegenwärtigen Zustand symbolisch auszudrücken. Es gibt wenige Ideologien, die die Idee einer integralen gesellschaftlichen Totalität zurückweisen. Im Gegenteil, die meisten geben dieser Idee einen detaillierten Inhalt, indem sie die verschiedenen Gesellschaften (und innerhalb ihrer die Klassen usw.) als Realitäten betrachten, die ihre Strukturen, ihre Denkweise, ihr Schicksal haben. Auf diese Konstruktionen beziehen sich die gegenseitigen Einschätzungen, mit denen sich die Gruppen untereinander beurteilen. Als Gedankensysteme haben die Ideologien ihre innere Logik, die den Gegebenheiten, die sie der wissenschaftlichen Kenntnis von der Gesellschaft entleihen, einen prästabilierten Sinn überstülpt. In bezug auf diese Kenntnis spielen sie also die Rolle eines parawissenschaftlichen Systems, ebenso wie die weiter oben erwähnten Pseudopsychologien in bezug auf die wissenschaftliche Psychologie. In manchen Fällen, wenn die Ideologie Staatsreligion wird, und wenn dieser Staat autoritär ist, wird die Praxis der wissenschaftlichen Untersuchung der Gesellschaft nicht nur gehemmt, sondern nahezu völlig lahmgelegt. Zweifellos ist in keinem Zweig, außer in der Philosophie, die Gefahr parawissenschaftlicher Systeme so groß wie in den Sozialwissenschaften, und ganz besonders in der Soziologie.

Wenn sie sich darauf beschränken würden, mit großer Vorsicht gewisse Ideen zu den Aspekten der gesellschaftlichen Realität vorzutragen, die außerhalb des Feldes wissenschaftlicher Untersuchung bleiben, und die Gesamtheit der gesellschaftlichen Tatsachen (objektiv bekannte, zum Teil gesicherte und bloß vermutete) in bewußt vereinfachender und annähernder Gesamtschau zusammenzufassen, die den Geist der Institutionen einer Gruppe und den Sinn ihrer Entwicklung ausdrücken würde, wären die Ideologien vielleicht weniger kritisierbar. Es ist nämlich ziemlich schwierig (wenngleich wünschenswert, wie wir betonen wollen), sich im politischen Leben und sogar im täglichen Leben zu entscheiden, ohne auf allgemeine Ideen dieser Art zurückzugreifen. Aber in der Praxis der Ideologien sind es die vorwissenschaftlichen allgemeinen Vorstellungen, die die Übermacht haben, und die sich die gesicherten Tatsachen einverleiben, indem sie sie verfälschen. Unter diesen Bedingungen ist es die Pflicht der Soziologie, gegen die ideologischen Vorstellungen der Gesellschaften zu kämpfen, um sie allmählich durch eine bessere Kenntnis der gesellschaftlichen Realität zu ersetzen, die die Quelle für verläßlichere und wahrscheinlich gelassenere Werturteile sein wird. Diese exaktere Kenntnis der Organisation der menschlichen Gemeinschaften schließt ein, daß der Soziologe das Beispiel für ein Denken gibt, das sich den Rückgriff auf jede Behauptung, die über die Tatsachen hinausgeht, grundsätzlich versagt und sich daran hält, über das, was über sie hinausgeht, nur als solche gekennzeichnete Vermutungen auszusprechen, oder, besser noch, jegliche Vermutung dieser Art überhaupt auszuscheiden. Die abenteuerlichen und vor allem trügerischen allgemeinen Ideen, die eben erwähnt wurden, können systematisch mit ein wenig Disziplin vermieden werden zugunsten seriöser Begriffe von den gesellschaftlichen Gruppen, die die politischen Einrichtungen eines Volkes auf dem Gebiet der Innen- oder der Außenpolitik beherrschen, von der Art der gesellschaftlichen Bezüge, die seiner Wirtschaft innewohnen, auf die Auswirkung dieses oder jenen Elements der Entwicklung seines moralischen Wertsystems auf seine kulturelle Praxis, usw. Die Phänomene, die in solchen Begriffen zum Ausdruck kommen, sind weit und reichhaltig genug, so daß es unbillig wäre, einem Bild der Gesellschaft, die sich an sie hielte, vorzuwerfen, die großen Probleme zu verschleiern. Ich glaube infolgedessen nicht, daß eine solche Vorstellung von den Gesellschaften Vorwürfe von der Art treffen, wie sie C. WRIGHT MILLS an die Soziologie richtet, die sich auf Tatsachenteilchen beschränken, ohne genügende Reichweite vom Standpunkt des Verständnisses der Funktionsmechanismen und der allgemeinen Entwicklung gesellschaftlicher Zusammenhänge großen Umfangs, ohne Beziehung zu den tiefen Interessen und Bedürfnissen des Menschen und ohne Bedeutung in bezug auf die allgemeine Politik[12].

Alle Probleme, die die Soziologie vom Standpunkt der Tatsachen aus behandelt, die ihre Gegebenheiten sind, geht die metaphysische Reflexion über die gesellschaftliche Realität, die wir Gesellschaftsphilosophie nennen wollen, vom Standpunkt der Werte und Normen her an.

Es steht ihr zu, diese zu begründen und ein Urteil über die Berufung des Individuums und der Gemeinschaft abzugeben. Im Rahmen einer vollständigen Philosophie kann die ideale Form dieser letzteren Gegenstand einer detaillierten Ausarbeitung werden, was zur Formulierung eines metaphysischen Systems der gesellschaftlichen Totalität führt. Dieses Schema dient normalerweise als Kriterium für die Bewertung der tatsächlichen Institutionen, um die Haltung zu bestimmen, die in bezug auf die Probleme, die sie stellen, und ihre relative Bedeutung eingenommen werden soll. Der Soziologe ist keinesfalls gehalten, seine Sozialphilosophie zu ignorieren (und noch weniger gezwungen, sie zu berücksichtigen; das hängt eben mit seiner Metaphysik zusammen), um die Probleme auszuwählen, die er vorrangig bearbeiten will, und um diese Probleme zu formulieren. Alles, was die wissenschaftliche Regel von ihm verlangt, ist, dieser Formulierung eine objektive Wendung zu geben, um die methodische Untersuchung und die Verifikation möglich zu machen. Außerdem verlangt der einfache gesunde Menschenverstand von ihm, bei der Auswahl der zu behandelnden Probleme nicht nur ihr Interesse aus der Sicht seiner Sozialphilosophie (wenn er es für passend hält, dieses Kriterium mitspielen zu lassen), sondern auch ihre intellektuelle Bedeutung vom Standpunkt des allgemeinen Fortschritts der soziologischen Kenntnis her zu berücksichtigen.

Konkrete Untersuchung der gesellschaftlichen Formationen

Je mehr sich die Untersuchungstechniken vervollkommnen, desto mehr neigen die Arbeiten der konkreten Soziologie dazu, die Form von Analysen anzunehmen, die sich nur mit einer beschränkten Anzahl von Variablen (Verhaltenskategorien unter

[12] *The Sociological Imagination*, New York: Grove Press, 1961.

ihren sozialen Aspekten betrachtet) nach den oben dargelegten Prinzipien beschäftigen. Diese Tatsachen werden jedoch mit wachsender Strenge herausgearbeitet, so daß diese Arbeiten im allgemeinen zu Ergebnissen kommen, die in sich selbst kaum bestreitbar sind (d. h., daß eine andere Arbeitsgruppe, die dieselben Untersuchungen in demselben Rahmen wiederholen würde, zu denselben Feststellungen käme). Das ist ein beachtlicher Fortschritt im Hinblick auf viel subjektivere Informationsverfahren der früheren Soziologen. Nur genügt es der soziologischen Untersuchung nicht, exakt zu sein. Um ihrer Bestimmung treu zu bleiben, muß sie auch – und vor allem hinsichtlich der Struktur der Gesellschaftssysteme – zu möglichst allgemeinen Ergebnissen kommen. Beachten wir, daß das nicht unbedingt heißt, daß diese Ergebnisse für eine große Anzahl von Gesellschaftssystemen gültig sein müssen. Manche Wissenschaften untersuchen ein einziges Objekt, wie zum Beispiel das Sonnensystem. Ein Gesellschaftssystem an sich zu betrachten, besonders wenn es von einer gewissen Größe ist (die Bevölkerung einer Provinz, die wesentlichen Züge des entwickelten Kapitalismus, diejenigen einer Gesellschaft in der Entwicklung, usw.), ist bei weitem keine geringe Aufgabe. Sie führt zu Feststellungen über Eigenschaften, die das fragliche System mit anderen teilt, und zu solchen über ihm eigene Züge. Wenn diese grundlegende Aspekte der Organisation des Ganzen ausdrücken, berühren sie eine größere Anzahl von Tatsachen, die mit ihr in keinem Zusammenhang stehen, und insofern sind sie allgemein. Auf alle Fälle benötigt die soziologische Untersuchung ein Hin und Her des Denkens zwischen einzelnen Reihen von in ihrem lebendigen Funktionieren beobachteten Verhaltensweisen (oder, in Ermangelung eines Besseren, von nach Dokumenten rekonstruierten Verhaltensweisen) und einer Gesamtvorstellung von gesellschaftlichen Strukturen. Die Klarheit der Theorien, die JEAN PIAGET zum Thema der Natur der Beziehungen zwischen individuellen Verhaltensweisen und sozialer Realität vorlegt, ist sehr dazu angetan, dieses Hin und Her zu erleichtern, ebenso wie seine sehr konkrete Auffassung von der gesellschaftlichen Organisation.

Diese Theorien sprechen zunächst der Psychologie und der Soziologie dasselbe Untersuchungsobjekt zu, nämlich das menschliche Handeln, wobei sie freilich das jeder dieser zwei Disziplinen eigene Feld genau unterscheiden. Damit sind von vornherein die unentwirrbaren Begriffsschwierigkeiten beseitigt, die aus den individuellen Verhaltensweisen eine Ordnung von Phänomenen machen, die durch eine mehr oder weniger dichte Wand von den sozialen Verhaltensweisen getrennt sind, und solche, die nicht deutlich das Ich und die Gruppe voneinander abgrenzen. Am menschlichen Handeln, so wie es sich in der Praxis in der Form präziser Verhaltensweisen manifestiert, untersucht PIAGET sowohl die psychologischen als auch die sozialen Strukturen des Verhaltens, wobei er sich obendrein versagt, die einen wie die anderen dadurch zu erklären, daß er sie mit Kräften von der Art einer Substanz in Verbindung brächte, die *per definitionem* der Beobachtung unzugänglich ist:

»Sobald die Stufe der elementaren geistigen Funktionen überwunden ist, die eng mit dem Leben der Organismen verbunden sind, werden alle höheren (intellektuellen und affektiven) Funktionen gleichzeitig zu Studienobjekten der Psychologie und der Soziologie, da der Mensch ein soziales Wesen ist. Die Unterteilung in psychologische und soziologische Programme impliziert daher nicht die Existenz von zwei getrennten Bereichen: Es ist dieselbe Realität, d. h. der sozialisierte Mensch, der von diesen beiden Wissenschaften studiert wird, aber von zwei verschiedenen Gesichtspunkten aus, je nachdem ihr Bezugssystem auf das Individuum oder auf die ganze Gruppe zentriert ist«[13].

Ferner:

». . . Es gibt einerseits den Organismus, der durch die Erbeigenschaften und die ontogenetischen Mechanismen bestimmt ist, und andererseits die Gesamtheit der menschlichen Verhaltensformen, deren jede – von Geburt an und in verschiedenem Grade – einen geistigen und einen sozialen Aspekt enthält . . . Jedes Problem, das von der psychologischen Erklärung aufgeworfen wird, findet sich somit in der soziologischen Erklärung wieder, bis auf den Unterschied, daß das ›Ich‹ durch das ›Wir‹ ersetzt werden muß und daß die Handlungen und die ›Operationen‹, wenn sie einmal durch die Adjunktion der kollektiven Dimension vervollständigt sind, Wechselwirkungen werden – d. h. Verhaltensformen, die sich gegenseitig beeinflussen (nach allen Möglichkeiten, die zwischen dem Kampf und der Synergie liegen) – oder ›Kooperationen‹, d. h. Operationen, die gemeinsam oder in gegenseitiger Entsprechung ausgeführt werden«[14].

Diese Interaktionen bilden Zusammenhänge jeder Größe, von der Beziehung zwischen zwei Individuen bis hin zu den Syste-

[13] *Epistémologie*, a.a.O., Bd. III, S. 131 [deutsch: *Die Entwicklung des Erkennens*, Bd. III, S. 125].

[14] *Ebd.*, a.a.O., Bd. III, S. 191 [ebd., S. 180].

men der Interdependenz, die in bestimmter Weise die Verhaltensweisen aller Individuen der Weltbevölkerung verbinden kann, ohne die historischen Einflüsse der früheren Generationen auf die lebenden Generationen zu vergessen.

Bevor wir weitergehen, halten wir fest, daß die Verhaltensweisen, die die gesellschaftlichen Beziehungen in wechselseitige Abhängigkeit bringen, Verhaltensweisen im vollen Sinn des Wortes sind, mit allen ihren affektiven Elementen ebenso wie mit ihren intellektuellen und praktischen Aspekten. So werden der erlebte Sinn der Situation für die individuellen Subjekte und seine Rolle bei der Auslösung der Handlungen keineswegs beiseite gelassen. Diese Aspekte des Verhaltens sind wie alle anderen in die sozialen Interaktionen eingegangen. Sie werden von der wissenschaftlichen Psychologie und Soziologie als Tatsachen untersucht, d. h. auf dem Wege kontrollierbarer Beobachtungen, die darauf abzielen, die Form der Implikationsbeziehungen sichtbar zu machen, die die Bedeutungen auf der Ebene des Ichs sowie auf der der Gruppe untereinander verbinden. In dieser Perspektive läuft der Gegensatz zwischen Verstehen und Erklärung hinaus auf die einfache Unterscheidung zweier Gesichtspunkte, den subjektiven Standpunkt des Handelnden und den objektiven Standpunkt des methodischen Beobachters (den der Handelnde eventuell selbst erreichen kann, wenn er die Analyse nach bestimmten präzisen Regeln vornimmt)[15].

Die gesellschaftlichen Organisationsformen sind Strukturen, die sich in den individuellen Verhaltensweisen manifestieren, zugleich aber über sie hinausgehen. Demzufolge sind viele Sozialforscher versucht, aus diesen Strukturen die Emanation einer Art kollektiven Seins zu machen, das mit einer eigenen Realität ausgestattet ist. Hauptsächlich im Widerspruch zu der Theorie Durkheims, der er vorwirft, sich auf Wesenheiten dieser Art zu beziehen (auf das kollektive Bewußtsein insbesondere), schlägt Piaget die folgende Lösung vor:

». . . die des Relativismus und der konkreten Soziologie . . .: Das soziale Ganze ist weder eine Vereinigung von vorher gegebenen Elementen noch eine neue Einheit[16], sondern ein System von Beziehungen, wovon jede

[15] *Sagesse*, a.a.O., S. 176ff.; *Etudes sociologiques*, a.a.O., S. 8; *Epistémologie*, a.a.O., Bd. III, S. 142–152.

[16] Wie in einer naiven Theorie, die die Eigenschaften der Gesellschaft durch die angeborenen Attribute der individuellen Natur erklären würde.

– als Beziehung – die dadurch verbundenen Terme transformiert. (...) Eine Gesellschaft ist im wesentlichen ein System von Aktivitäten, deren elementare Wechselwirkungen eigentlich in Handlungen bestehen, die sich gegenseitig nach gewissen Organisations- oder Gleichgewichtsgesetzen modifizieren (...)[17]. Jede soziale Beziehung ist also eine Totalität in sich, die neue Eigenschaften schafft, indem sie das Individuum in seiner geistigen Struktur transformiert. Von der Wechselwirkung zwischen zwei Individuen bis zur Totalität, die durch die Gesamtheit der Beziehungen zwischen den Individuen einer Gemeinschaft gebildet wird, besteht also eine Kontinuität; und letzten Endes kann die so verstandene Totalität weder als eine Summe von Individuen betrachtet werden noch als eine Realität, die den Individuen überlagert ist, sondern nur als ein System von Wechselwirkungen, die die Individuen in ihren Strukturen modifizieren«[18].

Auf allen Ebenen der Tätigkeit der Individuen kommen solche Interaktionen ins Spiel: gesellschaftliche Konditionierung der Verhaltensweisen und des Affektlebens, historische Verarbeitung der Ideen und Prinzipien jeder Art, Prozesse ihrer Übertragung, Kontrolle ihres Gebrauchs, Arbeitsteilung und Austausch, usw. Die Regelung dieser Beziehungen (die Totalität) verbindet in unterschiedlichen Proportionen sehr verschiedene Organisationsformen. Die einen gehen ganz direkt aus der physikalischen und organischen Kausalität hervor (z. B. die Beziehungen bei der Erziehung in dem Maße, wie sie von dem Rhythmus der Erneuerung der Generationen beherrscht werden). Andere Interaktionen (und das ist die größere Zahl) werden von Regelvorgängen bestimmt, die zum Teil zufällige Situationen ausdrücken, wie sie sich aus einer Kombination von Ereignisfolgen ergeben, die untereinander nur wenige oder gar keine Verbindungen haben: Schwankungen des Marktes in der klassischen Wirtschaft, Schwankungen der Bräuche, Schwankungen der Meinung und der ideologischen Überzeugungen, Schwankung der Klassenbeziehungen und der Beziehungen der politischen Kräfte, usw. Schließlich hat die gesellschaftliche Koordinierung der Verhaltensweisen die Tendenz, völlig festen Regeln zu entsprechen, die mit denjenigen identisch sind, die das mobile Gleichgewicht ga-

[17] Über das Wesen der Gesamtform des Gleichgewichts der Ganzheiten und über die Neigung des Ganzen, die Gleichgewichtsverschiebungen abzuschwächen, siehe *Epistémologie*, Bd. II, S. 187.

[18] *Epistémologie*, a.a.O., Bd. III, S. 201–203 [deutsch: *Entwicklung des Erkennens*, Bd. III, S. 189–191].

rantieren, das für die Koordination der verschiedenen Elemente eines individuellen Verhaltens, das mit der Logik oder der Moral der Reziprozität übereinstimmt, charakteristisch ist. Die Interaktionen dieser Art ordnen sich nach den Forderungen einer völlig rationalen Notwendigkeit, die ihnen innewohnt. Sie stehen so im Gegensatz zu den Interaktionen, die durch Forderungen, wie sie den Situationen probabilistischen Typs eigen sind, und durch natürliche Rhythmen bestimmt sind.

Der praktische Aspekt der in diesen Strukturen enthaltenen Akte bedingt zu Anfang die Vorstellungen und Gefühle, die mit ihnen verbunden sind. Diese Beziehung wird zunächst im Fall der spekulativen Elemente der Kultur sichtbar, von den primitivsten Mythologien bis zu den entwickelten Denksystemen. Die Arbeiten der Soziologie der Erkenntnis, sagt JEAN PIAGET, zeigen genau, wie sehr diese Denkformen und diese Modelle der affektiven Reaktion auf die realen Aktivitäten der menschlichen Gruppen und auf die Interessen und Konflikte, die diese Aktivitäten erzeugen, zentriert sind. Nichtsdestoweniger können sie den durchdachten Ausdruck sehr edler Überzeugungen enthalten. Aber viele ihrer Komponenten sind die ideologische Übersetzung egoistischer Absichten. In dieser Hinsicht jedenfalls sind die Ideen und Prinzipien, die das spekulative Denken ausmachen, wesentlich die Idealisierung eines Allgemeinzustandes der tatsächlichen gesellschaftlichen Beziehungen.

Das rationale Denken und die rationale Moral gehen beide aus einer Dezentrierung in bezug auf diese symbolische Projektion hervor. Aber sie haben trotzdem gewisse konkrete Aspekte des kollektiven Handelns zur Grundlage. Die Wissenschaft verlängert und vervollkommnet die praktischen Arbeiten der menschlichen Gruppen. In dem Maße, wie sie wirksam sind, schließen diese Arbeiten die operatorische Koordination rationaler Handlungen mit ein, die von einer Vielzahl von Individuen ausgeführt werden. Die Logik ist im wesentlichen der begriffliche Ausdruck von Regeln, die solchen Beziehungen sowie den gesellschaftlichen Interaktionen innewohnen, wie sie die Diskussionen voraussetzen, die auf die Festlegung einer bewiesenen Wahrheit hin ausgerichtet sind. Die Prinzipien der Moral der Reziprozität gehen aus analogen gesellschaftlichen Beziehungen hervor.

Überzeugt von dem tiefen Einfluß des Zustands der konkreten gesellschaftlichen Beziehungen auf die Formen des Denkens, unterstreicht PIAGET den Wert der Methode, die darin besteht, in den gesellschaftlichen Formen, wie es MARX tut, einen Unterbau und einen Überbau zu unterscheiden, welcher zwischen dem soziozentrischen Symbolismus und der Vernunft schwankt[19].

Die Vielzahl der Formen gesellschaftlicher Organisation sowie die Verschiedenheit der Beziehungen zwischen gesellschaftlicher Praxis und Überbauelementen der Kultur liefern ein zusätzliches Argument gegen die Theorien, die das Vorhandensein einer Gesellschaft postulieren, die als ein Organismus verstanden wird, im Verhältnis zu dem die Gruppen nur Organe wären, die in allem und jedem den Erfordernissen des Funktionierens des Ganzen unterworfen sind. Die Beobachtung der Tatsachen macht im Gegenteil das Vorhandensein von verschiedenen Arten sozialer Beziehungssysteme (praktischer, intellektueller, affektiver) deutlich, zwischen denen Oppositionen und Konflikte bestehen, und es empfiehlt sich, vor allem diese Strukturen für sich genommen, und nicht die gesellschaftliche Gesamtheit als solche zu untersuchen, wobei selbstverständlich ist, daß alle diese Netze gesellschaftlicher Beziehungen so aufgefaßt werden könnten, als wären sie in gewisser Hinsicht untereinander in einem Ganzen verbunden, das sein eigenes Gleichgewicht hat.

»Die Soziologie ist ohne Zweifel genötigt, die Gesellschaft als ein Ganzes aufzufassen, obwohl dieses ... Ganze nur die Gesamtheit der Beziehungen und Wechselwirkungen zwischen ... Individuen darstellt. (...) Die von der Gesamtheit der Gesellschaft gebildete Ganzheit [ist] weniger ein Ding, ein Wesen oder eine Ursache als ein System von Beziehungen ... Diese Beziehungen sind aber außerordentlich zahlreich und komplex, da sie durch das Aufeinanderwirken der Generationen nicht nur eine dauernde geschichtliche Kette bilden, sondern in jedem Augenblick auch ein synchrones Gleichgewichtssystem darstellen. Es ist daher zulässig, eine

[19] *Le language et la pensée chez l'enfant,* Neuchâtel: Delachaux et Niestlé, 1923 [deutsch: *Sprechen und Denken des Kindes,* Düsseldorf: Schwann 1972]. *Le jugement et le raisonnement chez l'enfant,* ebd., 1924 [deutsch: *Urteil und Denkprozeß des Kindes,* Düsseldorf: Schwann 1972]; *Le jugement moral chez l'enfant,* Paris: Alcan, 1932 [deutsch: *Das moralische Urteil beim Kinde,* Zürich: Rascher 1954]; *Psychologie de l'intelligence,* a.a.O. [deutsch: *Psychologie der Intelligenz,* Zürich: Rascher 1948 und Olten/Freiburg: Walter ^{6}1974 und in *Geist und Psyche,* München: Kindler 1976. *Epistémologie génétique,* a.a.O. [deutsch: *Die Entwicklung des Erkennens]; Etudes sociologiques,* a.a.O.; *Pensée egocentrique et pensée sociocentrique,* in: *Cahiers internationaux de sociologie,* Bd. X, 1951; *Problémes de la psycho-sociologie de l'enfance,* in: *Traité de sociologie,* hg. von GEORGES GURVITCH, Paris: P.U.F., 1960, Bd. II, S. 229–254.

statistische Sprache zu gebrauchen[20] und von ›der Gesellschaft‹ als einem einheitlichen Ganzen zu sprechen (in der gleichen Art wie man von der *Gestalt* spricht, die das Resultat eines statistischen Beziehungssystems ist). Dabei ist es jedoch wichtig, sich diesen statistischen Charakter der soziologischen Begriffe immer gegenwärtig zu halten, da man sonst den Worten einen mythologischen Sinn gibt. In der Denksoziologie kann man sich sogar fragen, ob es nicht vorteilhafter wäre, die üblichen Gesamtbezeichnungen durch die Erwähnung der verschiedenen Typen von Beziehungen zu ersetzen . . .«[21].

Die Natur der gesellschaftlichen Ganzheiten variiert nicht nur nach den Betätigungsfeldern und den Teilen der Gesellschaft, sondern sie ist auch abhängig von dem Alter der Subjekte. Das ist besonders spürbar bei dem Vorgang der Entwicklung des Individuums: in den ersten Stadien schließt der geistige Reifungsprozeß des Kindes die Bildung gesellschaftlicher Kooperationsbeziehungen aus; dann bilden sich diese allmählich und stufenweise.

»Je nach der Entwicklungsstufe, auf der sich das Individuum befindet, sind die Austauschprozesse mit der sozialen Umwelt durchaus verschiedener Natur; und sie wirken daher ihrerseits auf die individuelle geistige Struktur zurück und verändern sie in durchaus verschiedener Weise«[22].

Alle diese Systeme gesellschaftlicher Beziehungen müssen für sich untersucht werden. Es hat keine Bedeutung, wenn man unter diesen Bedingungen Aufhebens macht von der Wirkung des sozialen Milieus auf die Individuen und die einzelnen Gruppen, ohne sie genauer zu präzisieren, oder auf eine Konditionierung der Verhaltensweisen durch das Gesellschaftssystem, usw. Es empfiehlt sich, den Typ von Struktur zu spezifizieren, der wirklich im Spiel ist.

Die kausalsten oder die rationalsten Teile der gesellschaftli-

[20] Die der Ganzheiten, wie sie aus der mehr oder weniger zufälligen Mischung distinkter Ereignisreihen resultieren. Vergleiche, was oben zur Regulierung von zum Teil unvorhersehbaren Umständen gesagt worden ist.

[21] *La Psychologie de l'intelligence,* a.a.O., S. 187, [deutsch: *Psychologie der Intelligenz,* zitiert aus der 6. Auflage in der vollständig überarbeiteten Übersetzung der 2. Auflage, Olten/Freiburg 1974, S. 176f.] – Vgl. auch *Le jugement moral chez l'enfant,* S. 416 [deutsch: *Das moralische Urteil beim Kinde*] und *Epistémologie,* a.a.O., Bd. III, S. 216–250 [deutsch: *Die Entwicklung des Erkennens,* Bd. III, a.a.O.].

[22] *La Psychologie de l'intelligence,* a.a.O., S. 188 [deutsch: *Psychologie der Intelligenz,* 6. Aufl. der 2. Ausg. Olten/Freiburg: Walter, S. 178].

chen Strukturen werden von sehr beständigen, d. h. invarianten Gleichgewichtsformen beherrscht. Im übrigen sind diese Totalitäten ein Gemisch von Dynamismen, die verschiedene Prozentsätze an Wahrscheinlichkeit aufweisen. Manche Ereignisreihen wiederholen sich, andere sind einmalig. Bei den letzteren läuft die wissenschaftliche Untersuchung auf eine Erzählung hinaus. Da, wo es Wiederholung gibt, führt die Untersuchung zu der Feststellung schwacher oder starker Wahrscheinlichkeitsgrade, je nach dem einzelnen Fall, und nähert sich schließlich der Theorie deduktiver Art in dem Maße, wie sie an besonders wenig fluktuierende Aspekte eines gesellschaftlichen Systems rührt.

Wir wollen diese Betrachtungen hier beenden. Trotz ihres sehr summarischen und sehr unvollständigen Charakters machen sie, denke ich, die beherrschenden Züge der Methode, die JEAN PIAGET auf soziologischem Gebiet angewandt hat, ziemlich deutlich. Diese Methode zeichnet sich zunächst durch die Tatsache aus, daß sie *a priori* der Untersuchung keine Grenze setzt. Es steht ihr frei, die Untersuchung der größten sozialen gesellschaftlichen Gesamtheiten in dem Maße vorzunehmen, wie es ihr gelingt, zu diesem Zweck Hypothesen auszuarbeiten, die von der Art sind, daß sie zu seriösen Beobachtungen führen. Diese Gesamtgebilde großen Umfangs bedingen in gewisser Hinsicht die Tätigkeit der Gesamtgebilde mittlerer Größe oder kleinen Umfangs und das Handeln der Individuen, aber nicht in mechanischer Weise, so daß man nicht imstande wäre, aus einer Idee des Ganzen – selbst vorausgesetzt, daß diese Idee angemessen ist (und nicht von der Ideologie bezogen, wie es im allgemeinen in der Praxis bei den Behauptungen über die Eigenschaften der globalen Gesellschaft der Fall ist) – die Eigenschaften aller sozialen Strukturen abzuleiten. Die inneren Beziehungen dieser Gesamtheiten sowie die Interaktionen, die sich zwischen ihnen ergeben, stellen sich in den verschiedensten Formen dar, ausgehend von der einzigen und eventuell völlig zufälligen Interaktion über jede Art von Zwischenstufen bis hin zur notwendigen Interdependenz. Die Kenntnis dieser Tatsachen kann nur mit Hilfe einer Vielzahl von Arbeiten weiterkommen, genauso wie die Erkenntnis der physikalischen oder biologischen Phänomene.

Ein letztes Wort, um die große Aktualität des Ansatzes von PIAGET deutlich zu machen. Dieser hebt hervor, daß die gesellschaftlichen Strukturen letzten Endes einer Koordination der

Handlungen von einer Vielzahl von Individuen entsprechen, und zwar nach Schemata, die ihre zusammenhängenden Gesetze haben und von denen die Handelnden mehr oder weniger vollständig und mehr oder weniger objektiv Kenntnis besitzen. Dieser Standpunkt unterscheidet sich nicht sehr von dem MAX WEBERS. Dieser hat seine Methode des idealen Typs entwickelt, gerade um durch eine Folge von Annäherungen den Abstand zwischen der Gesamtform einer realen kollektiven Tätigkeit (oder Gesellschaftsstruktur oder Staatsform, usw., wobei diese Begriffe hier die Idee einer Kombinationsweise tatsächlicher Verhaltensweisen einer Vielzahl von Individuen ausdrücken) und dem System psychologischer Reaktionen zu bestimmen, die ihr entsprechen. Der Vergleich der beiden Ebenen ähnelt sehr dem Vergleich von Überbau und Unterbau im marxistischen Sinn und hat die gleichen Ziele: eine Gesamtsicht der grundlegenden Mechanismen bestimmer gesellschaftlicher Gebilde zu geben, eingeschlossen die Erlebnisaspekte der Verhaltensweisen. Die besten Arbeiten der zeitgenössischen Soziologie gehen in diese Richtung. Ihr Ziel ist es, die gesellschaftlichen Strukturen *in actu* unter den Bedingungen der tatsächlichen Arbeitsteilung[23] zu beschreiben (Rollen der Gruppen, die durch diese Struktur in Bewegung gesetzt werden, Rollen der Individuen in diesen Gruppen), die Verhaltensweisen, die dieser Tätigkeit entsprechen, deutlich zu machen und die Interaktionen dieser beiden Ordnungen von Phänomenen zu bestimmen. Das Werk JEAN PIAGETS ist eine unvergleichliche Quelle der Anregung für diese Form der Soziologie.

Schlußbemerkungen

Die Erfahrung im Unterricht hat mich gelehrt, daß es in der Soziologie – wie auch zweifellos anderswo – zwei Arten von Autoren gibt: diejenigen, die erlauben, einen interessanten Unterricht zu halten, und die anderen. Diese zweite Kategorie ist im Übermaß vertreten. Sie umfaßt die Soziologen, die ihre Arbeiten nebensächlichen Problemen widmen, diejenigen, die Theorien ohne Inhalt errichten, und die in sich zusammenfallen, sobald

[23] Das Wort wird hier in seinem weiteren Sinn benutzt, um das Handeln im allgemeinen zu bezeichnen.

man sich anschickt, ihren Aufbau aus der Nähe zu studieren und ihren Sinn herauszuarbeiten, und diejenigen, die Fakten darstellen, ohne andere als banale Ideen daraus zu entwickeln, usw. Die Autoren der ersten Kategorie sind sehr selten. Jede Generation bringt, wenn es hoch kommt, drei oder vier von ihnen hervor. Sie haben ganz sicher nicht nur das Verdienst, Professoren und Studenten ein solides Material zu liefern, das sie mit mehr oder weniger Glück bearbeiten können. Sie sind es auch, die in der Geschichte des soziologischen Denkens einen Einschnitt markieren, oder wenn man will, die dazu bestimmt sind, Klassiker zu werden. In meinen Augen gibt es keinen Zweifel daran, daß PIAGET zu dieser Elite gehört. Die soziologische Öffentlichkeit ist sich dessen vielleicht nicht genügend bewußt, trotz der Tatsache, daß die, die ihm ebenbürtig sind, die Bedeutung seines Werks voll anerkennen und diesem einen wichtigen Platz in den grundlegenden Lehrbüchern und vergleichbaren soziologischen Arbeiten eingeräumt haben (siehe z. B. die von T. PARSONS unter dem Titel *Theories of Society* im Jahre 1961 veröffentlichte Anthologie, oder *Society, Culture and Personality* von P. A. SOROKIN, 1947, sowie den *Traité de Sociologie*, herausgegeben von G. GURVITCH, erschienen in Paris im Jahre 1960, in dem ein grundlegendes Kapitel von JEAN PIAGET zu finden ist).

Die vorangegangenen Seiten würden ihr Ziel erreichen, wenn sie einige Soziologen, die es noch nicht im Detail kennen, anregen würden, das soziologische System, das einen der Pfeiler in der Epistemologie PIAGETS darstellt, aufmerksam zu studieren. Sie ist aufgrund der Vielzahl der Kenntnisse ihres Autors von ganz außergewöhnlicher Breite. In der Schule der besten Philosophen ausgebildet, hat PIAGET tatsächlich Arbeiten allererster Kategorie geliefert, und zwar nicht nur auf dem Gebiet der experimentellen Psychologie, der Logik, der Erkenntnistheorie und der Soziologie, sondern auch der Zoologie. Dieser interdisziplinäre Charakter seines Denkens ist zweifellos der Hauptgrund für seinen Reichtum. Insofern ist es nicht erstaunlich, daß jede Seite seiner Bücher dem Leser neue Einblicke in Probleme von sehr großer Wichtigkeit eröffnet, und daß sich in ihm, wenn er das Buch zugeklappt hat, das Nachdenken darüber noch lange fortsetzt.

Der bestimmende Zug der Idee von der Gesellschaft, die PIAGET vorgelegt hat, ist, so scheint mir, ihr offener Charakter. Philosophische Offenheit zunächst, insofern sich diese Konzeption nicht in einer Gesellschaftsmetaphysik fortsetzt, die mit jeder anderen Gesamtvorstellung von der Natur und dem Schicksal des Menschen und der menschlichen Gemeinschaften unvereinbar sein soll. Auf dieser Ebene ist die Möglichkeit verschiedener Entscheidungen, die in gleicher Weise geeignet sind, das Niveau einer durchdachten Weisheit zu erreichen, völlig anerkannt.

Ferner ein offener Charakter der Theorie der konkreten gesellschaftlichen Strukturen, die, wie die Daten der kontrollierten Beobachtung zeigen, durch Dynamismen sehr verschiedenen Typs belebt sind und unter sich auf jeder Stufe ihrer Geschichte sowohl in ihrer Entwicklung als auch in ihrer Organisationsweise[24] variable Kombinationen bilden. Um zu behaupten, daß alle Eigenschaften des kollektiven Lebens einer Bevölkerung in einem Ganzen zusammengefaßt sind, das nach Bedingungen substantieller Art funktioniert und sich entwickelt, muß man über diese Gegebenheiten zugunsten von Fiktionen hinausgehen.

Dieses Fehlen eines Dogmatismus stammt in diesem besonderen Fall aus einem echten Kult der Wahrheit: Achtung vor den durchdachten Überzeugungen, zu denen jedermann Zugang haben kann, vorausgesetzt, er ist imstande, die notwendige innere Anstrengung zu leisten und leistet sie auch tatsächlich; Achtung der bewiesenen Tatsachen und Verpflichtung für einen jeden, sowohl sie zur Kenntnis zu nehmen, bevor man ein Urteil fällt, als auch Urteile, die sich auf die Wissenschaft berufen, auf den Bereich der Tatsachen zu beschränken.

Es ist mir nicht entgangen, daß PIAGETS Betrachtungsweise in gewisser Hinsicht derjenigen von MARX nahesteht. Indes, da ich, etwa gleichzeitig mit der Abfassung dieser Zeilen, einige Teile des Werks von PROUDHON durchzusehen hatte, sind mit bedeutende Analogien auch zwischen dem Denken des Autors aus der *Franche-Comté* und dem des Verfassers von *Sagesse et illusions de la philosophie* aufgefallen (obgleich, soweit ich weiß, der erstere keinerlei Einfluß auf diesen gehabt hat). Es sei mir zum Schluß erlaubt, einige dieser Analogien mitzuteilen: verwandte Vorstellungen von der Totalität im allgemeinen und von den gesell-

[24] Eine Art Pluralismus, wenn man so will, aber charakterisiert durch eine Kombination (oder in gewisser Hinsicht eine einfache Mischung; aber früher oder später mit Kombination) von Strukturen, von denen jede eine relativ kohärente Zusammensetzung eines Ganzen enthalten kann.

schaftlichen Ganzheiten im besonderen, wobei der Akzent besonders auf dem mehr oder minder stabilen Gleichgewicht unterschiedlicher Elemente liegt; sehr ähnliche Vorstellungen von dem nicht-schicksalhaften Charakter der geschichtlichen Tendenzen; und, vor allem, nah verwandte Vorstellungen – zumindest in ihrer allgemeinen Richtung – von den gesellschaftlichen Wurzeln und der zugleich immanenten und idealen Natur der Verpflichtungen, die für die Vernunft unter ihrem doppelten Aspekt, dem logischen und dem moralischen, konstitutiv sind (und die JEAN PIAGET als notwendige Formen der kohärenten Operationen des Geistes ansieht, als in sich unabhängig von dem geschichtlichen Werden und von den gesellschaftlichen Widersprüchen).

Konsequenzen der genetischen Epistemologie Jean Piagets für die Theorie der Grundlagen des Rechts

Von Guy Cellerier

Einleitung

Zu allen Zeiten haben sich die Juristen und die Rechtsphilosophen darum bemüht, der rechtlichen Verpflichtung eine feste Grundlage zu geben, unabhängig von dem Element des Zwangs, das von der Willkür der individuellen Entscheidungen oder von den Zufälligkeiten der herrschenden Mächte abzuhängen scheint und durch ihre Verankerung in einer positiven Rechtsordnung eingeführt wird. Die Rechtswissenschaft hat deshalb die absolute, auf der »Resistenz der Fakten« gegenüber den Launen des Experimentators gegründete Effektivität der Kausalgesetze, wie sie die Naturwissenschaften begründen, mit einem gewissen Neid betrachtet und sie mit dem offensichtlichen Fehlen völliger Übereinstimmung bei dem nach festgelegten Regeln sich vollziehenden sozialen Verhalten verglichen.

Dieser Neid wird fast zur Nostalgie, wenn die Juristen auf die logisch-mathematischen Gesetze blicken, deren immanente »Evidenz« samt dem Gefühl der Notwendigkeit, das im Geist des Subjekts mit ihnen Hand in Hand geht, den Eindruck willkürlicher Konvention bei dem Inhalt der Rechtssätze noch verstärkt. Und man weiß ja, daß sich die Rechtsphilosophie im Lauf ihrer Geschichte auf diesen beiden Hauptstraßen bewegt hat: der Angleichung der rechtlichen Verpflichtung an eine logische Notwendigkeit, oder ihrer Reduktion auf eine Regelhaftigkeit kausaler Natur.

Aus diesen beiden einander anscheinend entgegengesetzten Tendenzen können wir schon gewisse implizite Postulate herausarbeiten. In dem Maß nämlich, in dem die Begründung für die Verpflichtung in einer Notwendigkeit logischer Art gesucht wird, sieht man die Lösung des Problems »im Innern« des Subjekts, genauer in der Struktur und in dem Funktionieren seines geistigen Mechanismus. Richtet sich die Aufmerksamkeit dagegen auf das tatsächliche Verhalten im Zuge der Bemühung, sie auf den gemeinsamen Nenner eines Kausalgesetzes zu bringen, so bedeutet das die Absicht, ihre Regelhaftigkeit »außerhalb« des Subjekts zu begründen auf irgendeinen Mechanismus gesellschaftlicher Interaktion. Diese Unterscheidung zwischen dem Subjekt und der gesellschaftlichen Umwelt führt zu vielfältigen Konsequenzen, bei denen der freie Wille des Individuums der kausalen Knechtschaft der Naturphänomene gegenübergestellt wird, woraus dann je nach Neigung und Temperament auf die beherrschende oder nicht beherrschende Rolle jedes dieser Faktoren bei der Begründung der Verpflichtung geschlossen wird. Je nachdem man nämlich die Launenhaftigkeit des Willens oder sein Vermögen zur Selbstdisziplin hervorhebt, wird man dem freien Willen eine Fähigkeit zur Selbstgarantie frei eingegangener Konventionen zusprechen, oder aber die Rolle des willkürlichen Störenfriedes eben dieser Konventionen. Parallel dazu wird man die Kausalgesetze der gesellschaftlichen Umwelt bald in der Weise betrachten, daß man sie auf der Ebene der Individuen wirksam sieht, deren Beziehungen sie streng regeln, bald in der Weise, daß sie im Gegenteil nur auf der Ebene einer statistischen Totalität wirksam sein sollen, wo dann die individuellen Interaktionen vom bloßen Zufall abhängen.

Ähnlich steht es mit dem zweiten ständigen Thema der Rechtsphilosophie, das oft ganz unmerklich aus der Opposition zwischen Subjekt und gesellschaftlicher Umwelt abgeleitet wird, obgleich es wesentlich von ihr verschieden ist. Es erscheint bisweilen in der Form der Frage: »Ist es die Gesellschaft, die dem Recht gehorcht, oder gehorcht das Recht der Gesellschaft?« Hier wird in unterschiedlichem Maße auf dem im Lauf der Entwicklung der Gesellschaften unveränderlichen Charakter des Begriffs von Recht oder von Gerechtigkeit insistiert; oder umgekehrt auf der Konstanz der grundlegenden gesellschaftlichen Mechanismen, unabhängig von den Wandlungen der Natur oder des Inhalts der Rechtssysteme, die mit ihnen einhergehen. Was man letztlich wissen will, ist, ob das Recht nach und nach entsprechend der Entwicklung der Gesellschaften und ihrer Bedürfnisse ausgebildet wird, oder ob es sich als eine präexistente Wesenheit im Lauf der Entstehung und der Entwicklung der gesellschaftlichen Beziehungen enthüllt; d. h. mit anderen Worten, ob das Recht eine Erfindung oder eine Entdeckung ist. Von diesem zweiten Punkt halten wir das Dilemma zwischen Evolution und »Fixismus« fest, um einen Begriff der biologischen Theorie zu gebrauchen.

Wenn wir jetzt versuchen, diese beiden zentralen Themen der Rechtsphilosophie zusammen zu bedenken, bemerken wir, daß die Frage nach der Begründung der Verpflichtung ein Unterfall des allgemeinen Problems der Anpassung der Strukturen des Subjekts an die der Umwelt zu sein scheint, je nachdem ob diese Anpassung als Resultate einer ›prästabilierten Harmonie‹ oder einer Konstruktion mit oder ohne innere oder äußere Regulation angesehen wird. In der Tat liegt der Ausgangspunkt der normativen Gültigkeitsanalyse wohl in einem Empfinden *sui generis* für die Notwendigkeit oder die Verpflichtung, das das Subjekt anläßlich einer bestimmten Norm hat, auch wenn diese Notwendigkeit, philosophisch gesprochen, zu einer Hypostase führt, oder, psychologisch gesprochen, zu einer Projektion auf die Norm selbst oder ihren Inhalt. Dagegen ist die äußere Realität des Verhaltens, die beobachtet werden kann, der Ursprung von Analysen, die vom Feststellbaren ausgehen und sich mit der Effektivität beschäftigen, d. h. mit der Konkretisierung oder der Anwendung einer postulierten oder gesetzten Norm. Beide Punkte sind eng miteinander verbunden, wie die meisten Theoretiker bemerkt haben, angefangen mit KELSEN selbst, wenn er feststellt, daß die Effektivität einer Rechtsordnung eine *conditio sine qua non*, wenn auch nicht *per quam*, der Hypothese oder des Postulats der Existenz der Grundnorm ist, von der ihre Gültigkeit abgeleitet wird. Wenn er indessen der Gültigkeit den Status einer Kategorie *a priori*, einer transzendentalen Kategorie des menschlichen Geistes zuspricht, entzieht er die Frage nach der statischen oder dynamischen Natur der Relation Gültigkeit – Wirksamkeit der Diskussion und der Untersuchung. Das rührt sicher von seiner eigenen epistemologischen Position her; wir werden uns jedoch bemühen zu zeigen, daß diese Position nicht *notwendig* ist, da sie nicht die einzige ist, die kohärent wäre, und daß es im übrigen möglich ist, der Erfahrung ihre Bedeutung in dem System wiederzugeben, ohne deswegen unvermeidlich in die Verwechslung von normativ und konstatierend zu verfallen. Die Natur der Beziehung dieser beiden letzteren bleibt für diese Diskussion wesentlich, denn von ihr hängt letzten Endes die der Anpassung des Rechts an seinen Inhalt (oder umgekehrt) ab, und folglich die Begründung der Verpflichtung, d. h. dessen, was zwischen dem Moment, in dem sie übernommen wird, und dem Moment ihrer Ausführung invariant bleibt; der Grad der Anpassung des Rechtssystems im ganzen wird dabei in einer ersten Annäherung angesehen als eine umgekehrte Funktion der Differenz zwischen den vorgeschriebenen oder bejahten und den von den Rechtssubjekten tatsächlich vollzogenen Verhaltensweisen. Die vollkommene Anpassung erscheint in dieser Hypothese als ein idealer, auf Dauer oder in der Vollkommenheit ohne Zweifel nie erreichter Zustand des Gleichgewichts, in dem eine bi-univoke Beziehung zwischen den Normen und ihrer Wirksamkeit besteht, die zugleich die zwingende Notwendigkeit der Normen, was die vorgeschriebenen Verhaltensweisen betrifft, widerspiegelt, und ihr ausgeglichenes Verhältnis hinsichtlich der psychosoziologischen Bedürfnisse, deren Ausdruck die von ihnen geregelten Verhaltensweisen sind. Es ist offensichtlich, daß diese Definition der Angepaßtheit nicht mehr auf die Rechtsordnung im ganzen, sondern nur auf das Subjekt selbst anwendbar ist, und daß der Zustand der Angepaßtheit der Gesamtstruktur zu einem bestimmten Zeitpunkt künftig von einer statistischen Zusammenstellung individueller Zustände abhängen wird, die aus den zufälligen Interaktionen der Subjekte im Lauf ihrer rechtlichen Beziehungen resultiert. Das besagt wohlgemerkt nichts über die deterministische oder stochastische Natur der individuellen Gleichgewichtszustände selbst.

Der Begriff der Angepaßtheit selbst, des Gleichgewichts eines Systems, den wir, wie er hier gebraucht wird, von Piaget übernehmen (vgl. die *Introduction à l'épistémologie génétique*), [deutsch: *Die Entwicklung des Erkennens*] setzt voraus, daß *etwas* im System im Ablauf der Zeit invariant bleibt. In der Biologie zum Beispiel fällt der Begriff der Angepaßtheit eines Organismus mit seinem Überleben, d. h. mit seiner eigenen Invarianz, zusammen. Nun kann die Stabilität eines Systems in der Zeit und die Invarianz gewisser Faktoren, die daraus resultiert, an einer funktionellen, in extremen Fällen strukturellen Starrheit liegen, die aus Zwängen der internen Beziehungen oder aus einem Dämpfungseffekt infolge von Reibungen kommt. Die daraus sich ergebende Stabilität ist dann dem »falschen Gleichgewicht« der Physik ähnlich. Im Gegenteil ist die Stabilität, die aus einem Zusammenspiel von antizipierenden und korrigierenden Kompensationen entsteht, die das System äußeren Störungen entgegensetzt, das Ergebnis eines beweglichen Gleichgewichts, in dem das, was durch die Transformationen hindurch invariant bleibt, eine funktionelle Invariante ist, die aus der Aktivität des Systems selbst stammt und nicht von einer »Unverformbarkeit« herrührt, die auf einer teilweisen oder totalen Hemmung ihrer inneren Beweglichkeit beruhte.

Wenn man es so erweitert und wieder in den Kontext der Angepaßtheit von Strukturen, die das Subjekt entdeckt oder konstruiert, an die Strukturen der Umwelt versetzt, erscheint das Problem der Begründung des Rechts, wie es von den Theoretikern abgehandelt worden ist, als das Problem des Wesens oder der Bildung der strukturellen oder funktionellen Invarianten der Rechtssysteme. Wir werden in der Tat sehen, daß sowohl die Gültigkeit als Kennzeichen einer Rechtsordnung im ganzen, als auch die Verpflichtung, die sich für das Subjekt anläßlich einer speziellen Rechtsbeziehung ergibt, bald mit einem starren Element verglichen wird, das für die Beziehungen innerhalb des Systems konstitutiv ist, bald mit einer Bremse ihrer freien Tätigkeit, bald mit einer Invariante, die unter bestimmten Bedingungen aus dieser Tätigkeit resultiert.

Diese Art und Weise, das Problem von dem Gesichtspunkt der Angepaßtheit her zu stellen, hat, wie wir gesehen haben, den Vorzug, die beiden Fragen nach dem Primat des Subjekts oder der Umwelt und nach Evolutionismus oder »Fixismus« funktionell miteinander zu verbinden und, als Konsequenz daraus, das Problem, wie es sich den Juristen gestellt hat, mit dem ganz und gar allgemeinen der Angleichung der »Vorstellungen des Subjekts« (im weiteren Sinne) an die »Wirklichkeit« in Zusammenhang zu bringen. Diese Frage ist systematisch von Piaget behandelt worden (a.a.O.), und wir werden sehen, daß jeder der sechs Gesichtspunkte, die er analysiert hat, eine genaue Entsprechung in der Rechtstheorie besitzt. In der Tat ist das Problem der Entsprechung zwischen dem Normativen und dem Konstatierenden keineswegs ein spezifisches Produkt der Geisteswissenschaften; es stellt sich in sämtlichen Naturwissenschaften oder deduktiven Wissenschaften, überall da, wo sich der Tätigkeit des Subjekts eine als abstrakte, ideale Formalisierung dieser Tätigkeiten ausgearbeitete Axiomatik überlagert. Man könnte hier einwenden, daß es keinen notwendigen Zusammenhang zwischen den subjektiven Vorstellungen und der Realität gibt, und auch keinerlei Faktum, das auf die Existenz einer solchen Beziehung hinwiese, und daß sich die Frage nach ihrer Entsprechung daher überhaupt nicht stellt. Dieser Einwand entspricht jedoch wieder einer der möglichen Lösungen dieses Problems, und es hieße der abschließenden Antwort, die wir vielleicht geben können, vorgreifen, wenn wir darauf verzichteten, die möglichen epistemologischen Gesichtspunkte in ihrer Gesamtheit zu untersuchen, weil einer von ihnen die Inkonsistenz der anderen behauptet.

Die Systematik der Theorie der Grundlagen

Der Begriff »gerechte und unveränderliche Vorschriften« ist ohne Zweifel so alt wie das Recht selber, und ihr Vorhandensein ist bis in neueste Zeit hinein mit großer Gleichmäßigkeit und fast allgemein behauptet oder postuliert worden. Die Meinungen gehen indessen in ebenso gleichmäßiger und allgemeiner Weise auseinander, wenn es sich darum handelt, sie zu entdecken und zu formulieren. Für die einen liegen sie im Subjekt, für die anderen in der Umwelt, d. h. in der Gesellschaft oder sogar, in gewissen alten Formulierungen theologischer Herkunft, in der Natur selbst; für wieder andere in Gesetzen, die beiden gemeinsam sind. Diese drei Hypothesen, d. h. die vom Primat des Subjekts, die vom Primat der Umwelt und die von der Ungeschiedenheit von Subjekt und Umwelt machen insgesamt sechs aus, je nachdem, ob bei jeder von ihnen der Begriff der Gerechtigkeit als absolut und von den materiellen und zeitlichen Bedingungen unabhängig angesehen wird, oder ob man im Gegenteil davon ausgeht, daß er sich mit der Geschichte und entsprechend den besonderen Bedingungen jeder Gesellschaft entwickelt. Das dieser Situation angemessenste Modell findet sich ohne Frage in den Erklärungstypen der Biologie; es kann uns daher als Bezugspunkt für die folgende Diskussion dienen.

Die Beziehungen zwischen dem Organismus und der Umwelt haben im Lauf der Geschichte der Biologie zu sowohl »fixistischen« als auch evolutionistischen Deutungen geführt.

Der Realismus und das objektive Naturrecht

Von den »fixistischen« Interpretationen wollen wir zunächst die des klassischen »Kreationismus« untersuchen, nach der die lebendigen Organismen vollkommen adaptiert geschaffen worden sind, und zwar zu gleicher Zeit wie die Umwelt oder hinterher. Ihre Strukturen und ihre Tätigkeiten beschränken sich also darauf, die Zwänge, die aus denen der Umwelt resultieren, getreulich widerzuspiegeln oder zu kopieren; die Umwelt spielt also eine hervorragende Rolle bei der Entstehung der Adaptation. Was die Dauer in der Zeit anlangt, so ergibt sie sich aus der »mechanischen« Invarianz der ursprünglichen inneren Beziehungen, die per definitionem übernommen werden. Es liegt also eine »prästabilierte Harmonie« vor, da der Organismus in gewisser Weise von allem Ursprung an nach der Umwelt gebildet ist. Es ist bekannt, daß HILBERT eine solche epistemologische Position vertreten hat, um die Entsprechung von Mathematik und physikalischer Erfahrung zu erklären. In dem Rahmen einer solchen Erklärung wird die Evolution im allgemeinen geleugnet und auf eine fortschreitende Entdeckung reduziert; aber wenn sie angenommen wird, wird sie notwendigerweise als eine Folge diskontinuierlicher, isolierter Schöpfungsakte verstanden. Es liegt auf der Hand, daß in dem Maß, in dem diese schöpferischen Akte zeitlich näher aneinander rücken und in dem parallel hierzu ihre logische Isolation abgeschwächt wird, wobei jeder immer mehr nach einem bestimmten Gesetz mit dem voraufgegangenen verbunden zu sein scheint, wir uns einer ständigen Schöpfung, d. h. einer Entwicklungstheorie nähern. Und in der Tat findet man alle Nuancen zwischen Kreationismus und dem Empirismus, den die unter dem Druck der Umwelt erreichte Vererbung der Eigenschaften darstellt, und das bis in das Denken eines und desselben Autors hinein. Dieses Phänomen ist übrigens durchaus allgemein, da die Kohärenz leider kein inhärentes Funktionsgesetz des menschlichen Geistes ist, sondern mehr eine Regel des Gleichgewichts, die seiner Tätigkeit »als Ideal gesetzt ist«.

Wenn es sich darum handelt, die Angleichung und Erkenntnis an die physikalische Welt zu erklären, ist die philosophische Lehre, die dem Kreationismus in der Biologie entspricht, die des Realismus der Universalien, demzufolge der Verstand sich darauf beschränkt, der Umwelt immanente und den Geist (etwa über die *»causa formalis«* des Aristoteles) kausal beeinflussende ewige Formen oder Wesenheiten zu entziffern, zu übersetzen oder widerzuspiegeln, oder im Gegenteil solche transzendentaler Art, die sich dem Beobachter nur auf dem Weg der platonischen Teilhabe enthüllen, wobei dann das Bild, das er sich von ihnen macht, von derselben Art ist wie die Schatten auf dem Hintergrund der platonischen Höhle.

Diese epistemologische Theorie wird in der letzten Zeit sehr genau von ALFRED VON VERDROSS' Theorie des internationalen Rechts vertreten (vgl. *Die Verfassung der Völkerrechtsgemeinschaft*). Die grundlegende Norm, die sich aus der Wirksamkeit der internationalen Rechtsordnung und aus den Erklärungen ihrer »Rechtssubjekte« über ihre Absicht, die Rechtsvorschriften anzuwenden, ableiten läßt, darf nach VERDROSS nicht als eine bloße Hypothese im Geist der Individuen angesehen werden, denn das Recht hätte sonst nur ein recht schwaches Fundament. Sie liegt vielmehr in dem Bezirk der absoluten sittlichen Werte; die Norm *»pacta sunt servanda«*[1] des internationalen Rechts läßt sich ja logisch aus der absoluten Norm des *»suum cuique tribuere«*[2] ableiten, welches der formelle Ausdruck der Idee der Gerechtigkeit ist. Die Gerechtigkeit selbst ist ein absoluter, objektiver Wert, unabhängig von den Vorstellungen, die sich die einzelnen von ihr machen. Nicht der Mensch ist es, der die Normen der Gerechtigkeit schafft; er kann sie nur konstatieren. Diese Prinzipien existieren in einer idealen Sphäre, wie die mathematischen Wahrheiten, die gleichfalls vollkommen unabhängig davon sind, ob sie den Menschen bekannt sind. Das Naturrecht ist so »die Gesamtheit der Prinzipien, die notwendig aus der Idee (oder der Natur) der menschlichen Gruppen resultieren«, schließt VERDROSS. Man erkennt ohne Schwierigkeit in dieser »Objektivierung« der Rechtsidee den Realismus der Universalien. VERDROSS schwankt jedoch zwischen der Transzendenz (die Prinzipien »existieren in einem idealen Bereich«) und der Immanenz, wie der folgende Satz zeigt: »Nur der kann den Sinn des Rechts durchdringen, der verstanden hat, daß das Universum eine sinnvolle Ordnung bildet, innerhalb derer das Recht eine bestimmte Aufgabe hat« (a.a.O.). Was die Evolution be-

[1] Verträge müssen eingehalten werden (Anm. d. Red.)
[2] Jedem [ist] das Seine [zuzuteilen] (Ausspruch Catos. Anm. d. Red.).

trifft, so wird sie ganz klar auf eine fortschreitende Entdeckung oder genauer Verwirklichung zurückgeführt (das ist eben die »Ausbildung des internationalen Rechts«): Der Mensch schafft in der Relativität seines Erkenntnisweges moralische Systeme, die immer nur einen Teil der objektiven Welt der ethischen Werte umfassen. Das positive Recht bringt diese Werte nur in unterschiedlichem Maße zum Ausdruck. »Alles positive Recht ist nur der Versuch, die Gerechtigkeit auf die historischen Gegebenheiten anzuwenden« (a.a.O.).

Das Element der prästabilierten Harmonie, d. h. der vorgängigen Anpassung der Strukturen des Organismus an die Wirklichkeit, ist noch sichtbarer bei einem anderen Theoretiker des internationalen Rechts, Le Fur *(La Théorie du droit naturel depuis le XVIIe siècle)*, der sich auf den fast biologischen Begriff der »geistigen Sinne« beim Menschen beruft (einen Begriff, der das Gegenstück zu der Intelligenz, dem »Vermögen des Geistes« in der Psychologie, ist), welche ihm erlaubten, die Gerechtigkeit zu erkennen. »Es gibt vielleicht weniger Menschen, denen der Sinn für das Wahre, das Schöne, die Gerechtigkeit fehlt, als solche, denen der Gesichtssinn oder das Gehör fehlt«, schreibt er (a.a.O.). Im übrigen enthält seine Theorie dieselben Elemente und dieselbe logische Struktur wie die von Verdross. Indes hat die Gerechtigkeit eine »objektive« Existenz ohne Transzendenz, denn »es gibt eine Weltordnung, die man nicht im Ernst dem Zufall zuschreiben kann«. Das Urteil über die Gerechtigkeit einer Norm ist »die, wie jede Erkenntnis, notwendig subjektive Erkenntnis einer objektiven Ordnung«. Das Naturrecht ist also entdeckt. Das positive Recht bezieht es ein, wenn es vernunftgemäß ist, und ist doch nur ein »Naturrecht mit fortschreitendem Inhalt«, denn es handelt sich nur um die Anwendung der Prinzipien des reinen Naturrechts durch die Vernunft und innerhalb von Raum und Zeit; das ist es, was die Wandelbarkeit des Rechts im Lauf der Geschichte erklärt.

Der Präformismus, das subjektive Naturrecht und das Apriori

Die Umkehrung des »Kreationismus«, den wir jetzt untersucht haben, ist der »Präformismus«, der den Akzent auf die Strukturen des Subjekts legt. Indes trifft das biologische Denken hier auf eine Schwierigkeit, die vielleicht ebenso an dem Wesen des Gegenstands der Naturwissenschaften liegt wie an den Einwänden des »gesunden Menschenverstands«. In der Tat, wenn es allgemein als plausibel angesehen wird, den Organismus als der Umwelt angepaßt darzustellen, so ist das Gegenteil schwierig. Die Vorstellung, daß die Umwelt im ganzen dem Organismus angepaßt ist und nicht umgekehrt, stößt außerhalb seines metaphysischen oder theologischen Bereichs auf wenig Begeisterung. Man versucht dann, zugleich die Adaptation und den Präformismus zu retten, indem man zeigt, daß sich die Organismen in ihrer Umwelt unter der Gesamtheit der natürlichen Möglichkeiten diejenigen aussuchen, die ihrer inneren Struktur genau entsprechen. Es muß jedoch wohlgemerkt noch erklärt werden, weshalb solche Bedingungen in der Umwelt *da sind,* und das Problem taucht von neuem auf, es sei denn, man ziehe vor, sich auf den Zufall zu berufen. Indes besteht die in den meisten Fällen verfolgte Linie darin, die Adaptation zugunsten der theoretischen Kohärenz zu opfern, wobei man die Trennung von Leben (als Erhaltung des Organismus) und Adaptation behauptet. Das Leben wird dann zu einer Wesenheit, die sich unabhängig von den materiellen Bedingungen, mit denen sie einhergeht, erhält und die nicht auf sie zurückgeführt werden kann. Für den noch im 19. Jahrhundert verbreiteten »Vitalismus« sind die Organismen nur der Sitz von Manifestationen einer Lebenskraft, für die ihre Existenz eine vielleicht notwendige, aber nicht konstitutive Bedingung ist. Das präformistische Element enthüllt sich, wenn man hinter den biologischen Phänomenen, deren Schauplatz der Organismus ist, eine Wesenheit postuliert, für die sie nur der Anlaß ihrer Manifestation, deren Ursache sie aber niemals sind. Der Vitalismus findet seine Fortsetzung, wenn es darum geht, die Erkenntnis zu erklären, in einem Spiritualismus idealistischer Herkunft, der den wesenhaften Dualismus von Geist und Materie behauptet. Auf dieser Ebene wird es leichter, die psychologische Realität, zu der die Introspektion gelangt, von jeglichem Zusammenhang mit der äußeren Realität zu lösen: da die Abfolge der Bewußtseinszustände als vollkommen unabhängig von den vergangenen oder gegenwärtigen materiellen Bedingungen erscheinen kann, wird das Denken selbst eine autonome Kraft, deren Manifestation für das Subjekt der »Bewußtseinsstrom« ist. Das Problem der Adaptation von subjektiven Vorstellungen und äußerer Realität stellt sich nicht mehr, wenn diese Vorstellungen nur die Manifestationen einer autonomen inneren Wesenheit sind, die sich darauf beschränkt, eingeborene Ideen zu offenbaren oder solche willkürlich zu bilden, wie der Konventionalismus will, der den der Intelligenz eigentümlichen Charakter freier Schöpfung hervorhebt.

In der juristischen Epistemologie spielt der Begriff der »individuellen subjektiven Rechte«, die dem Eintritt in die Gesellschaft vorhergehen und sich aus der menschlichen Freiheit ableiten, auf die die Autonomie des Willens gegründet ist, die Rolle der eingeborenen Ideen. Jetzt wird der freie Wille zu der postulierten Wesenheit, deren Manifestation die auf der Ebene der Verhaltensweisen oder der Innenschau zu beobachtenden Phänomene sind. So ist es für HEGEL *(Grundlinien der Philosophie des Rechts)* die Willensfreiheit, die aus dem Menschen eine Person macht. Und das subjektive Recht ist ihre innere Konsequenz. Dieses Recht manifestiert sich nach außen im Eigentum, das also das Betätigungsfeld der Autonomie des Willens ist. Diese Betätigung hat ihren Wert je nach den Individuen, aber als *Personen* sind die Menschen gleich. Hier ist der Präformismus klar erkennbar: Die Autonomie des Willens ist die innere Wesenheit oder »Kraft«, und die Subjekte sind nur der Sitz ihrer Manifestationen, der subjektiven Rechte; in dem Maß wie man wie HEGEL diesen subjektiven Rechten einen präzisen Inhalt gibt (Eigentum, Souveränität, usw.), wird am Fixismus festgehalten. Sobald die Ewigkeit und die Unverlierbarkeit dieser Rechte geleugnet und zu einer Sache bloßer Konvention oder Zweckmäßigkeit wird, wird die Theorie evolutiv, und man nähert sich dem »Konventionalismus« verschiedener Grade, je nach der Grundlage, die man den Urteilen über die Zweckmäßigkeit gibt. Die Übertragung dieser Theorie auf das internationale öffentliche Recht geschieht über die Lehre von der Souveränität, die dem individuellen freien Willen entspricht, und dem als Realisation das Bestehen fundamentaler Rechte der Staaten entspricht. Für HEGEL und die Neuhegelianer ist der Staat die »höchste Verkörperung des objektiven Geistes«. Nach BINDER »weiß der Staat, daß er die Wirklichkeit der Ethizität und die Freiheit des Willens ist«. Die internationale Rechtsnorm, die aus ihm hervorgeht, geht aus der praktischen Vernunft hervor und *ist* also Recht.

Die Grundrechte eines Staates existieren also, noch bevor er in der internationalen Gesellschaft erscheint und er wird nicht in sie eintreten – wobei er natürlich einige dieser Rechte opfert –, es sei denn, die übrigen würden ihm garantiert. Man beobachtet also, daß das Postulat »natürlicher Staatsrechte« die Bildung einer Theorie nach sich zieht, die dieselben Züge aufweist wie die des ROUSSEAUschen Staatsvertrags, wenn es darum geht, die Beziehungen zu beschreiben zwischen den Individuen, die die Träger dieser Rechte sind, und der gesellschaftlichen Lage, die daraus resultiert.

Wenn die Theorien präformistischer Herkunft die Notwendigkeit einer Angleichung zwischen den Strukturen des Subjekts und denen der Umwelt nicht leugnen und aus dem »Geist« oder dem »Willen« eine autonome Kraft psychischer Natur machen, die ohne irgendeine Abhängigkeitsbeziehung zu ihren subjektiven Manifestationen ist, und die die Beziehung zwischen diesen Manifestationen und der äußeren Wirklichkeit infolgedessen nicht betrifft, dann bewegen sie sich auf dem Weg des Apriorismus. Die dieser Position inhärenten Schwierigkeiten, die ebenso ernst sind wie die, die an dem spiritualistischen Substantialismus hängen, von dem eben die Rede war, sind in den Geisteswissenschaften ohne Zweifel weniger auffallend als in den Naturwissenschaften. Für diese genügt es in der Tat nicht, die notwendige Existenz einer apriorischen Kategorie des menschlichen Verstehens zu behaupten, um damit automatisch jede Frage nach dem Ursprung dieser Kategorie und ihrer Angeglichenheit an die Wirklichkeit außer Kraft zu setzen. Genauso wie in der Betrachtungsweise des biologischen Präformismus die Tatsache, daß die »präadaptierten« Organismen eine Umwelt vorfinden, die vorbereitet ist, sie aufzunehmen, unerklärt bleibt und innerhalb eines solchen fixistischen Systems auch unerklärbar ist, so ist vom Standpunkt der Erkenntnis her gesehen die Tatsache, daß die Realität sich gefügig den apriorischen Rahmen oder Kategorien des Verstandes einordnet, unverständlich, wenn man nicht über die Postulate des Systems hinausgeht. Um ein einfaches Beispiel aufzunehmen: ein KANTsches Subjekt, das über die Kategorie der Kausalität verfügte und in eine vollkommen zufallsbestimmte Umwelt ohne »regelmäßige Abfolgen« gebracht würde, erlebte niemals, daß irgendein Erfahrungsinhalt seinen apriorischen Rahmen füllte oder aktualisierte und wäre durch die Postulate der Theorie selbst überdies dazu verdammt, auf ewig in einer unzusammenhängenden Welt zu leben. In der Tat, selbst wenn es die Tatsachen berücksichtigte und die probabilistische Theorie entwürfe, erwürbe es damit nur eine Pseudokategorie, die nicht den apriorischen Status der Kausalität besäße, da sie das Ergebnis eines unerlaubten Übergangs vom Bereich der Tatsachen in den der normativen Notwendigkeit wäre, wie sie nur eine apriorische Existenz haben kann. Ein überzeugter Neukantianer freilich würde, vor eine derartige Konstruktion gestellt, ohne Zögern auf die Aktualisierung einer apriorischen Struktur schließen, genau wie die Präformisten von der Existenz der Organismen, d. h. von ihrer Erhaltung, auf die Angeglichenheit von Umwelt und innerer Struktur schließen. In beiden Fällen haben wir denselben Zirkelschluß vor uns, der darin besteht, die Erhaltung durch die Adaptation zu definieren und umgekehrt. Das erlaubt dann in allen Fällen, in denen eine Erhaltung festgestellt worden ist, von daher auf eine voraufgegangene Adaptation zu schließen. Diese Position hat jedoch insofern Tiefe, als sie das Leben oder das Denken auf dem Weg über ein Adaptationssystem mit der Umwelt verbindet und beide Begriffe auf diese Weise dem metaphysischen Substantialismus entzieht. Ihr fixistischer Charakter zwingt sie jedoch dazu, auf eine Erklärung der Anpassung selbst zu verzichten, die sie lediglich feststellt und in den Status eines Axioms erhebt. Trotzdem, wenn man angesichts der Wirksamkeit einer Kategorie wie der Kausalität, die sich danach bestimmt, daß nur bestimmte regelmäßige Abfolgen einen Charakter der Allgemeinheit erhalten, der jede Erfahrung überschreitet und in den Bereich einer inneren logischen und nicht mehr einer bloß empirischen Notwendigkeit gehört, immer den Schluß ziehen kann, daß diese Notwendigkeit an der Existenz einer solchen Kategorie hängt, so erklärt das jedoch nicht die Tatsache, daß die Umwelt sich der Aktualisierung dieser Kategorie fügt. Wenn nicht an eine Konstruktion des Subjekts gedacht wird, ist die einzige mögliche Lösung eine sehr unwahrscheinliche Koinzidenz, eine prästabilierte Harmonie oder ein totaler Solipsismus, wie ihn eine idealistische Hypothese erlaubt.

Auf dem Gebiet der Geisteswissenschaften dagegen läßt sich die Fügsamkeit der Umwelt sehr viel plausibler darstellen, da diese Umwelt von dem Verhalten anderer Individuen gebildet wird, die Zwängen unterliegen, während keine Macht und keine Beredsamkeit ein »vollkommenes Gas« dazu bewegen könnte,

»den Gesetzen der Physik ungehorsam zu sein«. Es ist das der Typus der Rückwirkung der Norm auf die Fakten, den KRABBE beschreibt *(Der moderne Staatsgedanke)*, wenn er die Existenz der Normen auf ein allen Menschen gemeinsames Rechtsempfinden gründet: »Die Normen, die aus den menschlichen Reaktionen auf dieses Empfinden *sui generis* hervorgehen, *sind* Recht«, und wenn er hinzufügt, »die Normen haben die Kraft, uns zum Handeln zu veranlassen«. Man erkennt bereits, daß es genügt, dieses Gefühl auf eine apriorische Kategorie zu begründen, daß die tatsächlichen Verhaltensweisen von dieser Kategorie bestimmt werden (was bedeutet, daß es die gesellschaftliche Umwelt ist, die den inneren Strukturen des Subjekts gehorcht und nicht umgekehrt), und daß sich der apriorische Rahmen notwendigerweise mit Erfahrung füllt. Diese Berufung auf die innere Notwendigkeit genügt aber offenbar nicht, eine bi-univoke Entsprechung zwischen den Normen und den Verhaltensweisen, die sie beherrschen, herzustellen. Wir werden im übrigen sehen, daß dieses Problem nicht dem Recht speziell eigentümlich ist, sondern daß es für jede normative Ordnung existiert, und daß es ebenso kritisch für die Logik ist, die indessen eine der idealen Formen darstellt, mit denen man das Recht hat identifizieren wollen.

In der berühmten *Reinen Rechtslehre* von KELSEN zeichnen sich die epistemologischen Züge des Apriori, die wir aufgewiesen haben, am klarsten ab. Daran ist nichts Erstaunliches, da sich KELSEN ausdrücklich auf KANT beruft: »Es ist richtig«, sagt er bei der Untersuchung von KANTS Stellung in der Rechtsphilosophie, »daß für ihn die Pflicht eine moralische Idee und keine logische Kategorie ist. Ebenso hat er es nicht vermocht, die Metaphysik auszuschalten, die er in seiner Naturphilosophie ins Wanken gebracht hatte, als er seine von der traditionellen Naturrechtslehre abhängige Rechtsphilosophie formulierte. Die reine Rechtstheorie, die eine Theorie des positiven Rechts ist, also der Rechtswirklichkeit, transponiert KANTS Prinzip der transzendentalen Logik, indem sie im Sollen eine logische Kategorie der normativen Sozialwissenschaften im allgemeinen und der Rechtswissenschaft im besonderen sieht« (KELSEN, *Reine Rechtslehre*).

Was die Transzendenz dieser Kategorie anlangt, so wird aus der Tatsache auf sie geschlossen, daß die Individuen angesichts einer Rechtsordnung, deren Wirksamkeit sie empirisch feststellen, die Hypothese einer Gültigkeit aufstellen, indem sie ihre Normen als Rechtsnormen behandeln. Diese Hypothese kann explizit als die »grundlegende Norm« der Rechtsordnung, um die es sich handelt, formuliert werden, aber sie ist implizit (auch) in allen Akten enthalten, die kraft einer ihrer Normen vorgenommen werden und von der *»opinio juris sive necessitatis«* begleitet sind. »Die reine Theorie«, schreibt KELSEN (a.a.O.), »zeigt, daß die Hypothese der grundlegenden Norm allen juristischen Urteilen zugrunde liegt, ob sie sich nun auf die Kompetenz eines Organs oder auf die subjektiven Verpflichtungen, Verantwortlichkeiten oder Rechte eines Rechtssubjekts beziehen; kurz, daß alle Urteile, die einer Beziehung zwischen Individuen einen juristischen Charakter zusprechen, nur möglich sind aufgrund der allgemeinen Bedingung, daß die Gültigkeit einer grundlegenden Norm angenommen wird«. Diese Hypothese ist also die Aktualisierung der apriorischen Kategorien im Geist des Subjekts. Jedoch vollzieht sich diese Aktualisierung nur im Kontakt mit der Erfahrung, obgleich diese niemals ihre Ursache, sondern allein ihr Anlaß ist. »Die Voraussetzung dafür, daß eine nationale Rechtsordnung gültig ist«, schreibt KELSEN (ebd.), »ist, daß sie wirksam ist, d. h. daß die Fakten in einem gewissen Umfang dieser Ordnung entsprechen. Es liegt da eine *conditio sine qua non* vor, aber es ist keine *conditio per quam*. (. . .) Aber die Rechtswissenschaft stellt fest, daß eine solche grundlegende Norm nur angenommen wird, wenn die Rechtsordnung (. . .) in gewissem Umfang wirksam ist«. Man findet hier also das typische Verfahren des Apriorismus wieder, der angesichts der Kohärenz der Erfahrung diese dadurch erklärt, daß er das Vorhandensein einer verborgenen Kategorie der Einheit postuliert. Ein dynamisches Element ist in einem solchen System insofern vorhanden, als die Beziehungen sich nur im Funktionieren offenbaren; die Struktur dieser Beziehungen erfährt im Lauf der Zeit jedoch keine Entwicklung, da sie von Anfang an fertig da ist.

Emergenz und Phänomenologie

Wenn man darauf verzichtet, die Adaptation zu leugnen oder sie allein dem Druck der Umwelt zuzuschreiben oder ihrer univoken Assimilation durch die innere Struktur des Organismus,

d. h. wenn man sowohl in der Umwelt als auch im Subjekt eine gewisse Organisation anerkennt, die den fremden Einflüssen zu widerstehen vermag, dann muß man auch zugeben, daß diese Adaptation nur aus wechselseitigen Wirkungen und Gegenwirkungen resultieren kann, d. h. aus einer ganz eigentümlichen Beziehung zwischen Organismus und Umwelt, die die Eigenschaft besitzt, eine neue Synthese zu erzeugen.

Dies etwa ist die fruchtbare Leitidee der Theorien, mit denen wir uns hier beschäftigen. Wir werden jedoch sehen, daß ihr Fixismus sie dazu zwingt, die eigentümliche Natur der Beziehung, die sie postuliert, als die wissenschaftliche Erkenntnis transzendierend zu verstehen. Für LLOYD MORGANS Emergenztheorie (vgl. PIAGET, *Epistémologie génétique* [Entwicklung des Erkennens]) entsteht das Leben ja aus der Materie als eine neue Ganzheit, die nicht auf die Summe der physisch-chemischen Prozesse reduziert ist, die an ihr beteiligt sind. Die Entwicklung der Arten selbst geht aus einer Folge von Emergenzen hervor, und keine neue Form ist auf die voraufgehenden reduzierbar oder in ihnen enthalten. Ein Modell dieser Situation hätten wir in der Genetik in dem Fall vor uns, in dem eine Genkombination auf der phänotypischen Ebene eine neue Form hervorbringt, die nicht auf die »Summe« der Einzelzüge reduzierbar ist, die jedem dieser Gene entsprechen.

»Daraus ergibt sich«, schreibt PIAGET (ebd.), »daß sich das Problem der Adaptation ganz anders als in den voraufgegangenen Vorstellungen darstellt. (. . .) Man muß nur annehmen, daß die neu entstehenden Ganzheiten in einem und demselben Ganzen die äußere Situation und die endogene Produktion des Organismus einschließen«. Die Adaptation resultiert dann aus dieser gleichzeitigen Koordination von inneren und äußeren Faktoren. Der Mechanismus dieser Koordination ist jedoch nicht analysiert; es handelt sich um eine »schöpferische« Bildung *sui generis*, was uns zum Substantialismus zurückführt.

In der Psychologie hat der »Gestalt«-Begriff dieselben allgemeinen Züge, jedoch resultiert die Koordination aus der gleichzeitigen Unterordnung der inneren Faktoren der neurophysiologischen Natur und der äußeren physischen Faktoren unter Gleichgewichtsgesetze ihres gemeinsamen Feldes, die letzten Endes von der Natur des Universums abhängen. Auf diese Weise wird der Mechanismus der Reäquilibration, der die Adaptation hervorbringt, von vornherein postuliert, und die Adaptation selbst muß nicht mehr erklärt werden. Da das Erscheinen einer neuen ausgewogenen »Ganzheit« jedoch das Ergebnis einer unentwirrbaren Wechselwirkung subjektiver und objektiver Faktoren ist, die die Elemente des restrukturierten Feldes darstellen, kann der Mechanismus der Reäquilibration selbst nicht *analysiert* werden, ohne daß das eigentümliche Element zerstört würde, das aus der Ganzheit als solcher hervorgeht. Er bleibt infolgedessen unzugänglich für die Erkenntnis und erhält damit denselben transzendentalen Status wie die Kategorie *a priori* oder die platonische Idee. Einzige *wahre* Erkenntnis ist nicht weiterzugeben, sie resultiert aus einer »Wesensschau«, die ihre Substanz verliert, sobald sie aus ihrem Kontext im Bewußtsein des Subjekts genommen wird. Kurz gesagt, postuliert die Phänomenologie, genau wie der Realismus und der Präformismus, eine präexistente Adaptation und bedient sich des Begriffs der Ganzheit (der eine solche adaptive Reäquilibration einschließt), um die Adaptation zu erklären. Dies fügt der Deduktion einen neuen Schritt hinzu, diese bleibt damit jedoch genauso tautologisch.

Obwohl aprioristischer Herkunft, weist die *Théorie de la société internationale* von PAPALIGOURAS die Mehrzahl der eben beschriebenen Züge auf. Die Verschmelzung von Wirksamkeit und Gültigkeit geschieht erst im Bewußtsein des Subjekts, das eine »gesellschaftliche Form« in ihrer spezifisch imperativen Form erlebt. Weder die reine normative Analyse noch die kausale Verhaltensanalyse erreichen diesen unreduzierbaren Erlebnischarakter, der das Wesen des Rechts ist, während die »gesellschaftliche Form« juridisch ist, und das Subjekt sich zu ihr als zu einer solchen verhält. Die spezifische Existenz der Normen hängt von solchen Verhaltensweisen ab und ist unlöslich an sie gebunden, da sie nur in Verbindung mit ihnen in Erscheinung tritt. Die gesellschaftliche Wirklichkeit selbst ist ein Netz derartiger Imperative; sie hat also keine vom Subjekt unabhängige Existenz. In einem solchen System kann die Spannung zwischen der Norm und den Tatsachen, die KELSEN als Bedingung der Existenz einer normativen Ordnung hervorhebt, gar nicht auftauchen, da Normen und Tatsachen in einem und demselben Feld miteinander verschmolzen sind, wo alles, was zum Subjekt, und alles, was zur Umwelt gehört, vollkommen ununterschieden ist, was die Emergenz der spezifisch juridischen Ganzheit anlangt. Die Frage nach den Grundlagen des Rechts kann also keine normative oder kausale, d. h. deduktive oder empirische Antwort erhalten, d. h. mit anderen Worten, sie entzieht sich dem menschlichen Verständnis, wie es die Psychologen verstehen. Dagegen ist sie der phänomenologischen Analyse vollkommen zugänglich, die zu dem unreduzierbaren, d. h. wesentlich unkommunizierbaren Element des menschlichen Bewußtseins vorstößt und es mitteilt. In der Tat haben alle von der Intelligenz ausgearbeiteten Verfahren höchstens das Ergebnis, daß sie erlauben, das, was an der individuellen Erfahrung im eigentlichen Sinn mitteilbar, d. h. wiederholbar ist, weiterzugeben. Die »phänomenologische Methode« leidet also an einem Mangel, der aus ihren Vorzügen resultiert und der darin besteht, daß sie als Methode in einzigartiger Weise unübertragbar ist. Dadurch erscheint das, was für ihre Anhänger eine Lösung ist, für die nicht phänomenologische Epistemologie oft als ein Problem. Auf diesem noch sehr weiten Feld müssen wir noch die Vorstellungen untersuchen, die der Entwicklung der Beziehungen zwischen Subjekt und Umwelt, d. h. einer Genese einen Platz einräumen.

Lamarckismus, Empirismus und Organizismus

Der Lamarckismus schlägt ein Modell für die Entwicklung der Arten vor, wo der Ursprung der Veränderungen der Organismen, auf die die natürliche Zuchtwahl wirkt, außerhalb liegt und aus den Störungen oder dem Druck der Umwelt resultiert. »Der Organismus«, schreibt PIAGET (a.a.O.) und faßt damit LAMARCKS Denken zusammen, »nimmt im Kontakt mit den veränderten äußeren Realitäten neue Gewohnheiten an, und diese erworbenen Gewohnheiten sind es, die sich morphologisch als Veränderungen an den Organen niederschlagen«. Es ist also die Umwelt, die die inneren Strukturen des Organismus formt auf dem Weg über die Einübung, die sie den Lebewesen auferlegt, und über die Vererbung der erworbenen Eigenschaften, die die allmählich fortschreitende Ansammlung der kleinen so erzielten Modifikationen erlaubt.

Auf psychologischer Ebene findet man beispielsweise bei HUME, der die Ausbildung der Kausalität durch das Registrieren der regelmäßigen Abfolgen und ihre innere Verdoppelung oder Nachbildung in der Form von Assoziationen oder geistigen Gewohnheiten erklärt, zugleich dasselbe Modell und fast dieselbe Sprache; der einzige Unterschied besteht darin, daß das Gedächtnis, das für die Ansammlung der Wiederholungen nötig ist, in dem einen Fall genetisch, in dem anderen neurophysiologisch ist; bei beiden jedoch liegt die Initiative bei der Umwelt, von der der Organismus eine innere Kopie erarbeitet.

Diese Züge erscheinen wieder in den organizistischen oder solidaristischen Lehren vom Gesellschaftsrecht. Bei DUGUIT *(Traité de droit constitutionnel)* finden wir zunächst die Behauptung des Primats der Umwelt: »Die menschliche Gesellschaft ist die einzige natürliche Urtatsache«. Der Mensch wird in einer gesellschaftlichen Gruppe geboren, und er ist damit schon den gesellschaftlichen Normen unterworfen, die ihm Pflichten gegenüber den Mitgliedern der Gruppe auferlegen. Die Gesellschaft ist nicht das Produkt eines menschlichen Willensaktes.

Man bemerkt hier die Leugnung der inneren Initiative des Subjekts, die sich in der Idee fortsetzt, daß die Normen des Rechts aus dem bloßen Ablesen der gesellschaftlichen Wirklichkeit hervorgehen, von der sie also nur die bewußte Verinnerlichung oder die innere Nachbildung sind. Die gesellschaftliche Wirklichkeit ihrerseits drückt sich in den zwei Formen der organischen Solidarität durch Arbeitsteilung und der mechanischen Solidarität durch Ähnlichkeit der Tätigkeiten aus. Diese Solidarität legt »objektive« Rechte und Pflichten fest, deren Gesamtheit ein »objektives Recht« bildet. Seine Normen sind in ihrem allgemeinen Inhalt unveränderlich (sie betreffen die gesellschaftlichen Solidaritätsbeziehungen), aber in ihren spezifischen Formen veränderlich, denn sie gleichen sich den Wandlungen der beiden Solidaritätsformen an. Das positive Recht beschränkt sich darauf, das objektive Recht in sanktionierte Regeln rückzuübersetzen. Die Rolle des Juristen ist nicht, absolute Normen zu suchen, sondern die Norm zu entdecken, die einer unter bestimmten historischen Bedingungen existierenden gesellschaftlichen Struktur am besten angepaßt ist. Die Normen des objektiven Rechts unterscheiden sich von den »Ursachengesetzen« der Naturphänomene insofern, als sie »Zielgesetze« sind, die Bewußtsein und Willen der Objekte implizieren, mit denen sie zu tun haben.

Für SCELLE dagegen *(Règles générales du droit de la paix)* hat das Recht Kausalgesetze zur Grundlage. Sein Determinismus ist biologischer Art: der natürliche Mensch ist zugleich individuell und gesellschaftlich, und die gesellschaftlichen Gesetze sind von der Natur der Dinge und von der Natur des Menschen bedingte Zwänge. Das objektive Recht ist hier »die Summe der Kausalgesetze, die das Phänomen Gesellschaft (sein Erscheinen, seine Existenz und sein Werden) bestimmen«; sie bilden ein »Bündel der optimalen Bedingungen, die zur Existenz des Phänomens Gesellschaft notwendig sind«. Ihr Inhalt ist veränderlich entsprechend der Entwicklung der Gesellschaften. Das positive Recht ist nur die normative Übersetzung dieser Kausalgesetze: »Der Mensch als gesellschaftliches Wesen muß durch die Norm verpflichtet werden, den Kausalgesetzen zu gehorchen, die die Existenz der Gesellschaft bedingen«, und »der aktive gesellschaftliche Zwang«, d. h. das positive Recht, »muß dem natürlichen und kausalen Zwang parallel gehen«. Das positive Recht genießt in einer gegebenen Rechtsordnung eine Vermutung juris tantum der Übereinstimmung mit dem objektiven Recht. Es zieht seine verpflichtende Kraft, seine Gültigkeit aus dieser angenommenen Übereinstimmung.

Man findet ohne Schwierigkeit die charakteristischen Züge des Empirismus in dem Primat der gesellschaftlichen Umwelt wieder, deren Regelhaftigkeiten sogar mit Naturgesetzen verglichen werden, und die die Rolle des außen gelegenen Ursprungs der Veränderungen im Lauf der Entwicklung spielen, während die konstruktive Tätigkeit des Subjekts auf ein Ablesen, auf ein mehr oder weniger getreues normatives Nachbilden dieser Regelhaftigkeiten beschränkt ist, und wobei schließlich die Gültigkeit, die, ganz wie die empirische Erkenntnis, aus dieser Angleichung hervorgeht, nur ein Reflex der natürlichen Realität ist.

Mutationismus, Konventionalismus und juristischer Positivismus

Der klassische Mutationismus stellt in der Biologie die Gegenposition zum Lamarckismus dar. Der Organismus besitzt hier keinen inneren Ursprung der Veränderung. Solche Veränderungen sind der natürlichen Zuchtauswahl unterworfen, und die Anpassung resultiert aus dem Zusammenfall der auf diese Art erzeugten inneren Strukturen und der Zwänge der Umgebung.

In der Psychologie gibt Claparède *(La genèse de l'hypothèse)* ein ähnliches Schema der Angleichung der geistigen Gebilde an die Erfahrung, wo die Hypothesen im Geist des Subjekts unabhängig von der äußeren Realität erzeugt werden, und wo ihre Selektion im nachhinein von der Umwelt bewirkt wird: diejenigen, die glücken, weil sie mit den Tatsachen übereinstimmen oder einfach bequem sind, werden festgehalten, während die anderen ausgeschieden werden. Auf der Ebene der Erklärung der wissenschaftlichen Erkenntnis setzt sich dieser Typus der Theorie des Ausprobierens (Versuch und Irrtum) in dem von Poincaré in seinen ersten Schriften vertretenen Konventionalismus fort. Die »Kategorien« der Wissenschaft, Raum, Zeit, Invarianz, Kausalität, usw., sind nur Konventionen, die beibehalten werden, weil sie den Geist befriedigen und weil sie mit der Erfahrung übereinstimmen. Diese doppelte Übereinstimmung wird jedoch erst durch eine nachträgliche Selektion erreicht, wie Piaget das sehr gut ausdrückt *(Epistémologie génétique)* [Entwicklung des Erkennens]: »Man greift aus der Erfahrung das heraus, was den vorgefaßten Ideen entspricht, und man richtet es so ein, daß keine Widersprüche auftreten, indem man von jenen nur beibehält, was sich mit jeder möglichen Erfahrung vereinbaren läßt.«

Was das Recht angeht, so ist die Situation der reinen Theorie interessant, weil sie die engen Beziehungen zwischen Apriorismus und Konventionalismus beleuchtet, die, welches auch die einzelnen Theorien, um die es geht, sein mögen, sowohl in der Biologie zwischen Mutationismus und Präformismus existieren, wie auch bei Poincaré zum Beispiel, dessen Konventionalismus durch einen gewissen Apriorismus gemildert wird (vgl. Piaget, a.a.O.). Die Diskussionen, die über den Status der grundlegenden Norm geführt worden sind, über die Frage, ob sie einem Axiom vergleichbar ist, einem Postulat, oder einer einfachen empirischen Hypothese, und die man versucht sein könnte, in den Bereich der juristischen Haarspaltereien zu verweisen, sind im Gegenteil bedeutungsvoll wegen der feinen Nuancen, die vom Apriori zum Konventionalismus führen. Aus der Norm ein Axiom *a priori* zu machen oder ein für die Vernunft einsichtiges Postulat, heißt, ihre Begründung in einer Kategorie des Geistes des Subjekts und in ihrem Charakter innerer Notwendigkeit betonen; betrachtet man sie dagegen als eine einfache Hypothese zur Erklärung empirischer Gegebenheiten, jederzeit zurücknehmbar, sobald sie nicht mehr zu diesen Gegebenheiten paßt, heißt, den opportunistischen und konventionellen Charakter dieser Interpretation hervorheben und bedeutet die Einführung eines Elements der Willkür und der Veränderlichkeit, das mit der einer Kategorie *a priori* eigentümlichen Notwendigkeit unvereinbar ist. Das ist es, was beispielsweise TRUYOL zum Ausdruck bringt *(Doctrines contemporaines du droit des gens),* wenn er schreibt, daß eine hypothetische Norm keine objektive Grundlage für positives Recht abgeben kann, und daß das gesamte System der reinen Theorie damit auf einer Fiktion basiert. Eine wissenschaftliche Hypothese, wie sich die von der fundamentalen Norm versteht, ist in Wahrheit, fügt TRUYOL hinzu, immer vorläufig und ihrer Bestätigung durch die Tatsachen unterworfen. Diejenige KELSENS erhebt den Anspruch, endgültig zu sein; in diesem Fall, folgert TRUYOL, müßte man die fundamentale Norm in die Sphäre der objektiven Werte rücken und die Neutralität des Inhalts der Normen aufgeben, denn andernfalls wird dieses reine System ein bloßer »Reflex der Kräfterelationen« (a.a.O.). Dieser Fehler rührt daher, daß KELSEN »die Werturteile als subjektiv ansieht« (ebd.), als den Individuen entsprechend veränderlich und in ihrem Wesen irrational. – Wir werden sehen, daß PIAGET zu diesem Punkt (im *Essai sur les valeurs qualitatives en sociologie* und in *Le jugement moral chez l'enfant* [Das moralische Urteil beim Kinde] eine präzise Antwort zu geben hat, die sich auf die Gegebenheiten der Experimentalpsychologie stützt –. TRUYOLS Kritik richtet sich gerade gegen das konventionalistische Element, das in der reinen Theorie sichtbar wird, wenn diese die Effektivität einer Rechtsordnung zur *conditio sine qua non* der Hypothese ihrer Gültigkeit macht. Wenn man den apriorischen Charakter dieses letzteren Begriffes eliminiert, dann ist alles so, als wenn eine unbegrenzte Anzahl von Rechtsordnungen vorstellbar wäre und der »sozialen Umwelt angeboten« werden könnte, die in einem der natürlichen Selektion in der Biologie vergleichbaren Prozeß nur diejenigen bestehen lassen würde, die ihr angepaßt sind, denn die einzigen Rechtsordnungen, die man in der Tat beobachten kann, sind solche, die dieser Erprobung durch die Tatsachen standgehalten haben. Man findet diese konventionalistischen Elemente in der »Rückkehr zu den Tatsachen« des Rechtspositivismus des 19. Jahrhunderts wieder, der eine – ohne Zweifel heilsame – Bereinigung der Rechtstheorie vornimmt, indem er ihre metaphysischen und metajuridischen Elemente verwirft, der aber bei dieser systematischen Bereinigung die Tendenz hat, die Gültigkeit selbst über Bord zu werfen, da sie subjektive Rationalisierung sei, nicht wert, unter die Erfahrungstatsachen gerechnet zu werden, so wie AUGUSTE COMTE selbst die Kausalität seines normativen Elements verabscheute, um sie auf eine einfache Gesetzlichkeit zu reduzieren, die dazu dient, der Vorhersage eine Grundlage zu geben. Ohne im allgemeinen diese extreme Position einzunehmen, stimmen die Theorien positivistischer Herkunft darin überein, daß allein das *existierende* Recht positives Recht ist, insofern als es allein Gegenstand unserer sinnlichen Erfahrung ist. Meist wird daraus die Folgerung gezogen, daß jede von einer funktionierenden Staatsmacht vorgeschriebene Norm Rechtsstatus hat und das unabhängig von jeder Erwägung über Gerechtigkeit oder Moral. Diese Position führt zu gewissen Schwierigkeiten im Völkerrecht, da in der internationalen Gesellschaft keine staatliche Gewalt existiert, und die vorgeschlagenen Lösungen weisen konventionalistische Elemente auf: Für WENZEL, der die extremsten Konsequenzen zieht, ist das internationale Recht nur ein nach außen gerichtetes staatliches Recht, d. h. der Teil seines nationalen Rechts, den ein Staat auf die anderen Staaten anwendet. Das internationale Recht ist als Gesamtsystem also ein »infralegales« Recht, da seine Normen ebenso viele Grundlagen habe, wie es Staaten gibt, die miteinander in Beziehung stehen. Da schließlich jeder Staat berechtigt ist, sein im Innern geltendes Recht zu verändern, kann er also das so definierte internationale Recht nicht verletzen. Hier findet man das Element der internen autonomen Schöpfung des Konventionalismus wieder, übertragen auf die Ebene des Staates, der sein Recht frei schafft; das Fehlen der Notwendigkeit der Normen des internationalen Rechts, das daraus folgt, ist offensichtlich, denn da dieses Recht als infralegal bezeichnet wird, hat es nicht die immanente verpflichtende Kraft der auf ein *a priori* gegründeten Rechtsformen. Da schließlich keine Zentralinstanz da ist, die im Falle des Konflikts entscheiden könnte, welches das gültige nach außen wirksame staatliche Recht ist, heißt die Norm, die schließlich in der Tat angewandt wird, rechtlich; was in den meisten Fällen darauf hinausläuft, daß der Satz PASCALS Gültigkeit erlangt: »Und da man also nicht bewirken konnte, daß, was gerecht ist, auch Macht erlangte, hat man entschieden, daß, was Macht hat, Recht wäre.« Damit würde die Gültigkeit als Kategorie also jeweils nach den Umständen konstruiert.

Indes sucht der Konventionalismus in den meisten Fällen, die Willkür der subjektiven Konstruktionen durch die Angleichung an den Verlauf der Beziehungen zwischen zwei Subjekten zu begrenzen. Es ist den meisten Konsenstheorien eigentümlich, die Entstehung der Gültigkeit auf die Übereinstimmung des Willens der Partner zu gründen, was bei den meisten Fällen von Landesrecht auch keine Schwierigkeiten macht. Diese klassische These, die man schon bei HERMOGENIAN ausgesprochen findet, für den der Brauch bindende Kraft hat *»velut tacita omnium conventio«*[3], stößt sehr bald auf den Einwand, daß die Zustimmung als solche keinerlei »schöpferische Macht« besitzt, wenn sie sich nicht auf eine voraufgehende rechtliche Norm stützt, die sie ihr verleiht, und das Problem erscheint von neuem auf der Ebene dieser Norm bei GROTIUS zum Beispiel, der sie durch das Naturrecht begründet. Diese epistemologische Bewegung, die darin besteht, die Filiation der Gültigkeit einer Norm von der einer Norm aufzusuchen, die ihr in der logischen oder zeitlichen Hierarchie »voraufgeht«, findet ihren vollkommenen Ausdruck in der reinen Rechtslehre, in der die fundamentale Norm der formale Satz ist, der diese fundamentale Beziehung der Gültigkeitsübertragung formuliert. Die praktische Übersetzung dieser theoretischen Schwierigkeit findet sich in dem oft wiederholten Einwand, daß es, wenn man die Prämisse macht, daß die Verpflichtung nur aus der Zustimmung entsteht, ein Widerspruch ist, zu behaupten, daß das Subjekt gebunden bleibt trotz der subjektiven Vergänglichkeit seiner Zustimmung. Nun ist die Erhaltung dieser Bindung trotz der individuellen subjektiven Veränderungen ohne Zweifel das Wesentliche an dem Begriff der Verpflichtung und der Gültigkeit einer Norm, genau wie die Erhaltung des Wahrheitswerts der formulierten Sätze oder der konstatierten Tatsachen wesentlich ist für die Existenz der Gültigkeit bei den Deduktionen und der Objektivität bei der wissenschaftlichen Erkenntnis. Angesichts dieser neuen Schwierigkeit, die aus der Übereinstimmung des Willens entsteht, wenden sich gewisse Konsenstheoretiker dem Zwang zu, um der Verpflich-

[3] Gleichsam eine stillschweigende Übereinkunft aller (Anm. d. Red.).

tung eine festere Grundlage zu geben als die der einfachen Gegenseitigkeit, indem sie aus der Übereinstimmung einen »höheren Willen« hervorgehen lassen, eine Größe, die damit eine bestimmende Macht über die Vertragschließenden hätte. Man findet diese Idee schon bei ROUSSEAU, bei dem die *»volonté générale«* der Gruppe eine mächtigere Größe ist als die *»volonté de tous«*, die nur eine Summe von Einzelwillen ist. Der allgemeine Wille kann also von den Einzelwillen verschieden sein und sie zum Gehorsam zwingen. Das heißt, den subjektiven Vorstellungen eine Wirksamkeit zusprechen, die der nachgebildet ist, die man in den äußerlichen Beziehungen des Zwangs zwischen Individuen beobachtet. Die Idee ROUSSEAUS erscheint wieder bei TRIEPEL in seiner Theorie der »Vereinbarung« (vgl. TRIEPEL, *Völkerrecht und Landesrecht*), wo der »gemeinsame Wille«, der aus der »Vereinbarung« (einem Vertrag, in dem der Inhalt der Leistungen bei allen Partnern entsprechend ist; das ist das Äquivalent der »mechanischen Solidarität« DURCKHEIMS) hervorgeht, alsbald nach Vertragsschluß eine von dem Willen der Vertragschließenden unabhängige Existenz erhält.

Was die Theorien angeht, die darauf verzichten, die zwingende Macht der subjektiven Vorstellungen auf die Gruppe oder auf die Umwelt zu projizieren, so stoßen sie zu dem Zentralproblem des Konventionalismus vor, was die Bildung fester Strukturen angeht und was sich im Recht in der Form der »Selbstbeschränkung« ausdrückt. Nach JHERING kann sich der souveräne Staat nicht einem höheren Willen unterwerfen, ohne aufzuhören, souverän zu sein. Von einem souveränen Staat zu sagen, er sei dem Recht unterworfen, ist also ein begrifflicher Widerspruch. Dagegen kann der Staat selbst seine eigene Willensfreiheit zugunsten seiner Untertanen oder anderer Staaten beschränken, und diese Selbstbeschränkung ist es, die ihn rechtlich bindet, die die Quelle des Landes- und des Völkerrechts bildet. JELLINEK fügt hinzu, daß die Selbstbeschränkung die Konsequenz der Selbstbestimmung ist, und zwar eine logisch in ihr enthaltene Konsequenz. Dem können wir hinzufügen, daß es gerade diese Beziehung des Einschlusses und nicht der Koextension ist, die den entscheidenden Punkt des Problems bildet.

Der Interaktionismus

Zum Schluß ist noch die These zu untersuchen, die PIAGET die interaktionistische oder die relativistische genannt und die er selbst in der Experimentalpsychologie und in der allgemeinen Epistemologie vertreten hat und für die es in der klassischen Rechtstheorie keine Entsprechung gibt[4]. Zuvor ist jedoch festzustellen, daß diejenigen Lehren, die für einen Aufbau der Kategorien oder der inneren Strukturen des Subjekts, wie wir ihn erwähnt haben, Raum lassen, uns vor die folgende Situation stellen: Es ist unmöglich, subjektive Rahmen aufzubauen, die im Lauf der Transformationen der Umwelt oder der inneren Veränderungen des Subjekts invariant bleiben. In der Tat hat die empirische Entwicklung einen opportunistischen Charakter, der ausschließt, daß vorangegangene Adaptationen angesichts einer augenblicklichen ungünstigen Umwelt erhalten bleiben; eine »Akkumulation der spezifischen Adaptationen« kann es nicht geben, und ihre Integration in eine Gesamtstruktur, die eine eigene, vom individuellen Zustand der Adaptation jeder ihrer Teile weitgehend unabhängige Resistenz besäße, ist infolgedessen nicht möglich. Was die konventionalistische Evolution anbetrifft, so wird ihre innere Wechselhaftigkeit durch die Probleme der Selbstbeschränkung gut sichtbar gemacht. Keinerlei innere Stabilität kann aus dem freien Funktionieren eines solchen Systems resultieren, denn wenn es die Fähigkeit zur Selbstbeschränkung besitzt, um Konventionen zu begründen, dann ist diese Fähigkeit entweder selbst Resultat einer Konvention, und dann muß im System eine vorangegangene Konvention gesucht werden, die ihren Bestand garantierte, oder diese Garantie ist auf die feste Struktur apriorischer Natur gegründet, was im Widerspruch zu der postulierten Natur des Systems steht. Diese beiden Schwierigkeiten erscheinen auf juristischem Gebiet in komple-

[4] Die marxistischen Theoretiker stehen, wenn sie nicht einen Standpunkt einnehmen, der sich auf den Autoritarismus oder die soziologische Kausalität reduzieren läßt, sondern wenn sie im Gegenteil den der ursprünglichen marxistischen Dialektik einnehmen, dem Interaktionismus sehr nahe. Insbesondere PETRAJITZSKY, für den sich die normative Kategorie im Lauf des »deontologischen« Austausches bildet, ist Relativist in dem Sinn, wie wir es hier verstehen. (Vgl. PIAGET, *Les relations entre la morale et le droit*, in: *Etudes sociologiques*, a.a.O.).

mentärer Form: die Existenz eines juristischen Systems kann weder durch Argumente, die dem Bereich der reinen Gültigkeit entnommen sind, begründet werden, noch durch Garantien, die aus seiner bloßen Wirklichkeit abgeleitet werden.

Man weiß in der Tat, daß in der reinen Theorie jede Norm hinsichtlich ihrer Gültigkeit von der Delegation durch eine hierarchisch höherstehende Norm abhängt, was zur Folge hat, daß das System geschlossen ist und vermieden wird, daß z. B. naturrechtliche Normen in den Bereich der Gültigkeit eindringen, deren Gültigkeit »auf ihr selbst« beruhte, d. h. auf ihrem Inhalt, oder, wenn man will, auf der Gültigkeit einer anderen normativen Ordnung, die außerhalb des Systems des positiven Rechts steht. Die Fundamentalnorm spielt damit die Rolle eines »letzten Grundes der Gültigkeit für alle Normen, die auf sich selbst begründet sind«. Man kann also die Frage stellen: »Begründet die fundamentale Norm sich selbst?«, was zu einer Antinomie führt. Aus logischen Gründen kann das System nicht in sich selbst begründet sein. Man kann also die Gültigkeit nur von etwas ableiten, das außerhalb des Systems selbst liegt, und das ist es, was KELSEN meint, wenn er klarstellt, daß die Hypothese der Gültigkeit von der Feststellung der Wirksamkeit als notwendiger, wenn auch nicht ausreichender Bedingung abhängt. Ganz abgesehen von jeder speziellen epistemologischen Interpretation wüßte man gern, was im Geist der Rechtssubjekte, wenn sie die Ausübung einer organisierten Macht feststellen, die Vermutung ihrer Gültigkeit auslöst. Das kann auf jeden Fall nicht ihre Gültigkeit selbst sein, da diese *per definitionem* erst nach dieser Vermutung existiert. Man sieht, daß die Frage nach dem Ursprung der Gültigkeit notwendig in einen Tatsachenbezirk führt, der dem der reinen Gültigkeit fremd ist. In diesem Sinne ist das Problem des Aufbaus oder der Existenz einer juristischen Kategorie ohne jeden Zweifel ein »metajuristisches« Problem in dem Maße, in dem dieser Begriff bedeutet, daß es außerhalb des Systems liegt und nicht durch dessen Operationen reduziert ist. Es bleibt jedoch genau in dem Maße betreffend, als man sich auf den Versuch beschränkt, von außen her die Existenzbedingungen einer normativen Ordnung darzulegen, die im Geist ihrer Subjekte mit den Kennzeichen der Gültigkeit erscheint, ohne darum die etwas naive Hypothese einzuführen, daß für den Psychologen das einfache passive Feststellen gewisser Regelmäßigkeiten für den

Aufbau einer Notwendigkeit bei dem untersuchten Subjekt genügen würde, und daß die tatsächlichen Modalitäten dieses Aufbaus beim Recht die »notwendigen« Normen und Axiome begründen könnten, zu denen sie gelangt. Das im allgemeinen plötzliche Auftauchen der Notwendigkeit im Geist des Subjekts ist ohne jeden Zweifel das Resultat des Sichtbarwerdens gewisser formeller Züge der Organisation seiner Handlungen, die sich auf die Reversibilität und die Zusammensetzung der Handlungen untereinander beziehen, wie z. B. diejenigen, die in den »Gruppierungs«-Strukturen da sind, die INHELDER und PIAGET experimentell untersucht haben (vgl. z. B. *De la logique de l'enfant à la logique de l'adolescent*[5] und für die GRIZE eine axiomatische Formulierung gefunden hat (vgl. PIAGETS Aufsatz *Problèmes de la construction du nombre* in: *Etudes d'épistémologie génétique*, IX); jedoch impliziert der Aufweis der empirischen Bedingungen des Aufbaus und der Invarianz eines Systems deduktiver Natur noch nicht, daß man auch die Axiome und Normen, die es hervorbringen kann, wenn es sich im Zustand der Vollendung befindet, auf diese empirischen Bedingungen begründen will. Diese beiden Ebenen sind wohl miteinander verbunden, nicht durch eine logische Verbindung des Einschlusses, der erlaubte, die Gültigkeit an der Wirksamkeit abzulesen, oder umgekehrt, sondern durch die Aktivität der Subjekte, die im Verlauf ihrer fortschreitenden Organisation zu den äußeren und inneren Bedingungen gelangen, die das Erscheinen eines Systems zusammenhängender Handlungen erlaubt, das psychologisch durch das Gefühl seiner Gültigkeit charakterisiert ist. Dieser konstruktivistische Standpunkt wird mit Nachdruck von PIAGET ausgesprochen, wenn er sich in einem Punkt, der uns hier des näheren betrifft, gegen die KANTschen Thesen stellt (in *Le jugement moral chez l'enfant* [Das moralische Urteil beim Kinde]). »Die distributive Gerechtigkeit . . .«, schreibt er, »kann auf die Begriffe der Gleichheit oder der Billigkeit zurückgeführt werden. Für die Epistemologie können solche Begriffe nur apriorisch sein, wenn man unter *a priori* nicht, natürlich, eine angeborene Idee, sondern eine Norm versteht, auf die hin sich die Vernunft in dem Maße ihrer allmählichen Verfeinerung ausrichten muß. Die Reziprozi-

[5] Deutsch in Vorb. bei Walter: Olten/Freiburg.

tät ist in der Tat eine notwendige Annahme für die praktische Vernunft, so wie sich die logischen Prinzipien mit moralischer Notwendigkeit für die theoretische Vernunft ergeben. Aber vom psychologischen Gesichtspunkt aus, der es mit dem zu tun hat, was *de facto* ist, nicht mit dem, was *de jure* sein sollte, besitzt eine apriorische Norm ein Sein nur als Form des Gleichgewichts: sie bildet das ideale Gleichgewicht, zu dem hin die Phänomene tendieren, und die Frage bleibt ungelöst, weshalb bei den gegebenen Fakten ihre Form des Gleichgewichts diese und nicht vielmehr eine andere ist. Dieses letztere Problem ist kausaler Art und darf erst dann mit dem ersteren, das reflexiver Natur ist, in eins gesetzt werden, wenn der Geist und die Wirklichkeit koextensiv geworden sein sollten«. Auf dem Gebiet des Rechts und nicht mehr der Moral bleibt diese Unterscheidung zwischen den zwei Weisen einer Analyse notwendig normativer Art: ». . . ein System von Operationen kann auf zwei Weisen untersucht werden: mit der psycho-soziologischen Methode, die den wirklichen Aufbau kausal analysiert, und mit der axiomatischen oder logischen Methode, die einzig und allein die Implikationen innerhalb dieser Operationen oder die Sätze, die sie übersetzen, zum Ausdruck bringt. Die reine Rechtslehre stellt von diesem Standpunkt her gesehen also eine Axiomatisierung dar, weil KELSEN eben gerade die juristische »Verantwortlichkeit *(imputation)* der soziologischen Kausalität genau entgegensetzt« (PIAGET, *L'explication en sociologie,* in: *Études sociologiques*). Der »verbindende Punkt« zwischen dieser Axiomatik und der sozialen Wirklichkeit, wie sie von den tatsächlichen gesellschaftlichen Interaktionen gebildet wird, ist dann dieser: »Wenn eine formalisierte Theorie sich aufgrund der einmal gesetzten Ausgangsaxiome auf rein deduktivem Weg, ohne irgendeinen Rückgriff auf die Wirklichkeit, weiterentwickelt, dann übersetzen die Initialaxiome stets in mehr oder weniger verhüllter Form die wirklichen Operationen, deren abstraktes Schema sie darstellen. Genau das wird im Fall der juristischen Formalisierung KELSENS sichtbar: die ›fundamentale Norm‹, die formal die apriorische Bedingung der Gültigkeit der gesamten Rechtsordnung ausdrückt, ist nichts anderes als der abstrakte Ausdruck der konkreten Tatsache, daß die Gesellschaft den normativen Wert dieser Ordnung ›anerkennt; sie entspricht also der gesellschaftlichen Realität der effektiven Ausübung einer Macht und der ›Anerkennung‹ dieser

Macht oder des Systems von Normen, die sich daraus ergeben. Wenn die formaljuristische Konstruktion in der ›reinsten‹ Form axiomatisiert werden kann, dann ist also zweifelhaft, daß die fundamentale Norm selbst rein bleiben kann, denn die ›Anerkennung‹ stellt ein unentbehrliches Zwischenglied zwischen dem abstrakten Recht und der Gesellschaft dar: es ist zweifellos Pflicht des Axiomatikers, diese Nabelschnur zu durchschneiden, um die formale Konstruktion von ihren Bindungen an die Wirklichkeit zu trennen, aber es ist Aufgabe des Soziologen, daran zu erinnern, daß diese Nabelschnur dagewesen ist und daß ihre Rolle bei der Ernährung des Rechts im Embryonalstadium grundlegend gewesen ist.« (PIAGET, ebd.)

Wenn jedoch die Untersuchung der Gültigkeit von einem außen gelegenen Standpunkt her unvermeidlicherweise dazu führt, daß die Elemente der Wirksamkeit wieder auftauchen, welche durch die Axiomatisierung eliminiert worden waren, die aber die Existenzbedingung des formalen Systems sind, weil eine Axiomatisierung nur angesichts einer ausgearbeiteten und wirksamen Struktur möglich ist, dann gelangt die umgekehrte Untersuchung, die von den realen Verhaltensweisen ausgeht, dazu, ein Element der inneren Invarianz herauszustellen, das sich nicht auf die Beziehungen einfacher gesellschaftlicher Kausalität reduzieren läßt. Das ist bereits deutlich bei manchen Aspekten der reinen Theorie, besonders dann, wenn es sich um den Zwang handelt. Es ist bekannt, daß man in einer strikt positivistischen Sehweise versucht sein kann, der Vorstellung von der Gültigkeit einer Norm im Geist eines Subjekts jede Wirksamkeit auf sein reales Verhalten zu verneinen, da dann die »juristische Kategorie der Gültigkeit« einem Epiphänomen gleichgestellt wird, einer bloßen Fiktion, die bestenfalls für einige den Zweck haben kann, in der allgemeinen Meinung der nützlichen Idee, daß den Normen als solchen gehorcht werden muß, Ansehen zu verschaffen. Die letzte Grundlage der Existenz einer juristischen Ordnung ist dann in der Sanktion zu suchen. Jedoch hat dieser Standpunkt zu allen Zeiten Einwände derselben allgemeinen Art hervorgerufen wie den HUMES, der darauf hinwies, daß sogar in einem autoritären Staat die Macht immer auf der Seite der Regierten ist und daß, was ihnen fehlt, die Organisation ist. In demselben Sinne erinnert BRIERLY daran *(Le fondement du caractère obligatoire du droit international public)*, daß die Macht gegen den Ungehorsam nur dann wirksam ist, wenn dieser als Ausnahme erscheint, und daß in der Tat die Verbrecher das Gesetz mehr beobachten als daß sie es verletzen.

Kelsen verdeutlicht die Frage, wenn er dazu kommt, das spezifische »Sollen« der Verantwortlichkeit zu definieren, die alternativ eine Ordnung oder eine Erlaubnis einschließt. Die juristische Ordnung wird zwar definiert als Zwangsordnung, d. h. eine Ordnung, deren sämtliche Normen eine bestimmte Sanktion für ein bestimmtes Verhalten festsetzen, aber diese Sanktion ist ihrerseits nur dann obligatorisch, wenn ihre Nichtausführung wiederum Bedingung einer Strafzumessung ist. »Indes muß diese Kette von Sanktionen irgendwo aufhören, derart, daß es immer Rechtsnormen geben wird, die Sanktionen festsetzen, deren Nichtausführung nicht Bedingung einer neuen Sanktion sein wird« *(Reine Rechtslehre)*. Man erkennt, daß Kelsen ausdrücklich darauf verzichtet, die Verpflichtung auf ihre Sanktion zu gründen, denn das würde in der Tat zu einer *regressio in infinitum* von äußeren Garantien führen, die die Substanz jeder realen, notwendig endlichen, Gesellschaft erschöpfen würde. Er gibt eine Definition der Rechtsnorm, die erlaubt, die dezentralisierten normativen Ordnungen der primitiven Gesellschaften oder der internationalen Gesellschaft als Recht zu qualifizieren, wo Blutrache und Repressalien die von der Rechtsordnung verhängten Sanktionen für unerlaubte Akte sind, ohne daß die Ausführung dieser Sanktionen den Charakter einer juristischen Obligation hätte, da sich die Norm darauf beschränkt, dem Gebrauch des Zwangs Grenzen zu setzen, d. h. ihn zu organisieren, indem man seinen Gebrauch autorisiert, wenn gewisse Bedingungen erfüllt sind, und ihn im gegenteiligen Fall verbietet. »Das Wort *soll* in der Rechtsnorm«, schreibt Kelsen (ebd.), »verweist nur auf den spezifischen Sinn der Beziehung, die jedes gesellschaftliche Gesetz zwischen einer Bedingung und ihrer Folge herstellt, und diese Beziehung hat den Charakter einer Festlegung von Verantwortlichkeit. Mit anderen Worten hat das Wort *soll* hier einen rein logischen Sinn. Es ist jeder moralischen oder juristischen Bedeutung entkleidet, da die Verantwortlichkeit eine logische und keine moralische oder rechtliche Kategorie ist«. Wenn also die Kette der positiven Garantien endlich ist, dann erscheint in der Rechtshierarchie notwendigerweise ein Organ, das rechtlich gesprochen keiner »Überwachung« unterworfen ist. Das ist in der Rechtshierarchie z. B. bei den Gerichten letzter Instanz der Fall, deren Urteile keinem Berufungsverfahren mehr unterworfen werden können. Eine solche Instanz ist in der Tat souverän: der oberste Richter eines Gerichtshofes könnte das Recht erfinden, das ihm gefällt. Man wird antworten, daß die Urteile eines Gerichts nur gültig sind, wenn sie die Bedingungen erfüllten, die Gesetz oder Gewohnheit setzen. Aber diese Entsprechung kann im Rechtswesen nur von einem Organ der Rechtsordnung festgestellt werden; im Fall einer letzten Instanz ist dieses Organ *per definitionem* jedoch das oberste Gericht selbst. Die Sanktion oder die Androhung einer rechtlichen Sanktion reicht also nicht mehr aus, die Ausführung der Normen zu begründen, und man kann sich fragen, warum sich der oberste Richter vom Recht gebunden fühlt, trotz der Tatsache, daß er keinem Zwang rechtlicher Art unterworfen ist. So führt die logische Analyse der Wirksamkeit in einem endlichen System notwendig dahin, daß eine dem Subjekt innerliche natürliche Größe sichtbar wird, die nicht auf den äußeren Zwang reduziert werden kann und auch nicht auf ihn zu begründen ist.

Zusammenfassend erscheinen die Gesichtspunkte der Gültigkeit und der Wirksamkeit als komplementär, weil die innere Logik eines jeden dieser Systeme letzten Endes auf Elemente des anderen hinführt. Intuitiv wird man jetzt versucht sein zu behaupten, daß diese Teilbeobachtungen die wirkliche Natur des Gesamtsystems nicht erschöpfen, da beide Methoden unvollständig sind, weil sie sich beide Einschränkungen auferlegen, die sicher angebracht sind, wenn es sich um die Untersuchung eines Systems im Zustand des endlich erreichten Gleichgewichts handelt, aber willkürlich und zu eng, wenn es sich um seinen Aufbau und seine Entwicklung handelt. Was verschwindet, wenn man versucht, das Recht auf ein System logischer Regeln oder von Kausalgesetzen zu reduzieren, ist das Subjekt und seine Tätigkeiten, die das einzige der Beobachtung zugängliche Band zwischen diesen Regeln und diesen Gesetzen bilden. In diesem Kontext sind die logischen Regresse *in infinitum,* die in beiden Systemen erscheinen, nur der Reflex der formal unendlichen konstruktiven Tätigkeit der Subjekte, und die Antinomien übersetzen nur zeitweise diese Regresse, indem sie das Subjekt in ein unendliches Schwanken bei sich selbst angesichts zweier unvereinbarer Antworten versetzen. Nur die Koppelung der beiden

Systeme, die bedeutet, daß der Austausch mit anderen formal wieder eingeführt wird, kann diese »leerlaufende« tautologische Aktivität der Subjektstrukturen beenden, indem sie ihr einen »Inhalt« zu organisieren gibt, d. h. indem man sie potentiell konstruktiv macht. Die Koppelung zweier Systeme, die am Ende des einen auf den Anfang des anderen einzuwirken erlaubt, ist die einzige Realisation, die einen unendlichen Informationsfluß zwischen beiden gestattet, wobei dann die inneren Konstruktionen die Rolle von Daten für die äußeren Handlungen spielen, während die Resultate dieser Handlungen in der Realität, die in den Geisteswissenschaften von der Klasse der anderen Subjekte gebildet wird, ihrerseits die Rolle von Daten für spätere Konstruktionen spielen. Das ist es, was die Positivisten zum Ausdruck bringen, wenn sie auf den Vorwurf, sie reduzierten das Recht auf die Macht und folglich auf die Willkür, antworten, daß das spezifische Element des Rechts die Organisation des Zwangs ist und nicht der Zwang selbst, und daß die Beschränkungen der Rechtsorgane, selbst der höchsten, die diese Organisation impliziert, in der Wirkung immer da sind: Der oberste Richter, der seiner Phantasie freien Lauf ließe, wäre das Ziel von Sanktionen anderer normativer Ordnungen seiner gesellschaftlichen Umwelt, Sanktionen, die vom Lächeln angesichts von Unpassendem bis zur Lächerlichkeit und zum »wissenschaftlichen Ostrazismus« gehen. Allgemeiner gesprochen, muß jedes rechtsschöpferische Organ auf die Rückwirkung einer allzu großen Spannung zwischen den verkündeten Normen und dem tatsächlichen Verhalten der Subjekte gefaßt sein: Selbst die am festesten im Sattel sitzenden Autokraten sind nicht vor Revolutionen gefeit, und in einer demokratischen Rechtsordnung, in der diese Rückwirkung zwischen dem Rechtsakt und seinem Resultat in stärker kontinuierlicher Form garantiert ist, nimmt der Prozeß das Aussehen einer schrittweisen Evolution an und nicht den einer Folge heftiger Wiederanpassungen. Das Band zwischen Gültigkeit und Wirksamkeit existiert also in der Realität, und wenn es gut ist, es zu durchschneiden, wenn es sich darum handelt, gewisse Aspekte zum Zweck einer formalen Analyse zu isolieren, ist es doch vergeblich, diese Isolation aufrechtzuerhalten, wenn man die Bedingungen des Gleichgewichts des Systems im ganzen sucht. Diese Position, die darin besteht, daß man die Fiktion einer Fähigkeit zu staatlicher Autolimitation verwirft, um ein System von Heterolimitationen an seine Stelle zu setzen, in dem jedes einzelne Subjekt letztlich als Garant der Verpflichtungen aller anderen erscheint, und als dem virtuellen Zwang aller anderen unterworfen, was die Ausführung der eigenen anlangt, hat den Vorzug, die Analyse auf die gesellschaftlichen *Interaktionen* zu konzentrieren, d. h. weder auf die »subjektiven« Konstruktionen noch auf die »objektiven« gesellschaftlichen Regelhaftigkeiten, sondern auf die Natur des Verkehrs zwischen Individuen.

Die Untersuchung dieser Natur selbst bringt jedoch konstitutive Elemente sowohl äußerer wie innerer Natur zum Vorschein. In der Intelligenzpsychologie gibt es ein identisches Problem, das das erhellen kann, welches uns hier beschäftigt. Die behavioristische Schule reduziert das Untersuchungsobjekt der Psychologie auf die Beziehungen zwischen Reiz und Reaktion, auf Elemente also, die vom Experimentator objektiv gemessen werden können, während die Vorstellungen des Subjekts aus der Domäne der wesentlichen Tatsachen ausgeschlossen werden, weil sie der unmittelbaren Beobachtung unzugänglich sind. Das Subjekt erscheint dann als eine *Camera obscura,* die gewisse Reize mit gewissen Reaktionen verknüpft nach Gesetzen, die entdeckt werden können, während die Frage nach der inneren Struktur der Camera selbst an die Neuropsychologie überwiesen wird. Umgekehrt verband die deutsche »Denkpsychologie« eine vorrangige Wichtigkeit mit den bewußten Vorstellungen des Subjekts, so wie sie unter Experimentierbedingungen willentlich herbeigeführter Introspektion ausgedrückt werden können. Die Position des Interaktionismus ist in diesem Punkt synthetisch: Für Piaget ist der Untersuchungsgegenstand der Psychologie die Gesamtheit der Verhaltensweisen des Subjekts, wobei der Begriff der Verhaltensweise in einer disjunktiven, aber nicht ausschließenden Relation die objektiven Verhaltensweisen und die subjektiven Vorstellungen in sich schließt, und die Handlung das effektive Band zwischen den inneren Strukturen des Subjekts und der äußeren Realität ist; deshalb wird dieser epistemologischen Position auch der Name Relativismus (im Sinne von In-Beziehungsetzen) gegeben.

Wenn man infolgedessen die Analyse der Existenzbedingungen des Rechts auf die Interaktionen zwischen Rechtssubjekten konzentriert, dann heißt das, daß man das Prinzip des Relativismus in die Soziologie und, genauer gesagt, in die Rechtssoziologie überträgt. Gegenstand der Soziologie wird dann die Gesamtheit der Verkehrsformen zwischen Individuen, was die subjektiven und objektiven Manifestationen einschließt, zu denen diese Aktivitäten Anlaß geben, genauso wie die Gesamtheit der Verhaltensweisen den Gegenstand der Psychologie bildet.

Es bleibt zu untersuchen, wie der Interaktionismus diese Koordination zwischen dem normativen und dem konstatierenden Prinzip, aus dem die Kategorie des Rechts resultiert, herstellt und erklärt. Zu diesem Zweck ist zunächst kurz an einige Schritte des kognitiven Aufbaus zu erinnern, wie die genetische Psychologie sie aufgewiesen hat. Den Ausgangspunkt der Beziehungen zwischen dem Subjekt und der Außenwelt bildet die Gesamtheit der ererbten Reflexschemata. Ausgehend von diesen ersten eingeborenen Programmen bilden die Übung und ihre Fixierung in Gewohnheiten weiter ausgedehnte Koordinationen aus in der Form von sensomotorischen Schemata, die die Reflexe in die festen Abläufe der Handlungen in der Realität integrieren. Diese habituellen Schemata selbst werden differenziert und koordiniert und führen auf der letzten Ebene der sensomotorischen Intelligenz zu der Ausbildung des ständigen Objekts als Invariante der Gruppe von Ortsveränderungen, deren das Subjekt fähig ist.

Danach, im Alter von zwei bis sieben Jahren, treten zu den effektiven Handlungen verinnerlichte Parallelhandlungen hinzu, d. h. solche, die im Geist ausgeführt werden. Das geistige Bild und die Vorstellungen erscheinen, wobei der Motor des Aufbaus dieser symbolischen Funktion, die erlaubt, mit Hilfe von »Signifikanten« signifizierte Wirklichkeit zu evozieren, die zunächst gleichzeitige, dann verschobene und schließlich nur noch innere Nachahmung des eigenen, dann fremden Handelns ist. Auf dieser Ebene besteht das Denken in einer Art von »geistigem Experiment«, nach dem Ausdruck Piagets, oder »in der Übersetzung in Symbole oder Bilder von möglichen Handlungen, wodurch die, die ausgeführt wurden oder noch wirklich ausgeführt werden, auf sensomotorischer Ebene verlängert werden« *(Les opérations logiques et la vie sociale,* in: *Études sociologiques).* Dieses *intuitive* Denken bewahrt jedoch noch gewisse Züge der voraufgegangenen sensomotorischen Stufe: es bleibt ausgerichtet auf die unmittelbare Beziehung zwischen dem Schema der verinnerlichten Handlung und der aktuellen Konfiguration der Wahrnehmung. Wegen dieser Ausrichtung auf die Unmittelbarkeit können die Vorstellungen zu Beginn nicht miteinander kombiniert werden.

Erst auf der folgenden Stufe erscheint diese Kombination verinnerlichter Handlungen untereinander. Die Ausrichtung auf den eigenen Gesichtspunkt ist eine Quelle systematischer Deformationen der Realität, die sowohl auf die Einseitigkeit des tatsächlich in der Richtung festgelegten Gesichtspunktes als auch auf die Deformation zurückgehen, die die Perzeptionsmechanismen selbst verursachen, und die durch vermehrte geistige Selbsterforschung nicht korrigiert werden können. Gerade das Übermaß an Deformationen und das pragmatische Scheitern, zu dem es führt, läßt Kompensationsmechanismen auftreten, die eine Zentrierung der vernachlässigten Bezüge bewirkt. Es ist die Koordination dieser komplementären Zentrierungen, die das Denken auf den Weg der Operationen lenkt. Wie PIAGET schreibt *(La psychologie de l'intelligence [Psychologie der Intelligenz])*, »manifestiert sich im Fall des Beginns der Operationen die entscheidende Wendung durch eine Art von Äquilibration, die immer rasch und bisweilen plötzlich erfolgt und die Gesamtheit der Begriffe eines Systems erfaßt. (...) Es gibt da etwas den plötzlichen Strukturierungen eines Ganzen Vergleichbares, wie sie die Gestalttheorie beschreibt, außer daß sich mitunter das Gegenteil einer Kristallisation, die die Gesamtheit der Beziehungen innerhalb eines einzigen statischen Netzes erfaßt, ereignet: die Operationen entstehen im Gegenteil aus einer Art Auftauen der intuitiven Strukturen und aus der plötzlichen Beweglichkeit, die die Gestalten belebt und koordiniert, die bis dahin trotz ihrer progressiven Gliederung starr, wenn auch in verschiedenem Maße, waren. So kommt es, daß der Augenblick, in dem die zeitlichen Relationen zu der Idee einer einzigen Zeit zusammengefaßt werden, oder der, in dem die Elemente eines Ganzen als ein invariantes Ganzes begriffen werden, oder auch der, in dem die Ungleichheiten, die einen Beziehungskomplex charakterisieren, in eine einzige Reihe gebracht werden, usw., sehr kenntliche Momente in der Entwicklung darstellen: auf die tastende Imagination folgt, bisweilen schlagartig, ein Gefühl für Zusammenhang und Notwendigkeit, die Befriedigung, zu einem zugleich in sich geschlossenen und dabei unendlich ausdehnungsfähigen System zu gelangen«. Der Ursprung dieser neuen Beweglichkeit ist in den komplementären Zentrierungen zu suchen, und zwar wird von dem Moment an, in dem die komplementären Gesichtspunkte in der Erfahrung des Subjekts genügend gegenwärtig sind, ihre Koordination ein wirkliches Problem für es, d. h. eine neue Gegebenheit seines Erkenntnisfeldes, das es dann zu vereinheitlichen gilt; diese Vereinheitlichung wird als wünschenswert empfunden aus Gründen, die ebenso an dem Erfolg der Handlung liegen wie an der Befriedigung eines Bedürfnisses nach innerer Kohärenz.

In einem letzten Schritt lösen sich die Operationen, die also Zusammenhänge von verinnerlichten und miteinander koordinierten Handlungen bilden, von ihrem aktuellen und konkreten Inhalt, um sich auf hypothetische und abstrakte Situationen zu richten. Das Denken enthält keine Handlungen mehr, die an der Wirklichkeit vollzogen werden, oder an Zeichen, die an gegenwärtigen Wahrnehmungsgestalten hängen, sondern an von der Wirklichkeit gelösten Zeichen: »Das Subjekt wird fähig, in hypothetisch-deduktiver Weise zu denken, d. h. auf einfache Annahmen hin, ohne notwendige Relation mit der Wirklichkeit oder mit den Glaubensanschauungen des Subjekts, wobei es sich der Notwendigkeit des Gedankens selbst *(vi formae)* anvertraut, im Gegensatz zu der Übereinstimmung der Schlüsse mit der Erfahrung«. Dieses formale Denken hat es mit Sätzen zu tun, deren Inhalt auf konkrete Operationen der Klassen- und der Reihenbildung oder des raum-zeitlichen Messens reduzierbar ist; die formale Operation ist also eine Operation zweiten Grades, da sie es mit einer Sprache zu tun hat, die konkrete Operationen einer hierarchisch niedrigeren Ebene symbolisiert.

Die Konstruktion der intellektuellen Strukturen, die wir eben in Erinnerung gerufen haben, beschränkt sich darauf, die fortschreitende logische Organisation der Verhaltensweisen zu beschreiben. Aber jeder aktiven Verhaltensweise entspricht bei dem Subjekt eine affektive Motivation, die die Rolle des Motors für dieses Funktionieren spielt und die in gewisser Weise die abstrakte Mechanik der kognitiven Strukturen lebendiger macht. »Man könnte sagen, daß die Energetik des Verhaltens von der Affektivität abhängt, während die Strukturen von den kognitiven Funktionen abhängen«, schreibt Piaget *(Les relations entre l'affectivité et l'intelligence dans le développement mental de l'enfant)*. Es ist übrigens nicht nötig, diese Energetik als abhängig von substantiellen »geistigen Kräften« zu begreifen, wie die, auf die die Psychoanalytiker sich berufen, besonders FREUD, wenn er von Libido spricht. CLAPARÈDE definierte schon das Bedürfnis als das innere Signal eines z. B. physiologischen Ungleichgewichts, wo dann die Verhaltensweisen, die zu seiner Befriedigung führen, das Gleichgewicht wiederherstellen. Dieses Schema ist demjenigen sehr ähnlich, das im Begriff der Regulation im kybernetischen Sinn eine Rolle spielt: die Differenz zwischen dem aktuellen Wert der zu stabilisierenden Variablen und dem gewünschten Wert, die die Rolle eines Signals für die Auslösung kompensierender Aktivitäten spielt, die hier an die Struktur des Apparats gebunden sind. Die affektive Regulation des Verhaltens läßt sich ohne Schwierigkeit in Begriffen von Informationskontrolle und -übertragung deuten, ohne den Begriff von Kraft oder von Libido heranzuziehen. Nun entspricht jedem der Stadien, die wir in Erinnerung gerufen haben, ein Typus von Verhaltensregelung. Den Reflexen ererbten Montagen entsprechen die instinktiven Tendenzen und die Emotionen, die sie auslösen, den ersten Gewohnheiten das Gefühl des Angenehmen oder des Unangenehmen, die sich in elementare aktivierende oder hemmende Regulationen verlängern. Schon auf dieser Ebene, die diejenige der inneren Bedürfnisse und Interessen des Subjekts ist, wird ein System sichtbar, das es mit der Koordination der Interessen zu tun hat. Wenn divergierende Bedürfnisse oder Interessen gleichzeitig erscheinen, wird es nötig, sie einander unterzuordnen, so wie die Mittel sich in der Organisation der Handlungen dem Ziel unterordnen. Das bedeutet, daß den verschiedenen Bedürfnissen ein verschiedenes Gewicht für die unmittelbare Handlung zugesprochen wird, daß ihnen also Wertabstufungen zuerkannt werden. Diese beiden Systeme, Werte und Bedürfnisregulierung, sind deutlich unterschieden; daher sagt PIAGET (a.a.O.): »Es ist der Wert eines Ziels, der die zu seiner Erlangung aufzuwendende Energie bestimmt, und es ist nicht die zur Verfügung stehende Energie, die über den Wert oder den Unwert des Ziels entscheidet«.

Mit dem Erscheinen der Sprache und dem vermehrten Verkehr mit den anderen, wie ihn der Besitz eines gemeinsamen Systems von *Zeichen* (im Unterschied zu den rein individuellen und nicht kommunizierbaren *Symbolen* der vorangegangenen Periode) erlaubt, sozialisieren sich die Gefühle und werden inter-individuell. Insbesondere die Handlungen anderer werden entsprechend der Wertskala, die das Subjekt seinen eigenen Handlungen anlegt, bewertet und führen zu intuitiven Affekten. Wenn die wechselseitige Einschätzung zweier Subjekte zu der Konstitution einer gemeinsamen Wertskala führt (ohne daß das in diesem Stadium dauerhaft wäre), und wenn der auf diese Weise möglich gewordene Verkehr äquilibriert ist, dann gelangen die intuitiven Affekte zu einer relativen Stabilisierung in der Form von ersten moralischen Empfindungen. Die Konstitution einer gemeinsamen Skala kann jedoch auf zweierlei Weise erreicht werden: sie kann erfolgen, wenn eins der Subjekte die Skala des anderen annimmt, oder sie kann aus einer Diskussion oder aus einem Verhandeln hervorgehen. Im ersteren Fall, der vorliegt, wenn das Kind die Anweisungen des Erwachsenen übernimmt, führen die Verpflichtungen, die entstehen, wenn die Beziehung nicht mehr nach dem Modell des Tauschs unmittelbar ist und es geschieht, daß sich eine gewisse Zeitspanne zwischen die Handlung des einen Subjekts und die Reaktion des anderen schiebt, sowie die virtuellen Werte samt ihrer Stabilisierung in der Form von Normen nur zu semi-normativen Gefühlen, die für die Moral der Autorität charakteristisch sind, und wo das, was Recht ist, mit dem Gehorsam gegen die Norm verwechselt wird (vgl. PIAGET, *Le jugement moral chez l'enfant [Das moralische Urteil beim Kinde])*. Dieses Annehmen heteronomer Regeln ist eine Manifestation der charakteristischen Zentrierungen des intuitiven Denkens: der Standpunkt der Autorität wird ohne Diskussion als der einzig mögliche angenommen. Die Norm wird in diesem Stadium übrigens als dem Individuum äußerlich begriffen, als in der Natur gewisser Situationen an sich existierend. Dieser »moralische Realismus« (PIAGET, a.a.O.) geht dem intellektuellen Realismus parallel, der auf dieser Stufe allgemein ist und sich im moralischen Urteil als objektive Verantwortlichkeit übersetzt; das Kind weigert sich, nach der Intention der Handlung zu urteilen und gründet sich allein auf ihren materiellen Gehalt. Man bemerkt jedoch bereits, daß die intra-individuellen Werte im Status wechseln, sobald es sich um eine Beziehung zwischen Individuen handelt: eine Handlung, die auf der Skala der subjektiven Werte nur opportun, wünschenswert oder angenehm ist, wird Gegenstand einer »Pflicht«, sobald das Individuum mit einem anderen eine Beziehung eingeht, die diese Handlung als Ziel der Beziehung beinhaltet.

Die normativen Gefühle im eigentlichen Sinn bilden sich jedoch auf der Ebene der konkreten Operationen. Die Norm besitzt jetzt drei bedeutsame Züge: Das Gefühl für die Verpflichtung dauert länger als das, das im Verlauf der überwachten Ausführung einer Aufgabe entsteht, und es ist unabhängig von der Situation, an die die Norm bei ihrer Verkündung gebunden gewesen ist; die Norm ist durch Verallgemeinerung auf eine zusammenhängende Anzahl von ähnlichen Situationen anwendbar; sie wird als das Gewissen verpflichtend empfunden, und nicht als abhängig von einer Beziehung der Unterordnung. Diese drei Züge erscheinen im Verlauf der Äquilibration der Beziehungen, die sich unter gleichen Partnern vollzieht, welche fähig sind, ihre eigenen Gesichtspunkte zu dezentrieren, um zur Reziprozität zu gelangen.

Das Schema der Beziehung, das Piaget vorschlägt (vgl. *Etudes sociologiques)*, ist das folgende: Jede Handlung eines Individuums, wie sie nach seiner persönlichen Wertskala bewertet wird, ist nützlich, schädlich oder indifferent für die Individuen, die sie betrifft. Diese bewerten sie nach ihrer eigenen Skala und geben ihr einen positiven, einen negativen oder keinen Wert. Wenn ihre Reaktion unmittelbar erfolgt, muß diese Bewertung nicht festgehalten werden. Man findet im Bereich der Erkenntnis eine analoge Situation, wo ein Kind, wenn man ihm drei Plättchen von verschiedener Größe vorlegt und es auffordert, den Vergleich $A < B$ und $B < C$ zu machen, ohne Mühe den Schluß $A < C$ ziehen wird, was kein Problem darstellt, da letztere Relation an der vorliegenden Anordnung abgelesen werden kann. Wenn man jedoch denselben Vergleich fordert und dabei erst A und B vorlegt, dann B und C, und A dabei verbirgt, und wenn man dann ein abschließendes Urteil über das Verhältnis zwischen A und C verlangt und dabei sämtliche Plättchen verschwinden läßt, dann impliziert die Frage die intellektuelle (und nicht mehr nur perzeptive) Konservierung der vorangegangenen Relationen. Nun erfolgt diese Konservierung aber erst zu einem recht späten Zeitpunkt, und dann erst erscheint die Transitivität als »notwendig« und evident. »Nun steht es ganz genauso«, schreibt Piaget (a.a.O.), »mit dem Austausch der Werte, bei dem man den *aktuellen Austausch,* der von den Betroffenen unmittelbar kontrolliert wird und der so einer unmittelbaren Wahrnehmung der Werte entspricht, von dem *Austausch in der Zeit* oder dem *dau-*

erhaften Austausch unterscheiden kann, der über den Rahmen der aktuellen Kontrolle und Wahrnehmung hinausgeht und so das Auftreten von stabilisierenden Normen verlangt«.

In der Tat führt der Austausch in der Zeit zu der Schöpfung virtueller Werte. Nach der von PIAGET benutzten Symbolik (a.a.O.) ist die Handlung $r\alpha$ des Individuums α gegenüber α' ein aktueller Verzicht *(renoncement)* (oder eine aktuelle Befriedigung *[satisfaction]*; es genügt dann, den Rest der Termini der Situation anzupassen); α' empfindet darüber eine Befriedigung $s_{\alpha'}$ und fühlt sich $(t_{\alpha'})$ α verpflichtet, er legt also α einen Wert v_α bei als einer Quelle der Befriedigung. Der Austausch ist äquilibriert, wenn $(r_\alpha = s_\alpha) + (s_{\alpha'} = t_{\alpha'}) + (t_{\alpha'} = v_\alpha) = (v_\alpha = r_\alpha)$, eine Gleichung, die der Schaffung eines virtuellen Werts (Dankesschuld gegenüber α) entspricht. Nun kann diese Gleichheit nur entstehen, wenn α und α' entsprechend einer gemeinsamen Wertskala handeln, andernfalls könnte der Ausgleich der orientierten Werte $(-r_\alpha) + (+s_{\alpha'}) + (-t_{\alpha'}) + (+v_\alpha) = 0$ nicht erfolgen mangels einer vergleichbaren Größe. Aber diese Skala muß auch erhalten bleiben bis zu dem Augenblick, in dem α' sich seiner Schuld entledigt. Ebenso ist es notwendig, daß die Richtwerte (r, s, t, v) für eine ebensolange Zeit erhalten bleiben. Nun sind diese Werte wie die Gestalten der Wahrnehmung, solange sie subjektiv bleiben, Deformationen unterworfen, die hier von den augenblicklichen Gefühlen abhängige Über- oder Unterbewertungen sind, und ebenso wandelt sich die Vorstellung von ihnen im Lauf der Zeit, wie die Erinnerung an eine Wahrnehmung, wenn sie nicht in begrifflicher Form stabilisiert ist: die erworbenen Werte (z. B. die Dankbarkeit) »bröckeln ständig ab und bleiben unvorhersehbaren Abwertungen der Teile und des Ganzen preisgegeben« (PIAGET, a.a.O.). Die unmittelbare Beziehung verlangt nur eine rein zeitliche Übereinstimmung und Gegenseitigkeit der Gesichtspunkte, in der langfristigen Beziehung muß diese Übereinstimmung erhalten bleiben, und die wechselseitige Entsprechung der Standpunkte wird normativ, insofern sie einen zeitlosen Wert erhält, so wie die operatorische Umkehrbarkeit, die die Logik begründet, und die erlaubt, an sich flüchtige und in der Zeit irreversible Gestalten der Wahrnehmung zu stabilisieren und zu koordinieren.

Diese Erhaltung (Invarianz) wird garantiert »von einem System von Operationen, die den vorhandenen Werten gewisse

Relationen und Äquivalenzbedingungen für die Dauer zuteilen. Wir nennen diese Operationen formaler Art *Normen*, während wir den Inhalt dieser Formen weiterhin Werte nennen: ein normativer Wert ist also der Wert, der aus der Anwendung einer Norm hervorgeht (. . .), wogegen die Norm die Regel oder die Verpflichtung selbst ist. Infolgedessen kann man sich zwei operatorische Methoden der Erhaltung vorstellen. Die eine, die die Rechtsnormen konstituiert, besteht darin, daß die virtuellen Werte der Beziehung *v* und *t* mit Hilfe von Operationen des ›Wiedererkennens‹, des ›Verknüpfens‹ usw. einfach in ›Rechte‹ und ›Verpflichtungen‹ kodifiziert oder nicht kodifiziert transformiert werden, und das unabhängig vom eigennützigen oder uneigennützigen Charakter der auf diese Weise stabilisierten Werte. Die andere, die die Moral konstituiert, garantiert die Erhaltung (Invarianz) in noch radikalerer Weise mit Hilfe von Operationen, die die Mittel und die Ziele oder die Handlungen und die Befriedigungen entsprechend einem uneigennützigen Gesichtspunkt koordinieren, d. h. einem solchen, daß beide reziprok jeweils in Funktion des Partners und nicht mehr vom persönlichen Standpunkt aus bewertet werden«.

Es ist indessen daran zu erinnern, daß die Reziprozität der Gesichtspunkte, die allein das Aufstellen einer gemeinsamen Skala und die Invarianz der Werte erlaubt, ebenso wie die Koordination der Zentrierungen aus dem wiederholten Eindringen des dem Zentrierten komplementären Gesichtspunktes in die Erfahrung des Subjekts stammt. Im Bereich des Erkennens ist es das Scheitern in der Praxis, das teilweise diese Rolle der Rückerinnerung an die Realität spielt, im Bereich der Moral, der deontologischen oder der logischen, ist es die Praxis der logischen Diskussion oder der Vertragsverhandlung, in der der Partner es sich nicht nehmen läßt, seinen eigenen Standpunkt in Erinnerung zu bringen und sich auf die vergangenen Leistungen zu berufen oder auf früher von ihm selbst oder dem Partner ausgesprochene Sätze, die die Rolle des Motors der Dezentrierung und der Garantie der Invarianz im Lauf der Zeit spielen. Die Operationen der Normverkündung, oder das Prinzip der reziproken Substitution der Wertskalen kodifizieren oder formalisieren lediglich diese Bedingungen des inneren Gleichgewichts der Beziehungen. Es sind diese strukturellen Bedingungen, die dem Geist des Subjekts notwendig scheinen, insofern als ihre Realisierung in der

Beziehung ein Gefühl der Kohärenz erzeugt und der »Befriedigung, zu einem zugleich in sich geschlossenen und unendlich ausdehnungsfähigen System zu gelangen.«

Bemerken wir zum Schluß, daß die innere Gültigkeit und die Wirksamkeit vielleicht auf dem Gebiet der »natürlichen« Logik am ehesten koextensiv sind; in der Tat hat Piaget zeigen können *(Les opérations logiques et la vie sociale)*, daß die logisch-mathematische Struktur der »Gruppierung« der Koordination von vom Subjekt verinnerlichten Handlungen in logische Operationen, und Handlungen, die von mehreren gleichrangigen Subjekten in Zusammenarbeit ausgeführt werden, gemeinsam ist. Die Situation des Rechts ist insofern weniger günstig, als bei einem Großteil seiner Normen die Subjekte nicht an ihrer Schaffung teilnehmen, und da folglich, selbst in einem Staat demokratischer Verfassung, diese Formen bei den Vertretern der Opposition oder der Minorität nur »semi-normative« Gefühle hervorrufen, ähnlich denen, die die autoritäre Moral charakterisieren, oder das Gefühl der Willkür. Selbst in vertraglichen Beziehungen wird die Invarianz der Wertskalen und der Werte selbst durch eine erzwungene Dezentrierung der Standpunkte der Parteien erzielt, die von der Rechtssprechung bewirkt wird, die sich auf eine kodifizierte und peremptorisch stabilisierte Skala gründet, die derjenigen sehr fern stehen kann, die in Beziehungen in Gebrauch ist, die für eine rechtliche Lösung keine Veranlassung bieten. Jedoch berührt dieser autoritäre Eingriff nur einen kleinen Teil der gesamten Beziehungen, da die große Mehrheit der vertraglichen Verpflichtungen spontan erfüllt wird. Das Rechtssystem als solches bewahrt sich eine globale Gültigkeit im Geist der Subjekte, selbst wenn der Inhalt eines Teils seiner Normen an sich nicht notwendig, sondern lediglich zweckmäßig erscheint, denn »besser eine schlechte Norm, als gar keine Norm«. Die Situation ist in Wahrheit nicht für das Recht eigentümlich, denn die Gültigkeit einer Axiomatik ist ein Charakterzug des ganzen Systems und an die formale Kohärenz der konstitutiven Operationen gebunden und nicht an die einzelnen Normen des Systems. Es ist übrigens möglich, formal korrekte Verknüpfungen logischer Sätze zu bilden, die sich auf »falsche« Inhalte beziehen, ebenso wie es möglich ist, formal gültige Rechtsnormen zu schaffen, die als »ungerecht« empfunden werden. In beiden Fällen sind die Inhalte nicht der Wirklichkeit angepaßt, insofern die konkreten

Operationen der Klassifikation, der Reihenbildung, der Vermessung usw., auf die die Sätze sich beziehen, nicht ausgeführt werden können, oder insofern die Verhaltensweisen, auf die die Normen sich beziehen, nicht zu ausgeglichenen Beziehungen führen und deswegen im Verlauf der gesellschaftlichen Interaktionen spontan vermieden werden, weil ihre Vorschriften Widerstände der gesellschaftlichen Umwelt hervorrufen, vergleichbar den Widerständen der natürlichen Umwelt gegen die Bemühungen des Experimentierenden.

Abschließend gesagt, haben die Analysen der genetischen Psychologie das Verdienst, das Problem der rechtlichen Gültigkeit wieder in den allgemeinen Kontext der Konstruktion der Kategorien zu stellen. Die Erarbeitung der rechtlichen Verantwortlichkeit erscheint jetzt nicht mehr als ein sehr spezielles Problem der Rechtstheorie, sondern als eine Manifestation der ganz allgemeinen Mechanismen der Intelligenz auf ihrem Weg hin zu Gleichgewichtsstrukturen, die im Lauf ihrer Entwicklung ein immer ausgedehnteres Erkenntnisfeld einbeziehen. Die Konstruktion von Kategorien wie der Zeit, des Raums, der logischen Notwendigkeit, der Kausalität oder der Verantwortung erscheint als eine natürliche Tätigkeit des menschlichen Geistes, der das Bestreben hat, die Wirklichkeit nach einander sehr ähnlichen Verfahren zu strukturieren, welches auch die »Umwelt des Problems« sein mag: es handle sich um seine eigenen Operationen, um Operationen am Objekt oder um gesellschaftliche Interaktionen.

Freud, Piaget und die demokratische Führerschaft

Von Roger Holmes

In einem Artikel über *Freud und die soziale Klasse*[1] hatten wir die Ansicht geäußert, daß man, wenn man die nach FREUD gegenüber allen Führern empfundene Ambivalenz auflösen will, eine »dritte Kraft« oder »Autorität« ins Spiel bringen muß, d. h. eine Autorität, die einem Führer das Recht auf die Stellung verleiht, die er einnimmt. Darüber hinaus haben wir darauf aufmerksam gemacht, daß eine entsprechende Autorität letzten Endes eher eine Gesellschaft erfordern würde, die sich auf die Geburt, als eine demokratische Gesellschaft, die sich auf Fähigkeiten stützt. Diese Prämissen haben wir nicht in aller Deutlichkeit formuliert. Jetzt muß detaillierter gezeigt werden, wie eine Führerschaft, die auf einer »irrationalen« Grundlage beruht, vor dem Ressentiment geschützt werden kann. Zu diesem Zweck möchte ich einen Gedanken heranziehen, nämlich den der Einstellung des Führers gegenüber seiner eigenen Position, den die Autoren bis jetzt beinahe völlig vernachlässigt haben.

Ich will damit beginnen, vom Einfluß des Führers auf denjenigen, der ihm folgt, zu sprechen. Ich hoffe zu zeigen, wie sich der Führer in dem verstricken kann, was gerade die Quelle seiner Legitimität ist. Ich werde anschließend die Implikationen dieses Ansatzes zum Verständnis dieser Form von Führerschaft diskutieren, die manchmal »demokratische Führerschaft« genannt wird, die die anspruchsvollste und am wenigsten ritualistische ist. In diesem zweiten Teil hoffe ich zu zeigen, wie die Ansichten nicht nur FREUDS, sondern auch PIAGETS die hier eingenommenen Standpunkte stützen.

Ich werde mit der formalen Führerschaft beginnen, nicht nur, weil diese Form der Führerschaft bei weitem die wichtigste in einer Gesellschaft großem Umfangs ist, sondern weil sich auch zunächst nicht-formale Situationen immer wieder verhärten und

[1] *Freud and Social Class*, in: *British Journal of Sociology*, 1965, 16, I, S. 48–67.

formal werden infolge eines Prozesses, der der Entwicklung des Rituellen ziemlich ähnlich ist. In allen Schriften, die sich mit dem Thema beschäftigen, hat man erstaunlicherweise vernachlässigt, was sicherlich der beherrschende Zug jeder formalisierten Interaktion ist, nämlich das Verhalten der Teilnehmer gegenüber ihrer jeweiligen formalen Rolle. Damit sich eine Führerschaft als ein Erfolg durchsetzt, muß der Führer nicht nur bestimmte Fähigkeiten besitzen (große Intelligenz oder physische Kraft, usw.) und eine Persönlichkeit haben, die sehr spezifische Charakteristika aufweist; er muß auch einer dritten Forderung genügen: *der Haltung des Führers gegenüber seiner eigenen Position.* Dies gehört natürlich mit zu den charakteristischen Zügen der Persönlichkeit, aber es gibt einen Unterschied: ein Individuum kann gut seine Rolle in einer Position erfüllen, auf die es seinem Gefühl nach »Anspruch« hat, dagegen sehr schlecht in einer Position, auf die es seinem Gefühl nach keinen »Anspruch« hat[2].

Der Unterschied zwischen diesen beiden Situationen wird an einem Fall, der als Warnung dienen kann, hinreichend deutlich. Gruppen von vier Studenten[3] bildeten das Untersuchungsobjekt in einer Situation von Diskussionsgruppen, und jeder Student erhielt seine »Führerschaftsbenotung«. Vor dem Beginn der zweiten Sitzung sagte man dem Mitglied, das die »durchschnittlichste« Bewertung hatte, es hätte das stärkste »Führerschaftspotential« in der Gruppe. Daraus folgte, daß er sich in dieser zweiten Sitzung besser durchsetzte. Nach meiner Auffassung besaß er in einem viel höheren Maße dieses wünschenswerte Charakteristikum: Selbstvertrauen. In der dritten Sitzung wurde er in Gegenwart der anderen zum Führer »ernannt«. Seine »Führerschafts-Bewertung« stieg noch mehr, diesmal mehr aufgrund meiner dritten als meiner zweiten Bedingung für die Führerschaft, d. h., daß der Führer an die Macht der Legitimation glaubt, die ihm seine Rolle verleiht. Der Student glaubte, daß er, »da er von einem Mitglied des Lehrkörpers ernannt worden

[2] In einer bekannten Zusammenfassung der Angaben über die Führerschaft, z. B. in der von C. A. Gibb in: *Handbook of Social Psychology*, Bd. 2 (Lindzey) findet man diesen Faktor nur eben erwähnt.

[3] Nach Annahme der Studenten wurde diese Studie als Teil einer unveröffentlichten Dissertation von Beatrice Shriver angekündigt. Siehe Launor F. Carter *Leadership and small Group Behaviour* in: *Group Relations at the Cross-Roads*, hg. von M. Sherif und M. O. Wilson, New York: Harper Bros, 1953, S. 278–281.

war«, das *Recht* hätte, sich mit noch mehr Nachdruck durchzusetzen. Nun, die Geschichte endete leider schlecht. In der vierten Sitzung erhielt der Führer dreizehn Dollar. Vier standen ihm zu, und er sollte die übrigen neun Dollar unter die drei anderen Gruppenmitglieder verteilen als Belohnung für »den Beitrag, den sie zur Gruppenarbeit geleistet hätten«. Vier Dollar sollten dem Mitglied zustehen, das den größten Beitrag geleistet hätte, drei dem folgenden, und zwei dem letzten. Diese Aufgabe wurde dem Führer in Gegenwart der anderen Gruppenmitglieder anvertraut. Er fand kaum Geschmack an diesem erzwungenen Urteil. »Gewöhnlich ist er zunächst verdutzt, dann verärgert, dann widerwillig, und er zieht sich so sehr zurück, daß er viel weniger sagt und erreicht, als er während der dritten Sitzung getan hatte . . . Ganz offensichtlich liegt dieses Anwachsen der ›Macht‹ mehr als eine Stufe über einer offiziellen Ernennung, vorausgesetzt, daß die Dimensionen überhaupt einigermaßen vergleichbar sind«[4].

Man beachte, daß nach der authentischen Tradition der amerikanischen Sozialpsychologie eine »offizielle Ernennung« als eine einheitliche Variable behandelt wird. Es ist natürlich wichtig zu wissen, *wer zu welcher Position* ernennt. Ich werde darauf zurückkommen. In dem Bericht, den C. A. Gibb von dieser Episode in dem schon erwähnten *Handbuch der Sozialpsychologie* gibt, zieht er daraus folgenden Schluß: »Es ist die Grenze der Steigerungsfähigkeit des Wunsches, den das gewöhnliche Individuum hat, sich eine Macht über die anderen zu verschaffen«[5], die die Ursache dieser seltsamen Haltung während der vierten Sitzung ist. Aber was legt diese »Grenze an die Steigerungsfähigkeit des Wunsches, den das gewöhnliche Individuum hat, sich eine Macht über die anderen zu verschaffen«, wenn nicht sein gewöhnlicher Charakter? Dieser Student hat sich gesagt: »Da ich ein Student unter anderen Studenten bin, dieselbe Bewertung habe wie sie außerhalb des Rahmens des gegenwärtigen Experiments, dasselbe Alter habe und zu derselben sozialen Klasse gehöre, usw.; d. h., da ich dieselben Sozialattribute habe, habe ich nicht das Recht, unangenehme Unterschiede unter meinesglei-

[4] Beatrice Shriver in: Launor F. Carter, a.a.O., 280–281.
[5] C. A. Gibb: *Leadership* in: *Handbook of Social Psychology*, Bd. 2, a.a.O., S. 904.

chen zu machen, selbst wenn ich von einem Mitglied des Lehrkörpers ernannt worden bin.«

Diese Warnung macht genau die Schwierigkeit des Problems des Führers deutlich, denn es ist gerade die Notwendigkeit, »unangenehme Unterschiede« zu machen, die das Los aller Führer ist. Der Führer muß zwischen seinen »Anhängern« *(followers)*, die aufeinander eifersüchtig sind, entscheiden, denn er ist es, der die »Autorität« aufrechterhalten muß, welche gerade die Grundlage seiner Legitimation ist. Eben darum muß es hier gezwungenermaßen einen »sozialen Abstand« geben. Es ist unerläßlich, daß der Führer Abstand genug hat und infolgedessen selbstsicher genug ist, um nicht eben von den Mitgliedern abzuhängen, zwischen denen er zu entscheiden hat.

Die *»Haltung zu der Stellung«* hat zwei Komponenten: die Haltung gegenüber der Stellung selbst, und die Haltung gegenüber dem Recht, das der Führer hat, diese Stellung innezuhaben. Es handelt sich zum Beispiel um die erstere, wenn ELLIOTT JAQUES in *The Changing Culture of a Factory*[6] das Verlangen nach gemeinschaftlicher Beratung hervorhebt, aus dem Grund, weil die Manager der Meinung sind, daß sie als einfache »Manager« in einer Demokratie nicht das »Recht« haben, eine Politik zu betreiben, die nicht von der Gesamtheit der Kollegen sanktioniert wäre. »Manager zu sein« genügt nicht, und aus diesem Grund hat er die Notwendigkeit einer gemeinschaftlichen Beratung als Legitimationsfaktor hervorgehoben.

Je eindrucksvoller die eingenommene Position ist, desto höher ist der Grad der Erhabenheit. Die Manager von ELLIOTT JAQUES nahmen ihre Stellung als »Manager« nicht wichtig genug. Ein König, der von seinem göttlichen Recht völlig überzeugt ist, befindet sich psychologisch in einer vollkommen anderen Lage als ein König, der nicht von ihm überzeugt ist. Je größer hier, ebenso wie bei der Loyalität gegenüber den Institutionen, oder sogar bei dem Glauben an Gott, die Distanz zwischen dem Individuum und dem Objekt seiner Verehrung ist, desto wohltätiger ist das Resultat. Aber kehren wir einen Moment zu meiner kleinen Geschichte zurück: Die Art des »Ventilierens«, die der Student bei der vierten Sitzung vornahm, ist in Wahrheit nichts anderes als der Ausdruck seiner Haltung gegenüber dem Mitglied des Lehr-

[6] London, Tavistock Publications, 1956.

körpers. Er war der Ansicht, daß »der Umstand, von einem Mitglied des Lehrkörpers zum Führer ernannt worden zu sein«, nicht stärker sein könne, als die Sozialattribute, die er mit seinen Kameraden gemeinsam hatte. Wenn der Student vom Präsidenten der Vereinigten Staaten ernannt worden wäre, oder wenn es dem Studenten gelungen wäre, sich zu überzeugen, daß er die Stimme Gottes ihn hatte berufen hören, hätten die Dinge anders sein können.

Die zweite Komponente der »Haltung gegenüber der Stellung« ist das Gefühl des Individuums gegenüber dem »Recht«, das es hat, diese Position einzunehmen. Dieses »Recht« wird beinahe immer deshalb verliehen, weil der Betreffende bestimmte Bedingungen erfüllt: für einen König des Mittelalters ist diese Bedingung die Erstgeburt; für einen Priester seine Ordination; dieser Schluß seinerseits basiert auf der Tatsache, daß der Betreffende bestimmte Forderungen des Verhaltens und andere erfüllt hat. Diejenigen, die das Gefühl haben, sie hätten das »Recht« auf ihre Stellung, haben einen klaren Vorteil gegenüber solchen, die sich ein wenig als Eindringlinge vorkommen. Bei diesen letzteren kann eine Haltung der Ehrfurcht gegenüber ihrer Position ihre Leistungsfähigkeit sogar nur beeinträchtigen. Bei Macbeth z. B. war der Haken, daß er eine zu hohe Meinung von der Königswürde hatte, wodurch sein Charakter als Eindringling nur um so offenkundiger wurde.

Derjenige Führer hat also die günstigste Position, der einerseits eine wirkliche Achtung vor seiner Stellung hat, und andererseits an sein Recht glaubt, sie einzunehmen; der Unteroffizier zum Beispiel, der an die »Würde seines Rangs« glaubt und meint, daß seine Ernennung auf regulärem Weg *in sich* ausreicht, um ihm das Recht zu gewähren. Denn es geschieht oft, daß das »Recht« einer Quelle entspringt, auf die man großen Wert legt. Derjenige Führer befindet sich in der ungünstigen Lage, der vor seinem Rang große Achtung hat, aber der das Gefühl hat, nicht das »Recht« zu haben, ihn zu bekleiden. Irgendwo zwischen den beiden sind diejenigen angesiedelt, die keine sehr feste Überzeugung hinsichtlich der Position haben, die sie einnehmen. Man könnte, so scheint es, so etwas wie eine »Skala der Wirksamkeit« folgendermaßen festlegen:

1. Feste Überzeugung vom Wert der Stellung und Überzeugung von dem Recht, sie einzunehmen.
2. Schwache Überzeugung von dem Wert der Stellung und Überzeugung von dem Recht, sie einzunehmen.
3. Schwache Überzeugung vom Wert der Stellung und Fehlen der Überzeugung vom Recht, sie einzunehmen.
4. Feste Überzeugung vom Wert der Stellung und Fehlen der Überzeugung vom Recht, sie einzunehmen.

Ganz sicher ist die Haltung gegenüber der Position nur eine der drei erwünschten Gegebenheiten. Der Führer muß auch die erforderlichen Fähigkeiten und die nötige Persönlichkeit besitzen. Wenn ein mittelalterlicher König wie Eduard II. unfähig war, die Ordnung aufrechtzuerhalten, setzte man ihn ab, selbst wenn sein Mord durch ein besonders grausames Verbrechen verdeckt werden mußte. Es ist sogar möglich, daß die erforderlichen »Fähigkeiten« und »persönlichen Charakteristika« in dem Maße mehr Bedeutung erlangen, wie man mehr von dem Führer verlangt. In Krisenzeiten wird die Geburt die Fähigkeiten kaum ersetzen; in Kriegszeiten ist die Armee demokratischer, und der Stamm der Krieger braucht einen Krieger an seiner Spitze. Dem amerikanischen Neger wird auf der internationalen Aschenbahn, im Boxring und sogar im Jazzorchester zugejubelt[7], aber wenn die technische Überlegenheit, die ihn auszeichnet, von ihrem Glanz verloren hat, wird er in den Stand eines Bürgers zweiter Klasse zurückfallen[8].

All das ist klar, aber was bedeutet es? Wenn bei einem Führer die Fähigkeiten an Bedeutung gewinnen, sobald der Bedarf an ihnen spürbar wird, werden dieselben Fähigkeiten auch an Bedeutung verlieren, wenn man ihrer nicht mehr bedarf. Wie wir alle wissen, wird die Armee in Friedenszeiten weniger demokra-

[7] Zu diesem Thema siehe SIDNEY WILHELM und GIBSON SJOBERG, *The social Characteristics of Entertainers*, in: *Social Forces*, 1958. Siehe auch S. KIRSON WEINBERG und HENRY AROND, *The occupational Status of the Boxer*, in: *American Journal of Sociology*, März 1952.

[8] Um einen Moment auf den Menschen zurückzukommen, der führt: es ist möglich, daß, wenn sich die Usurpatoren so häufig in Angriffe nach außen stürzen, das nicht nur geschicht, weil sie ihre Stellung im Innern festigen wollen, indem sie die Aufmerksamkeit ihrer Untergebenen auf einen gemeinsamen Feind lenken, sondern weil sie auch ihre Stellung zu festigen hoffen, indem sie deutlich ihren einzigen wirklichen Anspruch auf die Macht manifestieren - ihre beweisbare Kompetenz.

tisch, und sie konzentriert sich auf das, was wirklich wichtig ist: die Auswahl der *gentlemen*! Sobald das brennende Interesse, einen internationalen sportlichen Wettkampf zu gewinnen, vorbei ist, wird der Neger freundlich »auf seinen Platz« verwiesen. Je weniger zahlreich die erforderlichen Fähigkeiten sind, um so notwendiger ist es, in der einen oder anderen Form die Überzeugung eines mehr oder weniger willkürlichen »Rechts« ins Spiel zu bringen. Dieses »Recht« kann auf demokratischen oder nicht-demokratischen Grundlagen beruhen; ich nehme aber natürlich an, daß die zweite dieser Möglichkeiten die wahrscheinlichere ist. In Wahrheit könnte die ganze These wie folgt zusammengefaßt werden: *je weniger zahlreich die Fähigkeiten sind, die von einem Führer verlangt werden, um so mehr neigen sie dazu, der ausschließliche Besitz einer privilegierten Klasse zu werden.* Wenn jedermann Führer werden kann, wird die Führerschaft den irrationalsten und ausschließlichsten Charakter annehmen. Alles in allem entspricht das ganz einfach in diesem Land der Stellung der Monarchie. Denn wenn wir das akzeptieren, was ich in dem ersten Aufsatz die »kognitiven Blöcke der Kaste« genannt habe *(building blocks of caste)*, d. h. daß wir nur das wollen, was uns zusteht, daß das Verhalten und das Streben voneinander abhängige Variable sein können, daß unsere Idee von dem, was uns gebührt, ihrerseits auf den sozialen Attributen des Geschlechts, des Alters, der Geburt usw. gegründet sein kann, dann hängt alles von diesem letzten Punkt ab: werden die sozialen Attribute wirklich die allererste Basis der Belohnung?

Ist das erst einmal anerkannt, ergibt sich daraus das übrige: sobald die Geburt als Wertkriterium anerkannt wird, wird die Geburt sich fortzeugen, denn diejenigen, an denen sich die Führerschaft bewährt, werden sich mit einer Kraft identifizieren, die ihnen erlaubt, ihre Macht über ihre Rivalen (»diejenigen, die genauso gut wie sie selbst sind«) zu erhalten. Tatsächlich wird sich die Majorität in den unteren Klassen gegen die Einführung der Aufstiegsmöglichkeiten aussprechen – wenn sie nicht selbst aus diesen Möglichkeiten Nutzen ziehen können. Warum sollten die, »die genauso gut wie sie selbst sind«, begünstigt werden? Das herrschende System kann nur gestürzt werden, wenn ein ziemlich beachtlicher Teil der unterworfenen Bevölkerung einen Gewinn erhoffen kann, und wenn die reaktionäre Haltung, die Haltung des »Hundes an der Krippe«, von dem, was man »die niedrigsten Klassen« nennen könnte, ausreichend geschwächt ist.

Die Annahme scheint plausibel, daß eine solche Klassengesellschaft sich fortsetzt; aber warum sollte sie sich ursprünglich überhaupt entwickeln? Warum sollte die soziale Mobilität unserer Epoche der Stagnation einem System Platz machen, in dem das Verdienst nach den sozialen Attributen bemessen wird? In dem ersten Aufsatz postulierte ich natürlich, daß der Wandel aufhören würde, in einen neuen Wandel zu münden. Auf der Grundlage dieses peremptorischen Postulats kann ich nur den Schluß ziehen, daß immer weniger Fähigkeiten für die Funktion des Führers erforderlich sein werden, und daß ein immer beträchtlicherer Teil des Verhaltens des Führers und auch des Verhaltens der Anhänger *(suiveurs)* ritualisiert, stilisiert sein wird – eine Form des Zeremoniells, die gleichzeitig Ergebnis und Ursache der Kontinuität ist.

Wenn es sich so verhält, wird die Führerschaft aufhören, von außergewöhnlichen Fähigkeiten oder persönlichen Eigenschaften abzuhängen, da diese frei zur Verfügung stehen und demzufolge ihre Sachdienlichkeit verlieren werden. Ebenso wird es dahin kommen, daß die Führerschaft immer mehr von meiner dritten Bedingung abhängt: der Haltung des Führers gegenüber seiner eigenen Position und seinem Recht auf diese Position. Denn in dem Maße, in dem die Führerschaft aufhört, »instrumental« zu sein, und in dem Maße, in dem der Führer immer mehr Schwierigkeiten empfindet, seine Erhebung aufgrund von *Ergebnissen*, die er dank seiner außergewöhnlichen Gaben erreichen kann, zu rechtfertigen, muß ein Führer seine Handlungen und seine Position auf irrationalen, oder wie ich sie bezeichnet habe, auf apriorischen »Wesens«-Grundlagen rechtfertigen. Eine rituelle Handlung ist eine irrationale Handlung. Das ist insbesondere der Fall bei etwas, an das man blind glaubt, unabhängig von den Folgen, die das nach sich ziehen kann. Die rituelle Handlung kann also nicht widerlegt werden. Aber sie könnte auch keine rationale Rechtfertigung finden.

Aber wie kann ein Führer dahin gelangen, an die Würde des Irrationalen und des Willkürlichen zu glauben, z. B. an den Wert, den er damit verknüpft, als britischer Bürger geboren zu sein, an die obligatorische Sitte, seinen Hut in einem Aufzug abzunehmen, oder an die Sünde, Schweinefleisch zu essen? Die

Antwort findet sich natürlicherweise in dem wahren Ursprung aller anderen Überzeugungen, an denen man um ihrer selbst willen festhält: d. h. die Prägung des Individuums in seiner Umwelt.

Hier muß ich auf ein anderes Postulat zurückkommen, das ich in dem ersten Aufsatz formuliert habe, d. h., daß die Eltern alles für ihre Kinder tun werden, was sie können. Die Eltern, die mit Macht ausgestattet sind, haben so den Vorteil, ihren Kindern einen viel schnelleren Aufstieg zukommen lassen zu können, und sie werden gleichfalls imstande sein, ihnen den inneren Wert bestimmter Tätigkeiten einzuschärfen. Das Irrationale kann für die, die man in früher Jugend erreicht, einsichtig gemacht werden. Während der viktorianischen Epoche konnte man einen Jungen in einer *Public school* zu dem Glauben bringen, daß er *als Engländer* das »Recht« sowohl als auch die Pflicht hätte, die Angelegenheiten der Inder und anderer niederer Völkerschaften, denen zu »dienen« er berufen war, zu leiten. Keiner hat soviel Selbstvertrauen wie einer, der Scheuklappen oder einen stumpfen Geist hat. Je mehr man sich der Forderungen der anderen bewußt wird, desto mehr erscheinen die Ansprüche, die man erhebt, ungerechtfertigt. Ebenso, je mehr man sich der Schwächen eines Argumentes bewußt ist, desto unsicherer ist man, wenn man es vorträgt. Vielleicht besteht der Prediger, der von etwas schlichtem Geist ist, am besten vor seinen Zuhörern. Auf jeden Fall muß man, wie man in den Ausbildungskursen der Verkäufer sagt, an das *glauben*, was man verkauft. Und ist das nicht genauso sinnvoll aus der Sicht FREUDS? Kurz gesagt, was soll an der Basis unserer Beziehungen mit anderen liegen, wenn nicht Aggression und Schuldgefühl? Was von Bedeutung ist, das ist der Friede mit sich selbst, auf welche Weise immer man auch dahin gelangt. Nicht nur diejenigen, die kein Zweifel quält, werden imstande sein, wirksamer zu handeln – das ist selbstverständlich –, sondern sie werden auch imstande sein, bei dem anderen eine wirksamere Antwort zu provozieren. Von jemandem geführt zu werden, der sein Recht zu führen akzeptiert, heißt, von jemandem geführt zu werden, der unseren Aggressionen Widerstand geleistet hat. Von jemandem geführt zu werden, den seine Emotionen lähmen, heißt, dem Untergebenen eine unerträgliche Last von Schuldgefühlen aufbürden.

Aber ich komme auf mein Hauptargument zurück: je irrationaler, willkürlicher »aus dem Wesen kommend« gerade die

Grundlage der Führerschaft wird (weil sie zum Beispiel einzig und allein auf die Herkunft gegründet ist), desto irrationaler, willkürlicher wird gerade der *Inhalt* der Führerschaft (weil sie vor allem darin besteht, quasi zeremoniell vorgefaßte Handlungen oder Gesten auszuführen), und um so stärker werden die Wirksamkeit und die Annehmbarkeit des Führers von der Vergangenheit des Führers (wie auch der des »Anhängers«), von der vorhergehenden Entwicklung und Schulung abhängig. Welche Wege des Protestes bleiben dann dem zerknirschten Untergebenen offen? Wie wird er den Mut finden können, das anzugreifen, was er als den Ursprung seiner eigenen Erhebung anzusehen gelernt hat? Und welches Kriterium wird es ihm erlauben, eine »legitime« Forderung zu stellen? Die Antwort ist klar: das ist ihm unmöglich, falls die Gesellschaft wirklich gegen jede rivalisierende »Autorität« geschützt ist. Für eine Gesellschaft, die vor Veränderung geschützt ist, gibt es nur einen verfügbaren Maßstab: das bestehende Wertsystem. Wenn es nur ein einziges Wertsystem gibt, ist der einzige Protest, der einem Untergeordneten offensteht, die Führerschaft anzugreifen, *weil sie nicht genügend konform ist*, und zu behaupten, daß die Führer das Gesetz übertreten, das in sie gesetzte geheiligte Vertrauen verraten haben, usw. Der wahrscheinlichste Angriff auf die bestehende Macht wird eine ultra-konformistische Form annehmen. Und warum sollten die Autoritäten Gründe für Ressentiment liefern? Es kann natürlich sein, daß sie keine liefern, aber sie können ganz genauso welche liefern, und den Grund dafür, warum sie es tun können, zeigt uns die ironischste aller Schlußfolgerungen aus den Ansichten FREUDS über die Gruppen. Wenn die Aufgaben eines Führers in einer statischen Gesellschaft immer weniger anspruchsvoll werden, werden sie parallel dazu immer einengender. In dem Maße, wie sich das Ritual festsetzt, unzählige Handlungsabläufe von ihrem äußeren instrumentalen Ziel abgeschnitten werden und sich in die Tradition der Gesellschaft einfügen, wird der Führer feststellen, daß er nicht weniger als irgendein anderer Sklave der Werte ist, die gerade die Quelle seiner Legitimation sind. Auf der einen Seite wird der Führer sicher mehr »Macht« haben als seine Untergebenen, auf der anderen Seite aber wird das nicht der Fall sein. Der Schauspieler, der die Rolle des Hamlet spielt, hat er mehr Macht als derjenige, der die Rolle des Fortinbras spielt? Hat der Unteroffizier mehr Freiheit –

Freiheit in der Einstellung oder Freiheit im Verhalten – als der Rekrut?

In meinem ersten Aufsatz war das Verhältnis Führer – Anhänger in der Form des folgenden Diagramms dargestellt:

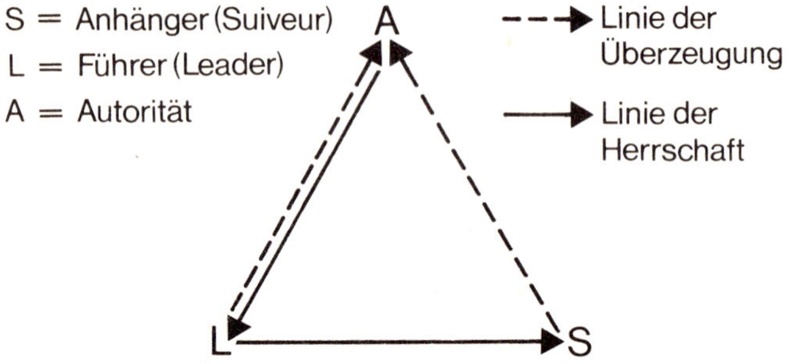

Diagramm I: *Beziehung Führer-Anhänger*

Der Führer leitet den Anhänger, und er wird seinerseits von der »Autorität« geleitet, einer »Autorität«, die ihre Legitimität dem Glauben sowohl des Führers als auch des Anhängers verdankt. Mit der Zunahme des Rituals – oder welchen genormten Verhaltens auch immer – gelangen wir annähernd zu dem Verhältnis, das dieses andere Diagramm darstellt.

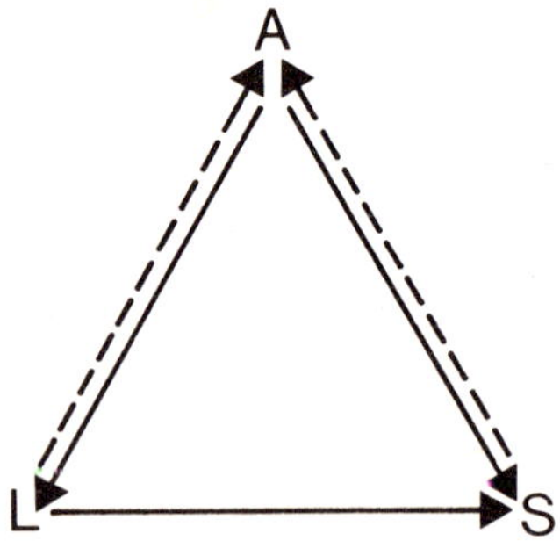

Diagramm II: *Beziehung Führer-Anhänger: die Entwicklung des Rituals*

Hier beeinflußt die »Autorität« den Anhänger direkt durch die Vermittlung des Führers. Der Führer weiß auch, was man von ihm erwartet, und die Basis des Dreiecks – der Einfluß des Führers auf den Anhänger – wird redundant.

In der Sicht FREUDS ist alles, wie es sein soll: »die Autorität« muß sowohl den Führer als auch den Geführten dirigieren. Niemals wird man einen Führer akzeptieren, der nicht selbst untergeordnet ist.

Diese Revanche des Untergeordneten ist subtil und schwer zu vermeiden. Es kann sein, daß sehr oft der Führer das Bedürfnis verspüren wird, sich zu befreien; zur gleichen Zeit wie sein Gefühl der Einengung zunimmt, wird er weniger das Bedürfnis nach emotionaler Unterstützung haben. Er wird mehr Zeit und bessere Möglichkeiten haben, zu lernen und zu diskutieren. Man darf sich nicht darüber wundern, daß er der erste ist, der mit Gleichgültigkeit, sogar mit Zynismus die Werte seiner Gesellschaft behandelt. Es wäre auch kaum überraschend, wenn er gegen den Ruf der allgegenwärtigen Pflicht aufbegehrt und seine günstigere Position im Netz der Verantwortlichkeiten ausnutzt, um seiner persönlichen Habgier, seinen privaten Ressentiments und Aggressionen und seinen Neigungen zur Grausamkeit die Zügel schießen zu lassen – alles nicht berechtigte Akte, die, könnte man sagen, seiner Idiosynkrasie entspringen.

Ein ähnliches Verhalten von seiten des Führers würde den Geführten die Gelegenheit für eine berechtigte Klage liefern – wieso die traditionellen Werte von ihren »Vorgesetzten« nicht respektiert worden sind. Es kann ausgesprochen schwierig sein, sich gegenüber dieser Art von Beschwerde taub zu stellen, und noch viel schwieriger, sie zu widerlegen. Was der Papst LUTHER im Grunde vorwarf, war, daß er das Christentum allzu ernst nähme und diesen Weg weiter verfolgte trotz aller weltlichen Verführungen. Hatte LUTHER nicht völlig recht? Kurzum, das letzte Ziel eines jeden moralischen Verhaltens ist ein Ziel der Leitung, und jedermann kann Moral und Konformismus in Übereinstimmung bringen.

All das liegt ganz auf der Linie des Denkens von FREUD. Wie in meinem ersten Aufsatz gesagt wurde, ist das Dilemma des Lebens in der Gesellschaft das folgende: wie kann ich die Nachfolge antreten, ohne den anderen zu erlauben, daß auch sie selbst in meiner Spur die Nachfolge antreten? Der Sohn versucht, den Platz des Vaters in Besitz zu nehmen ohne Repressalien von dessen Seite, oder (was hier noch besser paßt) von seiten der anderen

Söhne. Ebenso versucht der Sohn, die Mutter zu besitzen, ohne den Zorn seines Vaters auf sich zu laden und mit seinen Brüdern in einen Konkurrenzkampf zu geraten.

Die Lösung dieses Dilemmas bestünde darin, sich einem Code (oder einer »Autorität«) unterzuordnen, der in gleicher Weise einen selbst und die anderen bindet. »Da ich mir nicht selbst nachfolgen kann, ist auch kein anderer berechtigt, die Nachfolge anzutreten.« Mit einem Schlag hat man gleichzeitig seine eigene Schuld gebüßt und die Leitung erhalten, denn indem man sich der gängigen Moral untergeordnet hat, ist man nun frei, seine Aggression auszudrücken, ohne sich tadeln zu lassen, wobei man sich in seinem guten Recht wähnt und noch dazu in der Anonymität.

Man kann stattdessen »das Gesetz«, »Gott«, die »öffentliche Meinung«, die »Notwendigkeit« oder jede andere Form, die die »Autorität« annimmt, anrufen.

Wird das Ergebnis notwendigerweise eine Klassengesellschaft sein, die auf der Geburt basiert, wie man es hier vermutet, oder wird es das nicht sein? Man kann daran zweifeln. Was meiner Ansicht nach weniger zweifelhaft ist, ist, daß ein immer beträchtlicherer Abschnitt des Verhaltens ritualisiert wird und »moralisch verkrustet«, falls der Prozeß nicht 1. durch einen Konflikt, oder 2. durch die offensichtlich größere Nützlichkeit einer Handlungslinie gegenüber einer anderen (alles Faktoren, die das Verhalten bezüglich Mitteln und Zielen ermutigen) angehalten wird; und die Führerschaft wird vom System absorbiert – einem System, das die vollständige Beherrschung eines jeden durch alle erlaubt.

Dies wird ein System sein, in dem die Führerschaft viel eher von den Anhängern benutzt wird, als daß die Anhänger von dem Führer beherrscht würden. Der Führer verschafft dem Anhänger die Erhebung, welche allein den sozialen Abstand geben kann, und ferner wirkt er wie eine furchtbare Waffe in einer wirklich verheerenden Schlacht: der unruhigen Aufmerksamkeit, die ein jeder dem Verhalten des anderen widmet. Wie unsere Götter sind unsere Führer dazu gemacht, uns zu erhöhen (uns selbst) und zu beherrschen (die anderen).

Daher rührt die sehr starke Anziehungskraft des Rituals für den Untergeordneten. Das »Ritual« ist eine Tätigkeit, die man um ihrer selbst willen schätzt, eine Tätigkeit, die von einer »Autorität« beherrscht wird, und es schafft ihre eigene Aura der Verehrung. Wir schaffen einen Gegenstand der Verehrung, den wir beeinflussen und *beherrschen* können. Der Führer verstrickt sich in dem, was gerade den Ursprung seiner Legitimation ausmacht, und er wird kastriert durch das, was gerade die Basis seiner Bedeutung ausmacht. Ferner ist die Schöpfung des Rituals eine Maßnahme, die man in diesem Machtkampf ergreift, der sich »legitim« ausdrücken soll. Für unseren demokratischen Geist ist das Vorhandensein einer Elite von Parasiten, die nichts tun, um ihre Position zu »verdienen«, etwas Verwerfliches. In einer anderen Perspektive sind die Mitglieder dieser Elite die Schachfiguren, die den Glaubensvorstellungen ihrer Anhänger willig entsprechen.

Am Ende einer solchen peremptorischen Argumentation scheint es betrüblich zu sein, feststellen zu müssen, daß sie sich beinahe niemals anwenden läßt. Die gefügigen Proletariate und die ritualistischen Führer, oder einfach die Führer, die sich wohlverhalten, sie sind nicht alle in gleicher Weise kenntlich. Warum ist das so? Es gibt dafür zwei Gründe, von denen wir nur den zweiten diskutieren wollen.

Der erste Grund ist einfach der, daß die Führerschaft stark genug sein kann, um keinerlei Rücksicht auf den guten Willen derjenigen zu nehmen, die sie beherrscht. Bisher habe ich mich nur mit der *Zustimmung* beschäftigt, das heißt, mit den Bedingungen, unter denen ein Anhänger die ihm Übergeordneten, wenn er sie als *legitim* betrachtet, akzeptieren wird. Wenn ein Führer stark genug ist, kann er mit Glück diesen Gefühlen gegenüber gleichgültig bleiben, indem er seine Position durch einen klugen Rückgriff auf die Macht und die Protektion aufrechterhält. Diese Art der Situation ist vielleicht nicht so bedeutend, wie man annehmen könnte, zumindest wenn man die Freudsche These akzeptiert; denn wenn die Eifersucht das erste soziale Gefühl ist, und wenn die allererste Sorge eines jeden dahingeht, daß andere, die »genauso gut sind, wie er selbst«, gleich behandelt werden, dann wird es eine ständige Verschiebung von der Herrschaft durch Stärke zur Herrschaft durch Zustimmung geben. Man könnte dieses Phänomen eine »Verschiebung zur Legitimation« nennen.

Das ereignet sich zum Beispiel, wenn der Untergebene *A* es erträgt, jemanden als Vorgesetzten zu haben, den er fürchtet. Wenn er das ertragen hat, wird er darauf bestehen, daß der Untergeordnete *B* dasselbe tut. Nun wird der Untergebene *A* dahin gelangen, an das gute Recht von Hierarchien zu *glauben*, die andere als ihn selbst regieren. Kurz gesagt, ist das nichts anderes, als die Grundlage der Entwicklung von Gruppennormen, wie ich sie in meinem ersten Aufsatz beschrieben habe. Andererseits, je mehr der Untergebene *A* ertragen mußte, um so mehr wird er das Bedürfnis empfinden, daß der Untergebene *B* demselben Schicksal unterworfen werden muß. Das läuft darauf hinaus, daß das *Selbst* irgendeinem anderen die Zwänge auferlegt, die das Selbst dem Selbst in der Gehirnwäsche auferlegt. Diese »Verschiebung zur Legitimität« – die Hinnahme des Rechts des Usurpators, die Befehlsgewalt auszuüben, wenn nicht eine ausreichend große Gruppe von Personen (früh genug) zusammengebracht werden kann, um es zu Fall zu bringen – kann als ständige Versuchung des Führers fungieren, sein Mißtrauen aufzugeben und mit dem guten Willen seines Volkes zu rechnen. Er kann so zu einem legitimierenden Konformismus kommen.

Der zweite Grund, warum meine Argumentation u. U. nicht stichhaltig sein kann, ist ein ganz anderer, und er ist viel wichtiger. Der Grund nämlich, wie man ahnen wird, daß die Ebene der technischen Stagnation nicht erreicht worden ist und nicht erreicht werden wird, und daß der Führer, weit davon entfernt, auf die Wiederholung eines Zeremoniells der Legitimation angewiesen zu sein, zur Führung außergewöhnliche Fähigkeiten und außergewöhnliche Charakterzüge besitzen muß. Es kann sein, daß man fortgesetzt auf neue Situationen gefaßt sein muß; neue Entscheidungen müssen ohne den möglichen Rückgriff auf die Krücken des Präzedenzfalls getroffen werden: statt dessen muß man sich auf die intellektuellen und psychischen Möglichkeiten des Individuums verlassen.

Dieser Abschnitt wird hauptsächlich von dem Problem der Führerschaft unter diesen Bedingungen handeln. Wie kann ein Führer seine Stellung rechtfertigen, wenn seine Aufgabe nicht an ihrem schwierigsten Punkt ist? Denn – grausames Paradox! – er kann sich nicht ausschließlich auf die sozialen Attribute dessen, was er *ist*, verlassen, wenn das Ergebnis seiner Handlungen nicht ganz offensichtlich so beschaffen ist, daß man ihn bewundern könnte. Nur diejenigen, von denen man nichts verlangt, brauchen sich nicht zu rechtfertigen.

Wir kommen damit also auf ein Problem der »äußeren« und »inneren« Gründe zurück, Überzeugungen zu hegen, welches wir schon diskutiert haben. Man bewertet nämlich den Führer, der Entscheidungen treffen muß, nach den Ergebnissen und nach seiner Meisterschaft in einer gegebenen Situation. *Das Eintreten der Situation als dritte Kraft* verändert die Beziehungen zwischen dem Führer und denjenigen, die ihm folgen, vollkommen. Denn die Situation stellt eine Herausforderung an den Führer dar. Sie erlaubt seinen Anhängern, ihn am Werk zu sehen. Die »Situation« kann sehr gut eine so schwerwiegende Herausforderung darstellen, daß sie von ihm sehr große Qualitäten verlangt. In dem Maße, wie sich der Führer dann der Strafe des »Scheiterns« aussetzt, ist das Ganze seiner Beziehungen zu denjenigen, die ihm folgen, berührt.

Denn wenn ein Führer scheitert, offenbart er seine qualitative Ähnlichkeit mit anderen menschlichen Geschöpfen geringeren Ranges. Die ganze Stärke des Führers beruht auf der Tatsache, daß man ihn in gewisser Weise größer sieht, als er wirklich ist. Eben deswegen bringt man ihm »Verehrung« und »Respekt« entgegen. Das befriedigt den Anhänger, denn weder Erhebung noch Beherrschung können von einem kommen, der nicht mehr wert ist als wir. Wenn er scheitert, kann ihn selbst das begehrteste der Sozialattribute nicht retten. Und wenn er ein »Gentleman« ist, so kann ihn das nicht davor bewahren, das Stigma des Scheiterns zu erleiden. Ganz im Gegenteil, das Faktum, daß er »ein Gentleman ist«, kann selbst verdächtig werden. Weit davon entfernt, ihm zu helfen, kann dieses Kapital des Sozialattributs selbst bedroht sein. Die Situation kann sogar noch schlimmer sein. Es ist möglich, daß der Führer kein Gentleman *ist*. In Krisenzeiten werden mehr Führer um ihrer Verdienste willen befördert, als in ruhigeren Zeiten; die Führer laufen Gefahr, sich in dem Moment der Stütze der Sozialattribute beraubt zu sehen, in dem sie ihrer am meisten bedürfen. Was kann dieser Führer dann machen? Wie kann er seine Stellung vor denjenigen rechtfertigen, die vor kurzem »nicht mehr wert waren als er«? Die Stellung dieses Führers ist besonders schwierig. Nicht allein hat er sehr oft nicht die üblichen Sozialattribute, nicht allein muß er seine Fähigkeiten anwenden, mehr noch, er kann sehr wohl seinen Untergebenen Handlungen auferlegen müssen, die kein Präzedenzfall rechtfertigt oder legitimiert. Das läßt sich nicht, oder zumindest nicht in demselben Maße, auf andere Arten von Führern anwenden. So kann ein traditioneller Führer, der nicht dazu berufen ist, einer neuen Situation die Stirn bieten, sehr wohl für diejenigen akzeptabel sein, die ihm deswegen folgen, weil alles, was er von ihnen verlangt hat, darin besteht, sich auf prälegitimierte Handlungen einzulassen. Das wird sie zufriedenstellen, denn es erlaubt ihnen, den Führer zu beherrschen. Aber das gilt nicht für den Führer in der Zeit des Wandels. Nicht allein die geeigneten Sozialattribute können ihm fehlen, sondern er kann sich gezwungen sehen, von seinen Leuten Handlungen zu verlangen, die vorher nicht als »rechtmäßig« akzeptiert worden sind.

Da ein Führer in dieser Stellung sich nicht auf die »Autorität« des Präzedenzfalles berufen kann, und auch nicht auf das Ritual oder auf die Gewohnheit, ist er darauf angewiesen, sich auf eine neue »Autorität« zu berufen – eine »Autorität«, die ihre Überzeugungskraft nicht der Legitimität verdankt, die der einfachen Wiederholung innewohnt. Was aber kann diese »Autorität« sein? *Der Führer muß den tieferen Ursachen seiner Schwierigkeiten die Stirn bieten und sich auf diese selben Schwierigkeiten als auf eine neue und radikal andere Legitimationsform berufen: der Führer muß sich auf die Situation selbst berufen.* Derart ist sicher die psychologische Rechtfertigung dessen, was man übereingekommen ist, die »demokratische Führerschaft« zu nennen. Der Führer muß sagen: »Merkt euch gut, *nicht ich* bin es, der das von euch verlangt, es ist die Situation, die es erfordert«. In gewisser Weise darf der Führer niemals für sich allein Gehorsam verlangen; selbst der »traditionelle Führer« ist nicht frei, wie wir gesehen haben, sondern er muß sagen, daß das »Gesetz« oder die »Gewohnheit« es erfordert. Das ist im großen und ganzen richtig, aber es bleibt nichtsdestoweniger ein beträchtlicher Unterschied zwischen der Stellung des Führers, der ein »traditioneller Führer« ist, und dem »Führer in einer Zeit des Wandels«. Zumindest ist der traditionelle Führer in der Lage, in dem Brauch aufzugehen, den er verkörpert; er kann der »Autorität« erlauben, von ihm auszustrahlen, wobei er dann seine Aureole oder persönliche Aura mit der Aura verwechselt, der er »dient«. Aber die »Autorität« des »Führers in Zeiten des Wandels« erzeugt einen anderen Effekt. In dem Maße, wie die Situation eine Realität ist, die die Aufmerksamkeit erfordert, ist der Führer von denjenigen, die ihm folgen, nicht unterschieden, in derselben Weise, wie beim

Krönungsritus der König von seinen Untertanen getrennt ist. Er dagegen steht auf derselben Ebene.

Die ganze Macht der »objektiven Situation« besteht darin, daß sie Führer und Anhänger einigt. Er muß seine *qualitative Ähnlichkeit* zeigen, indem er beweist, daß auch er den harten empirischen Gesetzen unterworfen ist – Gesetzen, die im Unterschied zum Brauch niemanden begünstigen. »Wir sitzen in demselben Boot; auch ich muß arbeiten und leiden.« Der Akzent wird auf die Gleichheit zwischen dem Führer und seinen Anhängern gelegt, nicht auf ihren Unterschied.

Woher kommt also der »qualitative Unterschied« des Führers? Er ist ebenso notwendig, wie ich fortwährend hervorgehoben habe. Leider muß er seine Prestige-Situation durch seine Kompetenz und durch die Hilfe, die er seinen Untergebenen geben kann, erst »verdienen«. Weil seine Untergebenen sehr wohl Hilfe *benötigen* können, können sie der Dankbarkeit zugänglich sein, aber das hindert nichts daran, daß der Führer sie verdienen muß. Er muß insbesondere seinen Untergebenen gegenüber den äußeren Kräften helfen, die »seine Gruppe« stören und herausfordern, selbst wenn diese Kräfte nichts anderes sind, als die Vorgesetzten des Führers.

Es ist also nicht überraschend, daß der Führer, der die Angemessenheit seiner Fähigkeiten bezweifelt, versucht, sich in das Unerforschliche zu flüchten. Denn wenn kein Grund angegeben wird, kann die Berechtigung seiner Handlungen nicht geleugnet werden. Eine andere Weise, seine eigene Inkompetenz zu verschleiern, besteht in dem Versuch, in den eigenen Händen die Entscheidungsmacht zu konzentrieren. Er bricht dann wieder den Vertrag mit seinen kritischen und widerspenstigen Untergebenen. Denn man erwartet als letzten Anstoß von dem »demokratischen Führer« nicht nur, daß er seine Gründe angibt und zeigt, daß er von der Situation abhängt, man erwartet auch von ihm, daß er delegiert. Wenn die »Situation« beherrschend ist und als Legitimationsmittel dient, legitimiert sie einen jeden. Der Mensch, der weiß, daß man sich beraten muß, derjenige, der ein spezielles *savoir-faire* besitzt, dem muß man vertrauen.

All das kann man vernünftigerweise aus den Ansichten Freuds über die Gruppen folgern, aber es ist nichtsdestoweniger befriedigend festzustellen, daß ein Psychologe einer ganz anderen Richtung im wesentlichen mit dieser Unterscheidung zwischen der »Autorität, die auf dem Präzendenzfall basiert« und der »Autorität, die auf der Situation basiert«, übereinstimmt. Dieser Psychologe, JEAN PIAGET, ist meiner Ansicht nach die einzige Persönlichkeit auf dem Gebiet der Psychologie, deren Statur mit derjenigen FREUDS vergleichbar ist. PIAGET ist mehr mit der Entwicklung der Fähigkeiten als mit der der Emotionen beschäftigt, aber in *Le jugement moral de l'enfant [Das moralische Urteil beim Kinde]*[9] handelt er von dem emotionalen Wachstum der kleinen Kinder. In diesem Buch macht er deutlich, daß der Übergang von dem Akzeptieren einer »Autorität«, die auf die Tradition gegründet ist, zu dem Akzeptieren einer »Autorität«, die auf Faktoren der Situation basiert, nicht nur ein Phänomen ist, das sich auf einer gesellschaftlichen Skala abspielt, sondern darüber hinaus ein Phänomen, das sich im Leben eines jeden Individuums zeigt.

Die allererste Moral des Kindes ist die Moral des »Zwangs«. Das Kind übernimmt seine Vorstellungen vom Guten und vom Bösen von seinen Eltern – Eltern nämlich, die es als allwissend und über der momentanen Lage stehend ansieht. Die Umgebung, in der die Eltern handeln, übersteigt das Verstehen des Kindes. Das Kind ist also frei, die Eltern als unbewegte Beweger zu sehen. Tatsächlich werden die Eltern in gewisser Weise als solche betrachtet, die die ganze Welt beherrschen und regieren. Daraus ergibt sich, daß mehr eine Zweierbeziehung als eine Dreierbeziehung in Frage kommt: Kind – Eltern, und nicht »Kind – Eltern – Umgebung«. Da es keine »Umgebung« gibt, um als Maßstab zu dienen, werden die Reden der Eltern, sei es über Werte oder über Tatsachen, mehr nach ihrem *Ursprung* als nach ihrem *Inhalt* beurteilt.

Mit fünf Jahren beginnt das Kind mit seinesgleichen zu interagieren – oder zu »kooperieren«. Es mit seinesgleichen zu tun zu haben, unterscheidet sich in zwei wichtigen Weisen von einer Situation, in der es das Subjekt mit Eltern oder Vorgesetzten zu tun hat. Zunächst gibt es keine Barriere der sozialen Distanz, und andererseits, da man dieselbe Umgebung teilt, versteht man den Ursprung der Meinungen und der Überzeugungen der anderen: der kindliche Kamerad wird als eine abhängige Variable betrach-

[9] *Zürich: Rascher 1954 und Olten/Freiburg, sowie Frankfurt/M.: TB Suhrkamp 1973.*

tet. Die Position des anderen wird verstanden, weil die Kräfte verstanden werden, die auf diesen anderen einwirken. Die Bedeutung der Umgebung als dritte Kraft verändert die Beziehung vollkommen. Sie erlaubt dem Kind, den Inhalt der Mitteilungen seines Kameraden zu beurteilen und auch sich mit ihm auf der Basis eines gemeinsamen Schicksals, das in angemessener Weise wahrgenommen wird, zu identifizieren. »Die Rolle des anderen annehmen«, das ist nicht nur notwendig für die Entwicklung der Intelligenz (weil die intellektuellen Operationen auf der Fähigkeit basieren, dieselben Gegebenheiten von mehreren Standpunkten aus zu betrachten), sondern das ermöglicht auch das Entstehen einer neuen Moral, der Moral des »Guten« mehr als der Moral der »Pflicht«. Die Moral des »Guten« basiert auf dem Bewußtwerden der Bedeutung der Situation in den Augen eines anderen, auf einer Beurteilung der Person sowohl als auch ihrer Umstände. Die Moral der »Pflicht« beruht auf der Annahme einer äußeren Tatsache, die starr, zufällig und von verpflichtender Kraft ist.

Wir wollen nicht versäumen, sofort die Gleichartigkeit zwischen den beiden Arten der Führerschaft zu verzeichnen, wie sie in dem vorliegenden Artikel untersucht werden. Man wird ebenso leicht sehen, warum so viele Führer es vorziehen, lieber an die Stelle des Verwandten als an die des Kollegen zu treten. Welche Annehmlichkeit, wenn einem deswegen geglaubt und gehorcht wird, weil man das ist, was man *ist*, und man nicht seine Gründe angeben muß (selbst wenn man daraufhin ganz und gar Gefangener seines eigenen Mythos werden sollte)! Welch ein Abstieg für einen Führer, auf seine Ansprüche zugunsten einer ontologischen Überlegenheit verzichten und zugeben zu müssen, daß man ihn als ein menschliches Wesen unter anderen betrachtet, dessen Macht sich qualitativ nicht von der der anderen unterscheidet!

Ein Individuum, das die »Reife« erlangt hat, zieht also einen Führer vor, der das Prinzip der Gleichheit verficht. Der Erwachsene nämlich, der noch an ein frühreifes emotionelles Entwicklungsstadium fixiert ist, zieht es vor, sein Orakel intakt zu sehen. Aber welchen »Reife«grad haben wir erreicht? PIAGET versichert, daß sich dieser Übergang von dem »Zwang« zur »Kooperation« nicht vollzieht, wenn das Kind 1. nicht gegensätzlichen Informationen ausgesetzt ist und 2. seine Achtung vor der Quelle der Wahrheit bewahrt. Die »Kooperation« kann nur zustandekommen, wenn es einen Konflikt der Meinungen gibt; wenn wir gegen gegensätzliche Strömungen geschützt sind, werden wir nicht auf die Idee kommen, unsere Ansichten zu ändern.

»Zweifellos ist dieses Phänomen unserer Kultur eigentümlich . . . In unseren Gesellschaften verläßt das Kind den Kreis der Familie und tritt in Kontakt mit einer fortwährend steigenden Anzahl sozialer Kreise, die seinen geistigen Horizont erweitern. Dagegen ist in den sogenannten primitiven Gemeinschaften die Jugend das Alter der Initiation, d. h. des stärksten moralischen Zwangs, und das Individuum wird in dem Maße, wie es an Alter zunimmt, immer abhängiger.«[10]

Zweitens muß das Kind von der Quelle jeglicher Achtung freikommen. Jungen können »intelligent« über die Regeln des Murmelspiels nur diskutieren, wenn nicht ältere Jungen da sind, die mit Murmeln spielen. Wir werden weiter glauben, wenn unsere Götter nicht verschwinden. »Und wenn zu einem gegebenen Zeitpunkt die Kooperation an die Stelle des Zwangs oder die Autonomie an die Stelle des Konformismus tritt, dann deswegen, weil sich das Kind in dem Maße, wie es älter wird, von der Aufsicht der Eltern befreit. Das wurde sehr deutlich bei dem Murmelspiel. Die Kinder zwischen 11 und 13 Jahren haben bei diesem Spiel niemanden über sich, weil es ein Spiel ist, das man nur in den unteren Klassen spielt.«[11]

Aber werden unsere Götter verschwinden? PIAGET stellt unsere westlichen Gesellschaften mit ihren komplizierten und gegensätzlichen emotionalen Glaubensströmungen und ihrem Fächer von verschiedenen Denkrichtungen den einfacheren, homogenen wilden Gesellschaften gegenüber, wo alle dieselben Wahrheiten glauben und demselben Code zustimmen. Es sind die Konkurrenz und der Konflikt der Interessen, die unsere eigene Gesellschaft charakterisieren und zu dem Verfall der »Moral des Zwangs« geführt haben, den man hat feststellen können. Aber dieser Vorgang kann ebensogut umgekehrt werden, wenn aus dem einen oder anderen Grund der Konflikt oder die Konkurrenz aufhören, eine treibende Kraft zu sein, und wenn grö-

[10] a.a.O., S. 99.
[11] a.a.O., S. 98–9.

ßere Teile des sozialen Lebens vom Präzedenzfall oder der Zustimmung beherrscht werden.

So wird bei PIAGET direkt und bei FREUD als Schlußfolgerung eine durch die soziale Distanz strukturierte Gesellschaft als die natürliche »Gesellschaft« betrachtet: der Zustand, zu dem die Gesellschaft zurückkehren wird, *wenn nicht* Kräfte existieren, die nicht aufhören, von neuem die Gleichheit und den Zweifel zu stärken. Ob die gesellschaftliche Distanz mehr auf der Geburt als auf dem Verdienst, dem Schicksal oder der Überzeugung beruht oder nicht, ist natürlich eine andere Sache. In dem »ersten Postulat«, das hier ausgesprochen wurde, habe ich das bejaht. Aber vielleicht ist das nicht so wichtig. Was für diese Argumentation viel wichtiger ist, ist nicht der Ursprung dieser oder jener führenden Kaste, sondern inwieweit es ihr gelingen kann, ihre Sicherheit zu festigen, jede Opposition zu entwaffnen, und inwieweit sie ihre »gesellschaftliche Distanz« bewahrt. Die Bedeutung, die für den Führer damit verbunden ist, seine Sicherheit zu garantieren und zumindest eine gewisse »gesellschaftliche Distanz«, sogar in der heutigen Gesellschaft der Gleichheit, zu bewahren, ist der letzte Punkt, den wir behandeln werden.

Weder die eine noch die andere der beiden Beschreibungen der Führerschaft, die wir bis hierher gegeben haben, paßt zu der Art des Führers, der in der heutigen westlichen Industrie geschätzt wird. Man hat zusammengefaßt[12], was ein Arbeiter von einem »guten Chef« verlangt; nun paßt das nicht zu dem entfernten Verwandten mit sozialer Distanz, und auch nicht für den Kollegen, der das Prinzip der Gleichheit verficht. Die harte Tatsache scheint aber zu sein, daß viele Untergebene, wenn es sich um ihre Führer handelt, den Pelz gewaschen haben, aber nicht naß gemacht werden wollen. Sie wollen jemanden haben, der sicher und distant genug ist, um eine vernünftige Quelle der psychologischen Unterstützung sein zu können, der stark genug ist, um über den Konflikten zu stehen, zu denen er als Richter Stellung nehmen muß, und gleichzeitig wollen sie jemanden, der »demokratisch« handelt, der sich beraten läßt und seine Gründe angibt.

[12] Zu diesem Thema siehe MORRIS S. VITELES, *Motivation and Morale*, London: Staples Press, 1954, Kap. 8 und 17. Siehe auch *Leadership in Relation to Productivity and Morale*, von R. L. KAHN und D. KATZ, in: D. CARTWRIGHT and A. ZANDER (Hg.), *Group Dynamics, Research and Theory*, Row, Peterson and Company, 1960, S. 554–570).

Aber er muß sich nicht immer beraten lassen oder delegieren: das ist nur der Fall, wenn das Problem des Tages neu ist (wie es deutlich die Untersuchungen[13] über »den Widerstand gegenüber der Veränderung« zeigen), oder wenn er das Feld der Fähigkeiten des Untergebenen betritt. Wenn das Problem für den Untergebenen zu schwierig ist, wird die Delegation nicht gern gesehen, was nicht überraschend ist, und wenn das Problem (oder ein analoges Problem) schon vorher auf dem Tapet war, kann es sein, daß der Untergebene gern seinem Führer Vertrauen schenken will. Der Führer kann so eine »Zone der Indifferenz« erreichen, wie es Barnard ausdrückt[14], und ungehindert seine schwierigen Entschlüsse in der Einsamkeit treffen. Mit anderen Worten will der Untergebene die Sache und ihr Gegenteil. Er will jemanden, der die schwierigen Entscheidungen trifft und ihn in den leichten Entscheidungen mitsprechen läßt; er will jemanden, der stark genug ist, um ein wirksamer Beschützer zu sein und um zu urteilen und der dabei genügend zugänglich bleibt, daß er seinen Standpunkt versteht. Der Führer muß gleichzeitig Vater und Diener sein!

Wer wird also am wahrscheinlichsten diese anspruchsvolle Rolle erfüllen? Wer wird »groß« genug sein, um zu erziehen und zu beherrschen, und dabei menschlich genug bleiben, um zu beraten und zu verstehen? Wer wird seine Untergebenen schätzen, ohne abhängig von ihnen zu sein? Das letzte und grausamste Paradox der ganzen Frage ist nämlich – das kann man jedenfalls behaupten –, daß es wahrscheinlich der »nicht-demokratische« Führer ist, der in seinem Verhalten »demokratisch« ist. Wenn das möglich ist, dann deshalb, weil das Wort »demokratisch« zwei Bedeutungen hat – Bedeutungen, von denen die eine die direkte Antithese der anderen zu sein scheint. Einerseits kann ein »demokratischer« Führer jemand sein, der aufgrund seiner Verdienste aufgestiegen ist und seine Position nicht dem Privileg verdankt. Andererseits kann ein »demokratischer« Führer ein zugänglicher Führer sein, ein Führer, der die Verpflichtung annimmt, seine Anweisungen verständlich zu machen, ein Führer, der Leistungen fordert und den Grund für sein Lob und seinen

[13] Siehe zu diesem Thema VITELES, a.a.O., Kap. 9.

[14] CHESTER I. BARNARD, *The Functions of the Executive*, Cambridge, Mass.: Harvard University Press, S. 168–9.

Tadel angibt. Der eine Führer ist demokratisch durch Ableitung, der andere ist demokratisch durch sein Verhalten. Was wir hier postulieren, ist nämlich, daß der Führer (vorausgesetzt, er ist genügend kompetent), der im ersteren Sinne nicht demokratisch ist, im zweiten um so demokratischer sein wird: der Mann des Privilegs wird der Mann des Volkes sein.

Der »Mann des Privilegs« kann sehr gut dem »Mann des Volkes« in drei Punkten überlegen sein. Zunächst ist er in einer besseren Lage, um seine eigenen Untergebenen zu stützen, und das aus dem rein zufälligen Grund, daß es wahrscheinlicher ist, daß seine eigenen Vorgesetzten ihn ernst nehmen werden, als jemanden, der nicht »einer der ihren« wäre[15]. Zweitens kann er um so mehr bereit sein, sich beraten zu lassen und zu delegieren. Da er nicht von seinen Untergebenen abgesetzt werden kann, hat er nichts von ihnen zu befürchten. Anstatt unberechtigterweise zu fürchten, daß ihre Kompetenz ihn »demaskiert«, wird er ihren Beitrag mit Dank annehmen. Er kann sich die Kooperation erlauben, weil es nicht um Konkurrenz geht.

Schließlich, und das ist der entscheidende Punkt, kann ein solcher Führer – insbesondere wenn seine Führerschaft vorhergesehen war, und wenn die entsprechenden Maßnahmen getroffen worden sind – sein eigenes Recht auf Führung sehr gut akzeptieren. Es ist weniger wahrscheinlich, daß er von Zweifeln hinsichtlich der Legalität seiner Position gehemmt wird; folglich kann er von seinen Untergebenen unabhängig sein – eine unentbehrliche Unabhängigkeit für alle diejenigen, die gelegentlich unpopuläre Entscheidungen treffen müssen. Er ist dann frei, leidenschaftslos ins Werk zu setzen, was im Grunde genommen die Quelle der Zustimmung dieser Untergebenen ist: das Gesetz, die »Autorität«.

Und was ist das Los des »demokratisch gewählten« Führers, des Führers, der nicht den Vorzug einer wesenseigenen sozialen Überlegenheit vor denjenigen hat, die ihm folgen? Bemüht um gute Beziehungen zu seinen Untergebenen, die gleichzeitig einen Beschützer und einen Diener wollen, und beherrscht von einer »Autorität der Situation«, die sehr wohl die Schwäche der einzi-

[15] Über die Bedeutung dieses Phänomens siehe zwei Aufsätze von D. C. Pelz, *Leadership within a Hierarchical Organization*, in: *Journal of Social Issues*, 1951, 7, 3, S. 49–55, und *Influence, a key to effective Leadership in the first-line Supervisor*, in: *Personnel*, 1952, 3, 209–217.

gen Qualitäten offenbaren kann, auf die er seinen Anspruch auf einen gehobenen Status gründen kann, kann der Führer darauf reduziert werden, kaum mehr zu sein als das momentane Mitglied, das die schwerste Arbeit tut und deswegen am meisten beansprucht ist. Manche können versuchen, in der Würde Zuflucht zu suchen, in welchem Fall sie jedoch eine Gefahr bedroht: der emsige Untergebene, der, wie ein Hausmeier der heutigen Zeit, zur wirklichen Macht gelangen kann. Andere können auf das notwendige Opfer verzichten, um die Zustimmung ihrer Anhänger zu erhalten, und sich bemühen, sie zu manipulieren, indem sie sich der ganz und gar äußerlichen Reizmittel wie Geld und Furcht bedienen.

Was ist nun das Ergebnis dieser »äußerlichen Manipulation«? Wenn sie mißlingt, werden sich die Anhänger gegen ihren Führer zusammenschließen; sie werden ihre Produktion einschränken und ihre eigenen lokalen Normen durchsetzen und sich ihre eigenen »nichtoffiziellen« Führer geben. Kurzum, sie werden sich ihre eigene »Autorität« geben. Die »offizielle Führerschaft« (d. h. die Verwaltung) wird jetzt außerhalb des Bereichs der Anhänger sein, ihr Status wird der eines Feindes zu Kriegszeiten sein, eines Feindes, den anzugreifen verdienstvoll ist. Da sie so immer einen Sündenbock zur Hand haben, auf den sie ihre gegenseitigen Schwächen projizieren können, können die Anhänger schließlich zu der Harmonie des Gruppenlebens und dem Fehlen sozialer Distanz zwischen Führer und Anhänger gelangen, die, so sagt und wiederholt man es uns, die Grundlage der geistigen Gesundheit in der Industrie ist. Und wenn das gelingt? Der Erfolg ist besonders wahrscheinlich, wenn eine starke Konkurrenz eingesetzt hat und die Anhänger gegeneinander aufgewiegelt werden. Wenn Belohnungen und Strafen hoch sind, bedroht jeder der Anhänger den anderen, und der Führer kann verschwinden und seine Untergebenen sich miteinander messen lassen.

Unsere Absicht ist es hier nicht, darüber zu diskutieren, welche Vor- und Nachteile es (vom Standpunkt des Führers aus) hat, diese Konkurrenz unter Untergebenen anzustacheln. Aber eines kann man sagen, und es erlaubt, dieser ganzen Diskussion einen amüsanten Schluß zu verleihen: viel eher als zu einem demokratischen, das Prinzip der Gleichheit verfechtenden oder »spontanen« Verhalten zu führen, ist dieser Prozeß in seinen Auswirkungen nicht ohne Ähnlichkeit mit den ärgsten Formen einer unangemessen starren Klassenstruktur.

Denn was geschieht? Wispé und Lloyd haben die Auswirkungen dieser Konkurrenz auf das Leben an den Beziehungen unter Versicherungsagenten beschrieben[16]. Hier sind alle gleich, und dennoch sind sie alle in der Lage, sich gegenseitig zu helfen oder zu stören. Daraus ergibt sich unter der Oberfläche von Kameraderie ein Formalismus und eine Starre des Verhaltens, die bewirken, daß unter den Agenten eine realere Distanz entsteht, als es eine Barriere des sozialen Rangs bewirken würde. Man hat bei ihnen das Verlangen nach strukturierten und formalisierten Beziehungen feststellen können; denn nur so können sie »die latente Angst beschwören, die sich aus der starken Konkurrenz ergibt, die das Leben der Agenten kennzeichnet, und aus der Unmöglichkeit, in der sie sich befinden, ihr wirksam entgegenzutreten.« Und die Autoren fahren fort: »Der Wunsch nach einer strukturierten persönlichen Interaktion ist daher ein Verteidigungsmechanismus, der sich bemüht, das Verhalten der Individuen unter Kontrolle zu bringen, die in dem System die nötige Autorität haben, um die Initiative für negative Sanktionen zu ergreifen.«

Mit anderen Worten bilden die Versicherungsagenten keine »Gruppe«, sie identifizieren sich nicht miteinander, weil der eine dem anderen nichts voraus hat. Sie haben untereinander nichts voraus, weil die »natürliche« Quelle der Macht, d. h. der Führer, auf seine Verantwortung verzichtet hat. Indem er den einen gegen den anderen ausspielt, verliert der Führer jeden Anspruch auf die Loyalität seiner Anhänger, er stellt ein weiteres Hindernis dar, das manipuliert und umgangen werden muß. Wenn die Bedingungen vernünftig sind, werden die Untergebenen materielle Repressalien ausüben, indem sie ihre eigene Gruppe bilden und ihre eigene Autorität herstellen; aber wenn man mit zuviel Nachdruck mit ihrer Habsucht und ihren Ängsten spielt, um die Sache möglich zu machen, kann es passieren, daß sie sich am Ende untereinander hassen, in der Weise hassen, wie wir es mit Konkurrenten tun, die uns an unsere eigene Schwäche erinnern.

Von diesem Moment an bildet jeder seine eigene Gesellschaft,

[16] L. G. Wispé und K. E. Lloyd, *Some situational and psychological determinants for the desire for structured interpersonal relations*, in: *Journal of Abnormal and Social Psychology*, 1955, 51, 57–60.

und jeder sieht sich gezwungen, die Last zu tragen, sein eigener Führer zu sein. Jeder ist sein eigener kleiner Stadtstaat, der mit jedermann Krieg führt. Denn wo es keine Vorgesetzten gibt, gibt es auch keine Gleichgestellten. Und das ist nichts anderes, als was FREUD schon immer gesagt hat.

Bibliographie der Schriften von Jean Piaget*

Von Bärbel Inhelder

1907

Un moineau albinos. *Rameau de sapin, 41* (1907), Nr. 9, S. 36.

1911

Mollusques recueillis dans la région supérieure du Val d'Hérens. *Rameau de sapin, 45*, (1911) 30–32, 40, 46–47.

1912

Supplément au catalogue des mollusques du Canton de Neuchâtel. *Bull. de la Société neuchâteloise des Sciences Naturelles, 39*, (1912) 74–89.

Les Limnées des lacs de Neuchâtel, Bienne, Morat et des environs. *Conchyliologie, 59*, (1912) 311–322.

Note sur trois variétés nouvelles de mollusques suisses. *Journal de Conchyliologie, 59*, (1912) 333–340.

Quelques mollusques de Colombie. Neuchâtel: *Mémoires de la Société neuchâteloise des Sciences Naturelles*, 1912, Bd. 5.

(Zusammen mit M. Romy) Les mollusques du lac de Saint-Blaise. Neuchâtel: *Bull. de la Société neuchâteloise de Géographie*, 1912.

1913

Premières recherches sur les mollusques profonds du lac de Neuchâtel. Neuchâtel: *Bull. de la Société neuchâteloise des Sciences Naturelles, 40*, (1913) 148–171.

Les mollusques sublittoraux du Léman recueillis par M. le prof. Yung. *Zoolog. Anzeiger, 42*, (1913) 615–624.

Les récents dragages malacologiques de M. le prof. Yung dans le lac Léman. *Conchyliologie, 60*, (1913) 205–232.

Nouveaux dragages malacologiques de M. le prof. Yung dans la faune profonde du Léman. *Zoolog. Anzeiger, 42*, (1913) 216–225.

Malacologie alpestre. *Revue suisse de Zoologie, 21*, 1913, 439–576.

Malacologie de Duingt et des environs. *Revue savoisienne, 54*, (1913) 69–85, 166–180, 234–242.

* Diese Bibliographie ist schon veröffentlicht worden unter dem Titel: »Bibliographie des Travaux de Jean Piaget«, in *Psychologie et épistémologie génétique. Thèmes piagétiens*, Paris: Dunod, 1966, S. 7–37.

Malacologie du Vully. *Extrait des Mémoires de la Société fribourgeoise des Sciences Naturelles.* Série Zoologie, Bd. I, Fasc. 3, 1913, Fribourg: Imprimerie Fragnières Frères, 1913,

1914

Un mollusque arctique habitant le Alpes suisses. *Feuille des Jeunes Naturalistes, 44,* (1914) 5–6.

Un mollusque nouveau pour la faune argovienne. *Feuille des Jeunes Naturalistes, 44,* (1914) 148.

Contribution à la malacologie terrestre et fluviatile de la Bretagne. *Bull. de la Société neuchâteloise des Sciences Naturelles, 41,* (1914) 32–83.

Etude zoogéographique de quelques dépôt coquilliers quaternaires du Seeland et des environs. *Mitteilungen der naturforschenden Gesellschaft,* Bern: 1914, 105–106.

L'espèce mendelienne a-t-elle une valeur absolue? *Zoolog. Anzeiger, 44,* (1914) 328–331.

Note sur la biologie des Limnées abyssales. *Internat. Revue der Hydrologie und Hydrographie,* Supplément biologique, *6,* (1914) 1–15.

Bergson et Sabatier. *Revue chrétienne,* Paris, *61,* (1914) 192–200.

1915

Révision de quelques mollusques glaciaires du musée d'histoire naturelle de Berne. *Mitteilungen der naturforschenden Gesellschaft,* Bern: 1915, 218–277.

1916

La mission de l'Idée. Lausanne: Edition «La Concorde», 1916.

Nouvelles recherches sur les mollusques du Val Ferret et des environs. *Bull. Société La Murithienne, 29,* (1916) 22–73. (Erschienen auch: Sion: Imprimerie F. Aymon, 1916.)

1917

Note sur quelques mollusques de la vallée du Doubs. *Mémoires de la Société d'Emulation du Doubs,* Montbéliard: 1917, 1–14.

1918

Recherche. Lausanne: Edition «La Concorde», 1918.

1920

Corrélation entre la répartition verticale des mollusques du Valais et les indices de variations spécifiques. *Revue suisse de Zoologie, 28,* (1920) 125–153.

Introduction à la malacologie valaisanne. *Bull. de la Société La Murithienne,* 40, (1920) 86–186.

La psychanalyse et ses rapports avec la psychologie de l'enfant. *Bull. de la Société Alfred Binet, 20,* (1920) 18–34, 41–58.

1921

Introduction à la malacologie valaisanne. Sion: Impr. F. Aymon, 1921, 101.

Essai sur quelques aspects du développement de la notion de partie chez l'enfant. *Journal de Psychologie, 18,* (1921) 449–480.

1922

Essai sur la multiplication logique et les débuts de la pensée formelle chez l'enfant. *Journal de Psychologie, 19,* (1922) 222–261.

Pour l'étude des explications d'enfants. *L'Educateur, 3,* (1922) 33–39.

1923

Le langage et la pensée chez l'enfant. Neuchâtel: Delachaux & Niestlé, 1923; 2e éd. 1931; 3e éd. 1947; 4e éd. 1956; 5e éd. 1962; 8e éd. 1970.

Übersetzungen

Englisch:

The language and the thought of the child. (Übers. von M. Gabain.) 1st ed. London: Kegan Paul, 1926, 2nd ed. London: Routledge and Kegan Paul, 1948, 3rd ed. ibidem, 1959.

The language and thought of the child. (Übers. v. M. Gabain.) New York: Meridian Books, 1955.

The language and the thought of the child. In: *Shipley,* Thorne (eds.): Classics in Psychology, New York: Philosophical Library, 1961.

Spanisch:

El lenguaje y el pensamiento en el niño. (Übers. von D. Barnês.) Madrid: Ediciones de «La Lectura», o. J.

Italienisch:

Il linguaggio e il pensiero del fanciullo. (Übers. von Carla Musatti-Rapuzzi.) Florenz: Editrice Universitaria, 1955; 2e éd. 1962, 285 S.

Türkisch:

Coçukta del ve düsünnie. Istambul: Devle Basimevi, 1939, 198 S.

Portugiesisch:

A Linguagem e o pensamento da criença. (Übers. von M. Campos.) Rio de Janeiro: Fundo de Cultura, o. J.

Deutsch:

Sprechen und Denken des Kindes. Düsseldorf: Schwann, 1972.

La psychologie et les valeurs religieuses. Genf: Labor, 1923.

Une forme verbale de la comparaison chez l'enfant: un cas de transition entre le jugement prédicatif et le jugement de relation. *Arch. de Psychologie, 18,* (1923) 141–172.

(Zusammen mit P. Rossello) Note sur les types de description d'images chez l'enfant. *Arch. de Psychologie, 18,* (1923) 208–234.

La pensée symbolique et la pensée de l'enfant. *Arch. de Psychologie, 18,* (1923) 273–304.

1924

Le jugement et le raisonnement chez l'enfant. Neuchâtel: Delachaux & Niestlé, 1924; 2e éd. 1930; 3e éd. 1947; 4e éd. 1948; 5e éd. 1963; 7e éd. 1971.

Übersetzungen

Englisch:
Judgement and Reasoning in the Child. New York: Harcourt & Brace, 1926; 2nd ed. 1938.

Polnisch:
Sadi rozumowanie u dziecka. (Übers. von Jadwiga Pini-Suchodolska), Lwow: Ksiaznica Atlas, 1939.

Türkisch:
Coçukta hüküm ve himiakeve. Istambul: Devle Basimevi, 1939.

Italienisch:
Giudizio e ragionamento nel bambino. (Übers. von Elena Nunber-Almansi.) Florenz: La Nuova Italia, 1958.

Spanisch:
El juicio y el razonamiento en el niño. (Übers. von D. Barnês.) Madrid: Ediciones de «La Lectura», o. J.

Deutsch:
Urteil und Denkprozeß des Kindes. Düsseldorf: Schwann, 1972.

La genèse psychologique de l'idée de loi. *Revue de théologie et de philosophie,* Lausanne, *12,* (1924) 242–243.

La notion de réalité objective et son développement psychologique. *Revue de théologie et de philosophie,* Lausanne, *12,* (1924) 245.

Psychologie et critique de la connaissance. *Archives de Psychologie,* Genf, *19,* (1924) 193–210.

Les traits principaux de la logique de l'enfant. *J. Psychologie, 21,* (1924) 48–101.

L'expérience humaine et la causalité physique de L. Brunschvicg. *J. Psychologie, 21,* (1924) 586–607.

1925

Psychologie et critique de la connaissance. *Arch. de Psychologie, 19,* (1925) 193–210.

(Zusammen mit Mlle. Margairaz) La structure des récits et l'interprétation des images de Dawid chez l'enfant. *Arch. de Psychologie, 19,* (1925) 211–239.

Quelques explications d'enfants relatives à l'origine des astres. *J. Psychologie, 22,* (1925) 676–702.

De quelques formes primitives de causalité chez l'enfant. *L'Année psychologique, 26,* (1925) 31–71.

Le réalisme nominal chez l'enfant. *Rev. philosophique, 54,* (1925) 188–234.

La représentation du monde de l'enfant. *Revue de Théologie et de Philosophie, 13,* (1925) 191–214.

Malacologie valaisanne. *Bull. de la Société La Murithienne, 42,* (1925) 82–112.

(Zusammen mit H. Krafft) La notion de l'ordre des événements et le test des images en désordre. *Arch. de Psychologie, 19,* (1925) 306–349.

1926

La représentation du monde chez l'enfant. Paris: Alcan, 1926, Neue Ausgabe: Paris: Presses universitaire de France, 1947; 4e éd. 1972.

Übersetzungen

Englisch:

The child's conception of the world. New York: Harcourt & Brace, 1929; dann: New Jersey: Littlefield-Adams, 1960.

Polnisch:

Jack sobie dziecko swiat przedstawia? (Übers. von Marja Ziembinska.) Lwow: Ksiaznica Atlas, 1933.

Spanisch:

La representación del mundo en el niño. (Übers. von Vincente Valls Angles.) Madrid: Espasa Calpe, 1934.

Japanisch:

Rinskô jidô shinrigaku (I). (Übers. von Shigeru Otomo.) Tokio: Hakusli-sha, 1954.

Idem (II). Jidô no sekaikan. Tokio: Dôbun shoin, 1955.

Italienisch:

La rappresentazione del mondo nel fanciullo. (Übers. von Maria Villaroel, mit einem Vorwort von C. Musatti.) Turin: Einaudi, 1955.

Les rapports de la biologie et de la théorie de la connaissance. *Revue de théologie et de philosophie*, Lausanne, *14*, (1926) 296–297.

El nacimiento de la inteligencia en el niño. *Revista de Pedagogia*, *5*, (1926) 529–536.

Review of philosophical work in France and in French-speaking countries. Chap. Psychology. *The Monist*, *36*, (1926) 430–455.

1927

La causalité physique chez l'enfant. Paris: Alcan, 1927.

Übersetzungen

Spanisch:

La causalidad física del niño. (Übers. von Juan Comas.) Madrid: Espasa Calpe, 1934.

Englisch:

The child's conception of physical causality, New Jersey: Littlefield, Adams, Patterson, 1960.

La première année de l'enfant. *Brit. J. Psychology*, *18*, (1927) 97–120.

L'explication de l'ombre chez l'enfant. *J. Psychologie*, *24*, (1927) 230–242.

1928

(Zusammen mit J. de la Harpe) Deux types d'attitudes religieuses. Immanence et transcendance. Genf: Ed. de l'Association chrétienne d'étudiants de Suisse romande, 1928.

La causalité chez l'enfant. *Brit. J. Psychology*, *18*, (1927–1928) 276–301.

La règle morale chez l'enfant. *Stiftung Lucerna*, *2*, (1928) 32–45.

Les trois systèmes de la pensée de l'enfant. *Bull. Sociéte française de Philosophie*, *28*, (1928) 97–141.

Psycho-pédagogie et mentalité enfantine. *J. Psychologie*, *25*, (1928) 31–60.

Logique génétique et sociologie. *Rev. philosophique*, *105* (1928) 167–205.

Un problème d'hérédité chez la Limnée des étangs. Appel aux malacologistes et aux amateurs en conchyliologie. *Bull. Société zoologique de France*, *53*, (1928) 13–18.

Psychology. In: Edward Leroy Schaub, «Philosophy Today», Chicago und London: 1928, 263–288.

1929

L'adaptation de la Limnaea stagnalis aux milieux lacustres de la Suisse romande. *Rev. suisse de Zoologie*, *36*, (1929) 263–531.

Les races lacustres de la Limnaea stagnalis. Recherches sur les rapports de l'adaptation héréditaire avec le milieu. *Bull. biologique de la France et de la Belgique, 63,* (1929) 424–455.

Les deux directions de la pensée scientifique. In: «Compte rendu des séances de la Société de Physique et d'Histoire naturelle de Genève» in: *Arch. des Sciences physiques et naturelles, 11,* (1929) 145–162.

Pour l'immanence. Réponse à Jean-Daniel Burger. *Revue de théologie et de philosophie, 17,* (1929) 146–152.

La finalité dans la psychologie. *Revue de théologie et de philosophie,* Lausanne, *17,* (1929) 67–68 und 74–75.

1930

Catalogue des invertébrés de la Suisse. (Mitarbeit am Fasc. 18 von G. Mermod), Genf: Albert Kundig, 1930.

Immanentisme et foi religieuse, Genf: Ed. de l'Association chrétienne d'étudiants de Suisse romande, 1930.

Les procédés de l'éducation morale. In: *Cinquième Congrès International d'Education morale.* Paris: Alcan, 1930, 182–219.

Le développement de l'esprit de solidarité chez l'enfant. In: *Troisième cours pour le personnel enseignant: Comment faire connaître la Société des Nations et développer l'esprit de coopération international. Compte rendu des conférences données du 28 juillet au 2 août 1930.* Genf: B.I.E., 1930, (Publikation Nr. 8), 52–55.

La notion de justice chez l'enfant. In: *Troisième cours pour le personnel enseignant: Comment faire connaître la Société des Nations et développer l'esprit de coopération internationale.* Ibidem, 1930 (Publikation Nr. 8), 55–57.

Le parallélisme entre la logique et la morale chez l'enfant. In: *9th International congress of psychology,* New Haven, 1.–7. September 1929. Proceedings and papers. Princeton: The Psychological Review Company, 1930, 339–340.

1931

Le développement intellectuel chez les jeunes enfants. *The Mind, 40,* (1931) 137–160.

Retrospective and prospective analysis in child psychology. *Brit. J. Educational Psychology, 1,* (1931) 130–139.

Méthode axiomatique et méthode opérationnelle. *Synthèse,* Bussum, Kroonder, o. J., 23–43.

Children's philosophies. In: *A handbook of Child Psychology.* Worcester, Mass.: Clark University Press 1931, 377–391.

Introduction psychologique à l'éducation internationale.
In: *Quatrième cours pour le personnel enseignant: Comment faire connaître la Société des Nations et développer l'esprit de coopération inter-*

nationale. Compte rendu des conférences données du 3 au 8 août 1931. Genf: B. I. E., 1931 (Publikation Nr. 9), 56–68.

L'esprit de solidarité chez l'enfant et la collaboration internationale. *Société des Nations, 2,* (1931) 11–27.

Post-scriptum. Zu: Arnold Reymond. La pensée philosophique en Suisse romande de 1900 à nos jours. *Revue de théologie et de philosophie, 19,* (1931) 364–377, 377–379.

1932

Le jugement moral chez l'enfant. Paris: F. Alcan, 1932. Neue Ausgabe: Paris: P. U. F., 1957, 335 S.; 3e ed. 1969.

Übersetzungen

Englisch:

The moral judgment of the child. (Übers. von Marjorie Gabain.) New York: Harcourt, 1932; 2nd. ed. Glencoe, Ill.: Free Press, 1948.

Spanisch:

El juicio moral en el niño. (Übers. von Juan Comas.) Madrid: Beltran, 1935.

Deutsch:

Das moralische Urteil beim Kinde. (Übers. von L. Goldmann.) Zürich: Rascher, 1954. Jetzt: Olten und Freiburg i. Br.: Walter, Taschenbuch: Frankfurt a. M.: Suhrkamp, 1973.

Japanisch:

Jidô Dôtoku Haudau no Hattatsu. (Übers. von Shigeru Otomo.) Tokio: Dôbun Shoin, 1932.

Polnisch:

Sad moralny u dziecka. Varsovie, Panstwowe Wydawnietwo Naukowe, im Druck.

Social Evolution and the new Education. New Education Fellowship, London: *8,* (1932).

Les difficultés psychologiques de l'éducation internationale. In. *Cinquiéme cours pour le personnel enseignant: Comment faire connaître la Société des Nations et développer l'esprit de coopération internationale. Compte rendu des conférences données du 25 au 30 juillet 1932.* Genf: B. I. E., 1932 (Publikation Nr. 10), 57–76.

1933

Psychologie de l'enfant et enseignement de l'histoire. *Bulletin trim de la Conférence internationale pour l'enseignement de l'histoire, 2,* (1933).

Le Bureau International d'Education en 1931–1932. Rapport du directeur. In: *Annuaire International de l'Education et de l'Enseignement 1933*. Genf: Publication du B. I. E., Nr. 27, 1933, 303–333.

L'individualité en histoire. L'individu et la formation de la raison. *Fondation pour la Science. Centre International de Synthèse*. Paris: F. Alcan, (1931) 67–121.

La psychanalyse et le développement intellectuel. Revue française de psychanalyse, *6* (1933) 404–408.

1934

Remarques psychologiques sur le self-government. In: *Le self-government à l'école*. Genf: B. I. E., 1934 (Publikation Nr. 38), 89–108.

Le Bureau International d'Education en 1932–1933. Rapport du directeur. In: *Annuaire International de l'Education et de l'Enseignement*. Genf: Publication du B. I. E., 1934, Nr. 35, 443–470.

1935

Les théories de l'imitation. *Cahiers de pédagogie expérimentale et de Psychologie de l'Enfant*, Genf: 1935.

Préface à l'ouvrage de A. Rey, «L'intelligence pratique chez l'enfant». Paris: Alcan, 1935, VII–XII.

Le Bureau International de l'Education en 1933–1934. Rapport du directeur. In: *Annuaire International de l'Education et de l'Enseignement 1935*. Genf: Publication du B. I. E., Nr. 43, 1935, 403–426.

Remarques psychologiques sur le travail par équipes. In: *Le travail par équipes à l'école. Genf: B. I. E., 1935, 179–196.*

La naissance de l'intelligence chez le petit enfant. *Rev. de pédagogie, 11*, (1935) 56–83.

Besprechung von Reymond, Arnold, Les Principes de la logique et la critique contemporaine, Boivin, Paris 1932. *Archives de psychologie*, Genf, *25*, (1935) 121–123.

1936

La naissance de l'intelligence chez l'enfant. Neuchâtel: Delachaux & Niestlé, 1936; 2e éd. 1948; 3e éd. 1959; 4e éd. 1963; 7e éd. 1970.

Übersetzungen

Englisch:

The origins of intelligence in children. (Übers. von Margaret Cook.) New York: International University Press, 1952. 2nd ed. New York: Norton, 1963, (Neudruck der 2. Aufl. 1952).

The origin of intelligence in the child. (Übers. von M. Cook.) London: Routledge and Kegan Paul, 1953.

The origin of intelligence in children. (Übers. von M. Cook.) London: Bailey Bros & Swinfen, 1953.

Polnisch:
Navodziny inteligencji u dziecka. Varsovie, Panstwowe Wydawnictwo Naukowe, o. J.

Deutsch:
Das Erwachen der Intelligenz beim Kinde. Mit einer Einführung von Hans Aebli. Stuttgart: Klett, 1969.

L'enseignement des langues vivantes. *Bull. de l'enseignement de la Société des Nations*, 3, (1936) 61–66.
Le Bureau International d'Education en 1936. Rapport du directeur. In: *Annuaire International de l'Education et de l'Enseignement 1934–35*. Genf: Publication du B. I. E., Nr. 50, 1936, 429–450.

1937
La construction du réel chez l'enfant. Neuchâtel: Delachaux & Niestlé, 1937; 2e éd. 1950; 3e éd. 1963; 5e éd. 1973.

Übersetzungen

Deutsch:
In Vorbereitung. Stuttgart: Klett.

Englisch:
The construction of reality in the child. (Übers. von M. Cook.) New York: Basic Books, 1954.
The child's construction of reality. (Übers. von M. Cook.) London: Routledge and Kegan Paul, 1955.

Principal factors determining intellectual evolution from childhood to adult life. Cambridge, Massachusetts: Harvard Univ. Press, (Harvard Threecentury Publications), 1937.
Les relations d'égalité résultant de l'addition et de la soustraction logique constituent-elles un groupe? *L'enseignement mathématique, 36*, (1937) 99–108.
La philosophie de Gustave Juvet. In: *A la mémoire de Gustave Juvet*. Lausanne: 1937, 37–52.
Remarques psychologiques sur les relations entre la classe logique et le nombre et sur les rapports d'inclusion. In: *Recueil de travaux de l'Université de Lausanne, Publ. à l'occasion du IVe centenaire de la fondation de l'Université*. Lausanne: 1937, 59–85.
L'enseignement de la Psychologie. In: *Documents officiels sur l'enseignement de la Psychologie dans la préparation des maîtres primaires et secondaires*. Genf: B. I. E., 1937, 5–28.
Le Bureau International d'Education en 1935–1936. Rapport du directur. In: *Annuaire International de l'Education et de l'Enseignement 1937*. Genf: Publication du B. I. E., Nr. 56, 405–420.

Besprechung von Gonseth, Ferdinand, Les mathématiques et la réalité, Alcan, Paris 1936. *L'enseignement mathématique*, Genf und Paris, *36*, (1937) 133–134.

1938

Le Bureau International d'Education en 1937–1938. Rapport du directeur à la neuvième réunion du Conseil. Genf: B. I. E., 1938.

Le problème de l'intelligence et de l'habitude: réflexe conditionné, «Gestalt» ou assimilation. In: *IXe Congrès International de Psychologie, Paris 1937*. Paris: 1938, 170–183.

La réversibilité des opérations et l'importance de la notion de «groupe» pour la psychologie de la pensée. In: *XIe Congrès International de Psychologie, Paris 1937*. Paris: 1938, 433–435.

1939

Le Bureau International d'Education en 1938–1939. Rapport du directeur à la dixième réunion du Conseil. Genf: B. I. E.

Les méthodes nouvelles, leurs bases psychologiques. *Encyclopédie Française*, Paris: *15*, (1939) 26, 4–16.

Méthodes fondées sur les mécanismes individuels de la pensée. *Encyclopédie Française, 15*, (1939) 28, 1–10.

Méthodes fondées sur la vie sociale de l'enfant. *Encyclopédie Française, 15*, (1939) 28, 10–13.

(Zusammen mit A. Szeminska) Quelques expériences sur la conservation des quantités continues chez l'enfant. *J. Psychologie, 36*, (1939) 36–64.

La construction psychologique du nombre entier. In: *Compte rendu des séances de la Société de Physique et d'Histoire naturelle de Genève*, Genf: *56*, (1939) 92–95.

Les groupes de la logistique et la réversibilité de la pensée. *Revue de théologie et de philosophie*, Lausanne, *27*, (1939) 291–292; Diskussion 292–295 (Piaget, S. 294, S. 295).

1940

Le Bureau International de l'Education en 1939–1940. Rapport du directeur. Genf: 1940.

Essai sur la théorie des valeurs qualitatives en sociologie statique. In: *Publications de la Faculté des Sciences économiques et sociales de l'Université de Genève, 3*, (1940) 31–79.

Le groupement additif des relations transitives asymétriques. «Mélanges Arnold Reymond». In: *Rev. de Théologie et de Philosophie*, 28, (1940) 146–152.

Le mécanisme du développement mental et les lois du groupement des opérations. Esquisse d'une théorie opératoire de l'intelligence. *Archives de psychologie*, Genf, *28, (1940) 215–285.*

1941

(Zusammen mit B. Inhelder) Le développement des quantités physiques chez l'enfant. Conservation et Atomisme. Neuchâtel: Delachaux & Niestlé, 1941; 2e éd. 1962, Vorwort zu: «Le développement des quantités physiques chez l'enfant», Neuchâtel: 1962, 10–27; 3e ed. 1968.

Übersetzungen

Japanisch:
Ryo no hatatsu shinrigaku, Tokio: 1965.

Deutsch:
Die Entwicklung der physikalischen Mengenbegriffe beim Kinde. Erhaltung und Atomismus. Mit einer Einführung von Hans Aebli. Stuttgart: Klett, 1969.

(Zusammen mit A. Szeminska) La genèse du nombre chez l'enfant. Neuchâtel: Delachaux & Niestlé, 1941; 2e éd. 1950; 3e éd. 1964; 4e ed. 1967.

Übersetzungen

Englisch: The child's conception of number. (Übers. von C. Gattegno und F. M. Hodgson.) London: Routledge and Kegan, 1952; 2nd ed. 1961; 3rd ed. New York: Norton Company, 1965.

Deutsch:
Die Entwicklung des Zahlbegriffes beim Kind. Stuttgart: Klett, 1965; 3e ed. 1972.

Japanisch:
Kazu no hattatsu shingrigaten. (Übers. von Hiraku Tôyama et al.) Tokio: Kokudosha, 1962.

Italienisch:
La genesi del numero nel bambino. *Il sedicesimo,* 1968, 14–15, 15.

Le Bureau International d'Education en 1940–1941. Rapport du directeur. Genf, 1941.

Esprit et réalité. In: *Annuaire de la Société suisse de Philosophie, 1,* (1941) 40–47.

La psychologie d'Edouard Claparède. *Arch. de Psychologie, 28,* (1941) 193–213.

Le mécanisme du développement mental et les lois du groupement des opérations. Esquisse d'une théorie opératoire de l'intelligence. *Arch. de Psychologie,* 28, (1941) 215–285.

L'axiomatique des opérations constitutives du temps. In: *Compte rendu des séances de la Société de Physique et d'Histoire naturelle de Genève, 23,* (1941) 24–28.

Le groupement additif des classes. Ibidem, *23,* (1941) 107–116.

Le groupement additif des relations asymétriques (sériation qualitative) et ses rapports avec le groupement additif des classes. Ibidem, *23,* (1941) 117–122.

La fonction régulatrice du groupement dans le développement mental: esquisse d'une théorie opératoire de l'intelligence. Ibidem, *23,* (1941) 198–203.

Le rôle de la tautologie dans la composition additife des classes et des ensembles. Ibidem, *58,* (1941) 102–107.

Quelques observations sur le développement psychologique de la notion de temps. Ibidem, *58,* (1941) 21–24.

Sur les rapports entre les groupements additifs des classes et des relations asymétriques et le groupe additif des nombres entiers. In: *Compte rendu des séances de la Société de Physique et d'Histoire naturelle de Genève, 58,* (1941) 122–126.

Les groupements de la classification complète et de l'addition des relations symétriques. Ibidem, *58,* (1941) 149–154.

Les groupements de la multiplication biunivoque des classes et de celle des relations. Ibidem, *58,* (1941) 154–159.

Les groupements de la multiplication co-univoque des classes et des relations. Ibidem, *58,* (1941) 192–197.

1942

Classes, relations et nombres. Essai sur les groupements de la logistique et sur la réversibilité de la pensée. Paris: Vrin, 1942.

Le Bureau International d'Education en 1941–1942. Rapport du directeur. Genf: 1942.

Les trois structures fondamentales de la vie psychique: rythme, régulation et groupement. *Rev. suisse de Psychologie, 1,* (1942) 9–21.

Une expérience sur le développement de la notion du temps. *Rev. suisse de Psychologie, 1,* (1942) 179–185.

(Zusammen mit M. Lambercier, E. Boesch, B. Albertin) Introduction à l'étude des perceptions chez l'enfant et analyse d'une illusion relative à la perception visuelle de cercles concentriques. *Arch. de Psychologie, 29,* (1942) 1–107.

La notion de régulation dans l'étude des illusions perceptives. In: *Compte rendu des séances de la Société de Physique et d'Histoire naturelle de Genève, 59,* 1942, 72–74.

Psychologie et Pédagogie genevoises. *Suisse Contemporaine,* 1942, 427–431.

Intellectual Evolution. In: *Science and man,* New York: Harcourt & Brace, 1942, 409–422.

1943

Vorwort zu B. Inhelder: Le diagnostic du raisonnement chez les débiles mentaux. Neuchâtel: Delachaux & Niestlé, 1943.

Vorwort zur 2. Auflage von B. Inhelder: Le diagnostic du raisonnement chez les débiles mentaux. Neuchâtel: Delachaux & Niestlé, 1963.

Le développement mental de l'enfant. In: *Juventus-Helvetica, Notre jeune génération,* Zürich: Litteraria, 1943, 19–76.

Übersetzungen

Deutsch:

Die geistige Entwicklung des Kindes. (Übers. von B. Inhelder.) In: Jußentus-Helvetica, Unsere junge Generation, Zürich: M. S. Metz, 1944, 31–92.

(Zusammen mit M. Lambercier) La comparaison visuelle des hauteurs à distances variables dans le plan fronto-parallèle. *Archives de Psychologie, 29,* (1943) 174–253.

(Zusammen mit M. Lambercier) Le problème de la comparaison visuelle en profondeur et l'erreur systématique de l'étalon. *Archives de Psychologie, 29,* (1943) 255–308.

La perception chez les vertébrés supérieurs et chez le jeune enfant. *Revue suisse de Zoologie, 50,* (1943) 225–232.

Essai d'interprétation probabiliste de la loi de Weber et de celle des centrations relatives. In: *«Compte rendu des séances de la Société de Physique et d'Histoire naturelle»,* in: *Archives des Sciences physiques et naturelles,* Genf: 1943, 200–204.

1944

Les relations entre la morale et le droit. Mélanges d'études économiques et sociales offerts à William E. Rappard. In: *Publications de la Faculté des Sciences économiques et sociales de l'Université de Genève, 8,* (1944) 19–54.

(Zusammen mit M. Lambercier) Essai sur un effet d'Einstellung survenant au cours de perceptions visuelles successives (Effet Usnadze). *Arch. de Psychologie, 30,* (1944) 139–196.

L'organisation et l'esprit de la psychologie à Genève. *Revue suisse de Psychologie,* 1944, *3,* 97–104.

Essai d'interprétation probabiliste de la loi Weber et de celle des centrations relatives. *Arch. de Psychologie, 30,* (1944) 95–138.

1945

(Zusammen mit B. Inhelder) Expérience sur la construction projective de la ligne droite chez l'enfant de 2 à 8 ans. *Cahiers de Pédagogie expérimentale et de Psychologie de l'enfant,* Neue Serie, 2, (1945) 1–17.

Vorwort zu M. Rambert: La vie affective et morale de l'enfant. Neuchâtel: Delachaux & Niestlé, 1945.

Hommage à C. G. Jung. *Rev. suisse de Psychologie, 4,* (1945) 160–171.

Les opérations logiques et la vie sociale. In: *Publications de la Faculté des Sciences Econ et Sociales de l'Université de Genève, 9,* 1945.

La formation du symbole chez l'enfant. Imitation, jeu et rêve; image et représentation. Neuchâtel und Paris: Delachaux & Niestlé, 1945, 5e ed. 1970.

Übersetzungen

Deutsch:

Nachahmung, Spiel und Traum. Die Entwicklung der Symbolfunktion beim Kinde. Mit einer Einführung von Hans Aebli. Stuttgart: Klett, 1969.

Discours. In: *Inauguration du buste de M. Arnold Reymond à l'aula de l'Université de Lausane le 16 décembre 1944.* Lausanne: Rouge, 1945, 17–21.

1946

La formation du symbole chez l'enfant. Neuchâtel: Delachaux & Niestlé, 1946; 2e éd. 1959; 3e éd. 1964.

Übersetzungen

Englisch:

Play, dreams, imitation in childhood. (Übers. von C. Cattegno und F. M. Hodgson.) New York: Norton, 1951.

Play, Dreams and Imitation in Childhood. London: Heinemann, 1951.

Le développement de la notion de temps chez l'enfant. Paris: P. U. F., 1946; 2e ed. Paris: P. U. F., 1973.

Übersetzungen

Deutsch:

Die Bildung des Zeitbegriffs beim Kinde. (Übers. V. G. Meili-Dworitzki) Zürich: Rascher, 1955. Jetzt: Olten und Freiburg i. Br.: Walter.

Englisch:

The development of time concepts in the child. In: Hoch, P. H. and Zubin, J., *Psychology of Childhood.* New York: Grune and Stratton, 1955, 34–44.

Les trois conditions d'une épistémologie scientifique. *Analysis*, Revue pour la critique des sciences, Milano, *1*, (1946) 25–32.

Les notions de mouvement et de vitesse chez l'enfant. Paris: P. U. F., 1946; 2e ed. 1972.

(Zusammen mit F. Gonseth) Groupements, groupes et lactices. *Arch. de Psychologie, 31*, (1946) 65–73.

(Zusammen mit M. Lambercier) Transpositions perceptives et transitivité opératoire dans les comparaisons en profondeur. *Arch. de Psychologie, 31*, (1946) 325–368.

1947

La Psychologie de l'Intelligence. Paris: A. Collin, 1947; weitere Ausgaben 1949, 1952, 1956, 1961, 1962, 1964, 1965, 1967.

Übersetzungen

Deutsch:

Psychologie der Intelligenz. (Übers. v. L. Goldmann und Y. Moser.) Zürich und Stuttgart: Rascher, 1948; 5e ed. Olten und Freiburg i. Br.: Walter, 1972.

Englisch:

The Psychology of Intelligence. (Übers. von M. Piercey und D. E. Berlyne.) London: Routledge and Kegan Paul, 1950. (Neudruck: New Jersey: Patterson, Littlefields Adam, 1960.)

Schwedisch:

Intelligensens Psykologi. Stockholm: Natur och Kultur, 1951.

Italienisch:

Psicologia dell'Intelligenza. (Übers. von Dino Di Giorgi.) Florenz: Editrice Universitaria, 1952.

Spanisch:

Psicología de la Intelligencia (Übers. von Juan Carlos Faix.) Buenos Aires, 1956.

Portugiesisch:

Psicologia da inteligência. (Übers. von C. de Alencar.) Rio de Janeiro: Fundo de Cultura, 1958.

Griechisch:

E psychologia tes noemosynes. (Übers. von Sp. Rallis.) Athen: 1958.

Vorwort zu L. Johannot: Le raisonnement mathématique de l'adolescent. Neuchâtel: Delachaux & Niestlé, 1947.

Vorwort zu N. Kostyleff: La réflexologie et les essais d'une psychologie structurale. Neuchâtel: Delachaux & Niestlé, Neuauflage 1947.

Vorwort zu E. Claparède: Psychologie de l'enfant et Pédagogie expérimentale. Neuchâtel. Delachaux & Niestlé, Neuauflage 1947.

Übersetzung

Italienisch:
Florenz: Ed. Universitaria, 1956.

Du rapport des Sciences avec la Philosophie. *Synthese*, *6*, (1947) 130–150. Deutsche Übersetzung in Vorbereitung. Wien: Molden (Sammelband).

(Zusammen mit B. Inhelder) Diagnosis of mental operations and theory of the intelligence. In: *Amer. J. Deficiency*, *51*, (1947) 401–406.

Des intuitions topologiques élémentaires à la construction euclidienne dans le développement psychologique de l'espace. In: Compte rendu des Séances de la Société de Physique et d'Histoire naturelle de Genève, in: *Archives des Sciences physiques et naturelles*, *64*, (1947) 31.

La soustraction des surfaces partielles congruentes à deux surfaces totales égales. In: *Miscellanea Psychologica Albert Michotte*, Louvain: Institut supérieur de Philosophie, Nauwelaerts und Vrin, 1947, 167–180.

1948

(Zusammen mit B. Inhelder) La représentation de l'espace chez l'enfant. Paris: P. U. F., 1948; 2e ed. 1972.

Übersetzungen

Englisch:
The child's conception of space. (Übers. von Langdon und Lunzer.) London: Routledge and Kegan Paul, 1956; New York: Humanities Press.

Deutsch:
Die Entwicklung des räumlichen Denkens beim Kinde. Mit einer Einführung von Hans Aebli. Stuttgart: Klett, 1971.

1948

(Zusammen mit B. Inhelder und A. Szeminska) La géométrie spontanée de l'enfant. Paris: P. U. F., 1948; 2e ed. 1973.

Übersetzungen

Englisch:
The child's conception of geometry. (Übers. von E. A. Lunzer.) London: Routledge and Kegan Paul, 1960, (und New York: Basic Books).

Deutsch:
In Vorbereitung. Stuttgart: Klett.

Le droit à l'éducation dans le monde actuel. Paris: Unesco, 1948. (Englische und italienische Übers.)
L'analyse psycho-génétique et l'épistémologie des sciences exactes, *Synthése,* Amsterdam, *7,* (1948) 32–49.
Pierre Janet. *Archives de Psychologie, 32,* (1948) 235–237.
Du rapport entre la logique des propositions et les »groupements« de classes ou de relations. A propos du »Traité de logique« de Charles Serrus. *Revue de métaphysique et de morale,* Paris, *53,* (1948) 139–163.
L'analyse psycho-génétique et l'épistémologie des sciences exactes. *Synthése,* (1948) 32–49.

1949
La genèse du nombre chez l'enfant. In: Initiation au calcul (enfants de 4 à 7 ans). *Cahiers de pédagogie moderne.* Paris: Bourrelier, 1949, 5–28.

Übersetzungen

Italienisch:
(Zusammen mit B. Boscher, A. Chatelet) Avviamento al calcolo. (Übers. von E. Nunberg Almansi.) Florenz: La Nuova Italia, 1956, 3–45.
L'insegnamento della matematica. (Übers. von M. G. Campedelli.) Florenz: La Nuova Italia, 1960, 1–35.

Deutsch:
Die Genese der Zahl beim Kinde. (Übers. von Theo Kern.) In: *Rechenunterricht und Zahlbegriff.* Westermann Taschenbuch (Theorie und Praxis der Schule), 1964, 50–72. (2. Auflage 1965).

Le groupe des transformations de la logique des propositions bivalentes. In: Compte rendu des séances de la Société de Physique et d'Histoire naturelle de Genève, in: *Arch. des Sciences physiques et naturelles, 2,* (1949), 179–182.
Le problème neurologique de l'intériorisation des actions en opérations réversibles. *Arch. de Psychologie, 32,* (1949) 241–258.
(Zusammen mit H. Wursten und L. Johannot) Les illusions relatives aux angles et à la longueur de leurs côtés. *Arch. de Psychologie, 32,* (1949) 281–307.
Remarques psychologiques sur l'enseignement élémentaire des Sciences naturelles. In: *L'initiation aux Sciences naturelles à l'école primaire.* Genf: B. I. E., 1949, Publikation Nr. 110, 35–45.
The right to education in the modern world. In: UNESCO, Freedom and Culture; New York: Columbia Unversity Press, 1951, 67–116 (übers.).

Traité de logique. Essai de logistique opératoire. Paris: A. Colin, 1949; 2e ed. unter dem Titel Essai de logique opératoire. Paris: Dunod, 1972.

1950

Introduction à l'épistémologie génétique. Bd. I: La pensée mathématique. Paris: P. U. F., 1950.

Introduction à l'épistémologie génétique. Bd. II: La pensée physique. Paris: P. U. F., 1950.

Introduction à l'épistémologie génétique. Bd. III: La pensée biologique, la pensée psychologique et la pensée sociologique. Paris: P. U. F., 1950.

Übersetzung

Deutsch:

Die Entwicklung des Erkennens. I: Das mathematische Denken. Mit einer Einführung von Hans Aebli. Stuttgart: Klett, 1972. II: Das physikalische Denken. Stuttgart: Klett, 1973. III: Das biologische Denken; das psychologische Denken; das soziologische Denken. Vorwort von Fritz Kubli. Stuttgart: Klett, 1973.

Schémas mathématiques, biologiques et physiques. In: *Etudes de Philosophie des Sciences, en hommage à Ferdinand Gonseth, à l'occasion de son 60e anniversaire.* Neuchâtel: Griffon, 1950, 143–146. (Bibl. scient.)

La psychologie de l'enfant, de 1946 à 1948. In: *Institut International de Philosophie,* XIV: Psychologie, Phénoménologie et Existentialisme. Paris: Hermann, 1950, 89–111.

(Zusammen mit B. von Albertini) L'illusion de Müller-Lyer. *Archives de Psychologie,* 1950, 33, 1–48.

Sur la logique des propositions. In: Compte rendu des séances de la Société de Physique et d'Histoire naturelle, in: *Archives des Sciences physiques et naturelles, 3,* (1950) 159–161.

Epistémologie génétique et méthodologie dialectique. *Dialectica, 4,* (1950) 287–295.

Perception et intelligence. *Bulletin du groupe d'études de psychologie de l'Université de Paris, 4,* (1950) 25–34.

(Zusammen mit B. Inhelder) Le rôle des opérations dans le développement de l'intelligence. In: *Proceedings and papers of the XIIth International Congress of Psychology, Edinburgh 1948.* Edinburgh: Oliver and Boyd, 1950, 102–103.

Droit à l'éducation dans le monde actuel. Les droits de l'Esprit. Paris: Unesco, 1950, 21–72.

Une expérience sur la psychologie du hasard chez l'enfant: le tirage au sort des coupes. *Acta psychologica, 7,* (1950) 323–336.

L'utilité de la logistique en psychologie. *L'Année psychologique, 50,* (1950) 27–38.

Vorwort zu: Rolin Wavre. La figure du monde. Essai sur le problème de l'espace des grecs à nos jours. Neuchâtel: Editions de la Baconnière, 7–11.

La réversibilité de la pensée et les opérations logiques. *Bulletin de la Société française de philosophie*, Paris, *44*, (1950) 137–164.

1951

(Zusammen mit B. Inhelder) La genèse de l'idée du hasard chez l'enfant. Paris: P. U. F., 1951.

Vorwort zu H. Aebli: Didactique psychologique. Application à la didactique de la psychologie de Jean Piaget. Neuchâtel: Delachaux & Niestlé, 1951.

(Zusammen mit B. Inhelder) Die Psychologie der frühen Kindheit. In: *Handbuch der Psychologie*, hrsg. von D. Katz, B. Schwabe, Basel: 1951, 232–271; 2. Aufl. 1959.

Übersetzungen

Spanisch:
Madrid: Morata, 1954, 231–267.

Schwedisch:
Stockholm: Svenska Bokörlaget Bonnia, 1955, 261–294.

Italienisch:
Turin: Boringhieri, 1960, 272–309.
Intelligenza. In: *Enciclopedia medica italiana*, 1951, 617–622.

(Zusammen mit M. Lambercier) La comparaison des grandeurs projectives chez l'enfant et chez l'adulte. *Archives de Psychologie*, *33*, (1951) 81–130.

(Zusammen mit M. Lambercier) La perception d'un carré animé d'un mouvement de circumduction (effet Auersperg et Buhrmester). *Archives de Psychologie*, *33*, (1951) 131–195.

Pensée égocentrique et pensée sociocentrique. *Cahiers internationaux de sociologie*, *10*, (1951) 34–49.

(Zusammen mit A. M. Weil) Le développement, chez l'enfant, de l'idée de patrie et des relations avec l'étranger. *Bulletin International des Sciences sociales*, Paris: Unesco, *3*, (1951) 605–621.

Du rapport des Sciences avec la Philosophie. *Synthèse*, *6*, (1951) 130–150.

Vorwort zu R. Wavre: La figure du monde: essai sur le problème de l'espace, des Grecs à nos jours. Neuchâtel: La Baconnière, 1951.

L'utilité de la logistique en psychologie. *L'année psychologique*, Paris, *50*, (1951) 27–38.

A propos d'un traité de logique. Réponse à M. Evert Willem Beth. *Methodos*, Milano, *3*, (1951) 243–244.

1952

Essai sur les transformations des opérations logiques. Les 256 opérations ternaires de la logique bivalente des propositions. Paris: P. U. F., 1952.

Autobiographie. In: *A history of psychology in Autobiography.* Worcester, Mass.: Clark Univ. Press, *5*, (1952) 237–256.

La logistique axiomatique ou «pure», la logistique opératoire ou psychologique et les réalités auxquelles elles correspondent. *Methodos, 4,* (1952) 72–84.

Quelques illusions géométriques renversées. *Revue suisse de Psychologie, 11,* (1952) 19–25, mit Berichtigung 157–158.

Equilibre et structures d'ensemble. (Antrittsvorlesung an der Sorbonne). *Bulletin de Psychologie, 6* (1952/53), Sondernummer, 4–10.

Contribution à la théorie générale des structures. In: *Proceedings and papers of the XIIth International Congress of Psychology at Stockholm,* 1951. Stockholm: 1952, 197–199.

De la psychologie génétique à l'épistémologie. *Diogène 1* (1952) 38–54.

Übersetzung

Deutsch:

Von der genetischen Psychologie zur Epistemologie. Köln und Berlin: Diogenes *1* (1953–1954) 35–51. Auch in Vorbereitung: Wien: Molden (Sammelband).

1953

Logic and Psychology, with an Introduction on Piaget's Logic by W. Mays. New York: University Press, 1953; Basic Books, 1957; 3e ed. 1965.

Vorwort zu R. Girod: Attitudes collectives et relations humaines. Tendances actuelles des Sciences sociales américaines. Paris: P. U. F., 1953.

(Zusammen mit P. Osterrieth) L'évolution de l'illusion d'Oppel-Kundt en fonction de l'âge. *Archives de Psychologie, 34,* (1953) 1–38.

(Zusammen mit M. Lambercier) La comparaison des différences de hauteur dans le plan fronto-parallèle. *Archives de Psychologie, 34,* (1953) 73–107.

(Zusammen mit Denis-Prinzhorn) L'estimation perceptive des côtés du rectangle. *Archives de Psychologie, 34,* (1953) 109–131.

La période des opérations formelles et le passage de la logique de l'enfant à celle de l'adolescent. *Bulletin de Psychologie,* 7, (1953/54) 247–255.

How children form mathematical concepts. *Scientific American, 189,* (1953) 74–79.

Structures opérationnelles et cybernétiques. In: *Actes de la 1re Session d'études de l'Association de Psychologie scientifique de langue fran-*

çaise: le système nerveux et la psychologie, Paris, 1952. Année psychologique, 53, (1953) 379–388.
La centration perceptive et les illusions primaires et secondaires (Séance du 7 mars 1953). In: Actes de la Société française de Psychologie. Extrait de: *L'année psychologique, 53,* (1953) 722–724.
Méthode axiomatique et méthode opérationnelle. *Synthèse,* (1952) 23–43.

1954
La vie et la pensée, du point de vue de la psychologie expérimentale et de l'épistémologie génétique. In: *VIIe Congrès des Sociétés de Philosophie de langue française, Grenoble: 1954,* 17–23. Deutsche Übersetzung in Vorbereitung. Wien: Molden (Sammelband).
Le langage et la pensée du point de vue génétique. In: *Thinking and Speaking.* A symposium. Hrsg. von G. Revesz, Amsterdam: North Holland Publishing Co., 1954, 51–60.

Übersetzung

Deutsch:
Sprechen und Denken in genetischer Sicht. In: Jean Piaget. *Theorien und Methoden der modernen Erziehung.* Wien: Molden, 1972, 269–280.

Inconditionnés transcendentaux et épistémologie génétique. *Dialectica,8,* (1954) 5–13.
Problems of consciousness in child psychology, developmental changes in awareness. In: Abramson, H. A. (Hrsg.), *Problems in consciousness.* Transactions of the IVth Conference, 1953, Princeton, N. Y., (Übers. von E. Meyer.) New York: J. Macy Foundation, 1954, 136–177.
(Zusammen mit F. Maire und F. Privat) La résistance des bonnes formes à l'illusion de Müller-Lyer. *Archives de Psychologie, 34,* (1954) 155–202.
(Zusammen mit B. Stettler von Albertini) Observation sur la perception des bonnes formes chez l'enfant par actualisation des lignes virtuelles. *Archives de Psychologie, 34,* (1954) 203–242.
(Zusammen mit A. Morf) L'action des facteurs spatiaux et temporels de centration dans l'estimation visuelle des longueurs. *Archives de Psychologie, 34,* (1954) 243–288.
(Zusammen mit M. Denis-Prinzhorn) L'illusion des quadrilatères partiellement superposés chez l'enfant et chez l'adulte. *Archives de Psychologie, 34,* (1954) 289–321.
Les activités mentales en rapport avec les expressions symboliques, logiques et mathématiques. *Synthese, 9,* (1954) 73–90. Auch in: Actes de la sixième, de la septième et de la huitième Conférence d'été internationale de linguistique psychologique. *Synthèse, 10,* (1957–1958), 127–145.

Ce qui subsiste de la théorie de la Gestalt dans la Psychologie contemporaine de l'intelligence et de la perception. *Revue suisse de Psychologie, 13,* (1954) 72–83.

Les relations entre l'affectivité et l'intelligence dans le développement mental de l'enfant. Paris: CDU, 1954.

1955

(Zusammen mit B. Inhelder) De la logique de l'enfant à la logique de l'adolescent. Essai sur la construction des structures opératoires formelles. Paris: P. U. F. 1955; 2e ed. 1970.

Übersetzungen

Englisch:

The growth of logical thinking from childhood to adolescence. An essay on the construction of formal operational structure. (Übers. von A. Parsons und S. Seagrin) New York: Basic Books, 1958.

Deutsch:

In Vorbereitung. Olten und Freiburg i. Br.: Walter.

Vorwort zu W. D. Wall: Education et santé mentale. Paris: UNESCO, 1955.

Les lignes générales de l'épistémologie génétique. *Actes du IIe Congrès de l'Union Internationale des Sciences, Zürich.* Neuchâtel: Griffon, 1955, 26–45.

Perceptual and cognitive (or operational) structures in the development of the concept of the space in the child. In: *Proceedings and papers of the XIVth International Congress of Psychology, Montreal 1954.* Amsterdam: 1955, 41–46.

Les structures mathématiques et les structures opératoires de l'intelligence. In: *L'enseignement des mathématiques, Actualités pédagogiques et psychologiques.* Neuchâtel: Delachaux & Niestlé, 1955, 11–34. Neue Ausgabe 1965.

Übersetzungen

Spanisch:

La enseñanza de las matemáticas. (Übers. von A. Maillo.) Madrid: Aguilar.

Deutsch:

Mathematische Strukturen und operatorische Strukturen des Denkens. In: *Zur Didaktik des Mathematikunterrichts.* Band 1: *Neue Ansätze.* Hannover: Schroedel, 1969, 13–27.

Essai d'une nouvelle interprétation probabiliste des effets de centration de la loi de Weber et de celle des centrations relatives. *Archives de Psychologie, 35* (1955) 1–24.

(Zusammen mit A. Morf) Note sur l'illusion des droites inclinées. *Archives de Psychologie, 35*, (1955) 65–76.

(Zusammen mit F. Pène) Essai sur l'illusion de la médiane des angles en tant que mesure de l'illusion des angles. *Archives de Psychologie, 35*, (1955) 77–92.

Rapport au *IIe Symposium de l'Association de Psychologie scientifique de langue française: La perception, Louvain, 1953.* Paris: P. U. F., 1955, 17–30. Diskussion: 49–51, 52, 59–60, 78–81.

1956

Vorwort zu Lydia Muller: Recherches sur la compréhension des règles algébriques chez l'enfant. Neuchâtel: Delachaux & Niestlé, 1956 (Actualités pédagogiques et psychologiques).

Centration et décentration perceptives et représentatives. *Rivista di Psichologia, 50,* 1956, 4 (Jubiläumsnummer).

Motricité, perception et intelligence. *Enfance, 9,* (1956) 2, 9–14.

(Zusammen mit Vinh Bang) Comparaison de l'illusion d'Oppel-Kundt au tachistoscope et en vision libre. In: Compte rendu des séances de la Société de Physique et d'Histoire naturelle. *Archives des Sciences physiques et naturelles*, 1956, 210–213.

Problemy geneticheskoi psikhologni. *Voprossy Psikhologii, 2,* (1956) 30–47.

(Zusammen mit E. Vurpillot) La surestimation de la courbure des arcs de cercle. *Archives de Psychologie, 35,* (1956) 215–231.

(Zusammen mit A. Morf) Note sur la comparaison des lignes perpendiculaires égales. *Archives de Psychologie, 35* (1956) 215–232.

(Zusammen mit M. Lambercier) Grandeurs projectives et grandeurs réelles avec étalon éloigné, *Archives de Psychologie, 35,* (1956) 257–280.

(Zusammen mit A. Morf) Les comparaisons verticales à faible intervalle, *Archives de Psychologie, 35,* (1956) 289–318.

(Zusammen mit M. Lambercier) Les comparaisons verticales à intervalles croissants. *Archives de Psychologie, 35* (1956) 321–367.

Quelques impressions d'une visite aux psychologues soviétiques. *Bulletin International des Sciences sociales, 8,* (1956) 401–404.

Some impressions of a visit to Soviet psychologists. *American Psychologist, 11,* (1956) 343–345.

Some impressions of a visit to soviet psychologists. *Acta Psychologica, 12,* (1956) 216–219.

Discussions on Child Development. *The Proceedings of the First Meeting of the World Health Organization Study Group on the Psychobiological Development of the Child, Geneva, 1953.* London: Tavistock

Publications, 1956, Bd. 1, Biographie: 31–33; Diskussion, 31–33, 69–70, 71, 89–90, 93–94, 101, 104–105, 149.

Entretiens sur le développement psycho-biologique de l'enfant. (Frz. Übers. von D. Julien-Vollmer.) Neuchâtel und Paris: Delachaux & Niestlé, 1960, 32–34, 74–75, 76–77, 96–97, 100, 108–109, 112–113, 161.

Discussions on Child Development. *The Proceedings of the Second Meeting of the World Health Organization Study Group on the Psychobiological Development of the Child, London, 1954.* London: Tavistock Publications, Bd. 2, Diskussion: 24, 58–60, 61, 62.

Les stades du développement intellectuel de l'enfant et de l'adolescent. In: *Le Problème des Stades en Psychologie de l'Enfant.* 3e Symposium de l'Association psychologique scientifique de langue française, Genf 1955. Paris: P. U. F., 1956, 33–42; Diskussion: 56–61.

Übersetzung

Spanisch:

Los estadios en la psicologia del niño. Buenos Aires: Editorial Pantario, 1963, 40–49 und 82–116.

1957

L'actualité de J. A. Comenius. Vorwort zu: Comenius, J. A., Pages choisies. Hommage de l'UNESCO à l'occasion du troicentième anniversaire de la publication des «Opera didactica omnia», 1657–1957. Paris: UNESCO, 1957, 11–38.

Les activités mentales en rapport avec les expressions symboliques, logiques et mathématiques. *Synthèse,* Amsterdam: 1957, 127–195.

Les notions de vitesse, d'espace parcouru et de temps chez l'enfant de 5 ans. *Enfance,* 1957, 9–42.

The child and modern physics. *Scientific American, 196,* (1957) 3, 46–51.

(Zusammen mit Wallon) L'importance du mouvement dans le développement psychologique de l'enfant. *Psychologie française, 1* (1957) 24–30.

Le mythe de l'origine sensorielle des connaissances scientifiques. In: *Actes de la Société Helvétique des Sciences Naturelles.* Neuchâtel: 1957, 20–34. Deutsche Übersetzung in Vorbereitung. Wien: Molden.

Epistémologie de la relation. In: L'évolution humaine. Spéciation et relation. Paris: E. Flammarion, Bibliothèque de Philosophie scientifique, 1957, 145–175.

Introduction: Le Centre International d'Epistémologie génétique et les Etudes d'Epistémologie génétique. *Etudes d'Epistémologie génétique.* Bd. I: Epistémologie génétique et recherche psychologique, Bibliothèque scientifique internationale. Paris: P. U. F., 1957, 1–13.

Programme et méthodes de l'Epistémologie génétique. *Etudes d'Episté-*

mologie génétique. Bd. I: Epistémologie génétique et recherche psychologique, Bibliothèque scientifique internationale (zusammen mit W. L. Beth, W. Mays). Paris: P. U. F., 1957, 13–67.

Übersetzung

Spanisch:
Epistemologica genetica e investigación psicologica. (Übers. v. N. Bastard.) Buenos Aires: Nueva Vision, 1959.

Logique et équilibre dans les comportements du sujet. *Etudes d'Epistémologie génétique.* Bd. II: Logique et équilibre (zusammen mit L. Apostel, B. Mandelbrot). Bibliothèque scientifique internationale. Paris: P. U. F., 1957, 27–117.

Introduction. *Etudes d'Epistémologie génétique,* Bd. III: Logique, langage et théorie de l'information. Bibliothèque scientifique internationale, Paris: P. U. F., 1957.

Avant-propos. *Etudes d'Epistémologie génétique.* Bd. IV: Les liaisons analytiques et synthétiques dans les comportements du sujet (zusammen mit L. Apostel, W. Mayr und A. Morf). Bibliothèque scientifique internationale. Paris: P. U. F., 1957.

Méthode axiomatique et méthode opérationnelle. In: Actes de la sixième, de la septième et de la huitième Conférence d'été internationale de linguistique psychologique (*Synthèse, 10),* (1957) 23–43.

(Zusammen mit M. Lambercier) La causalité perceptive visuelle chez l'enfant et chez l'adulte. *Archives de Psychologie, 36,* (1958) 77–201.

(Zusammen mit J. Maroun) La localisation des impressions d'impact dans la causalité perceptive tactilo-kinesthésique. *Archives de Psychologie, 36,* (1958) 202–235.

(Zusammen mit M. Weiner) Quelques interférences entre la perception et la vitesse et la causalité perceptive. *Archives de Psychologie, 36,* (1958) 236–252.

(Zusammen mit Y. Feller und E. McNear) Essai sur la perception des vitesses chez l'enfant et chez l'adulte. *Archives de Psychologie, 36,* (1958) 253–327.

(Zusammen mit Vinh-Bang, Matalon, B.) Note on the law of the temporal maximum of some opticogeometric illusions. *The American Journal of Psychology, 71* (1958) (Dallenbach commemorative number), 277–282.

Die Genese der Zahl beim Kinde. *Westermanns pädagogische Beiträge.* Braunschweig, *9,* (1958) 357–367 (Übers. eines Vortrages, gehalten in Lyon).

Introduction: La deuxième année d'activité et le 2e Symposium du Centre International d'Epistémologie génétique. *Etudes d'Epistémologie gé-*

nétique. Bd. V: La lecture de l'expérience, Bibliothèque scientifique internationale, Paris: P. U. F., 1958.

(Zusammen mit A. Jonckheere, B. Mandelbrot) Assimilation et connaissance. *Etudes d'Epistémologie génétique,* Bd. V: La lecture de l'expérience. Bibliothèque scientifique internationale, Paris: P. U. F., 1958, 49–108.

Avant-propos. *Etudes d'Epistémologie génétique.* Bd. VI: Logique et perception, Bibliothèque scientifique internationale. Paris: P. U. F., 1958.

(Zusammen mit A. Morf) Les isomorphismes partiels entre les structures logiques et les structures perceptives. Les préinférences perceptives et leurs relations avec les schèmes sensori-moteurs et opératoires. *Etudes d'Epistémologie génétique.* Bd. VI: Logique et perception. Bibliothèque scientifique internationale, Paris: P. U. F., 1958, 117–155.

Le conditionnement et l'apprentissage. In: *Participations aux discussions du IVe Symposium de l'Association de Psychologie scient de langue française, Strasbourg 1956.* Paris: P. U. F., 1958, 158–165.

Discussion on Child Development. *The Proceedings of the Third Meeting of the World Health Organization Study Group on the Psychobiological Development of the Child, Geneva, 1955.* London: Tavistock Publications, 1958. Bd. 3. Diskussion: 114, 154–156, 157.

1959

(Zusammen mit B. Inhelder) La genèse des structures logiques élémentaires. Classifications et sériations. Neuchâtel/Paris: Delachaux & Niestlé, 1959; 2e ed. 1967.

Übersetzungen

Englisch:

The early growth of logic in the Child (classification and seriation). Übers. von G. A. Lunzer und D. Papert. London: Routledge and Kegan Paul, 1964 und New York: Harper, 1964.

Russisch:

Genezis elementarnih logičeskih struktur. (Übers. von E. M. Pcelkina.) Moskau: lzd. inostr. Lit. 1963.

Deutsch:

Die Entwicklung der elementaren logischen Strukturen. 2 Bde. Mit einer Einführung von Ursula Rohr-Dietschi. Düsseldorf: Schwann, 1973.

(Zusammen mit B. Inhelder) Les structures logiques élémentaires chez l'enfant. Russische Übers., 1963.

Introduction: La troisième année d'activité du Centre et le 3e Symposium International d'Epistémologie génétique. *Etudes d'Epistémologie gé-*

nétique. Bd. VII: Apprentissage et connaissance, Bibliothèque scientifique internationale, Paris: P. U. F., 1959.

(Zusammen mit P. Gréco) Apprentissage et connaissance (1re partie). *Etudes d'Epistémologie génétique* Bd. VII: Apprentissage et connaissance, Bibliothèque scientifique internationale. Paris: P. U. F., 1959, 1–20, 21–67.

Avant-propos. *Etudes d'Epistémologie génétique.* Bd. IX: L'apprentissage des structures logique, Bibliothèque scientifique internationale. Paris: P. U. F., 1959.

Avant-propos. *Etudes d'Epistémologie génétique.* Bd. X: La logique des apprentissage, Bibliothèque scientifique internationale, Paris: P. U. F., 1959.

(Zusammen mit M. Goustard, P. Gréco, B. Matalon) Apprentissage et connaissance (2e partie). *Etudes d'Epistémologie genétique.* Bd. X: La logique des apprentissages, Bibliothèque scientifique internationale. Paris: P. U. F., 1959, 159–188.

L'Institut des Sciences de l'Education (Institut J.-J. Rousseau) de 1912 à 1956. In: *Histoire de l'Université de Genève*, Genf: Georg, 1959, *4, Annexes,* 307–316.

Les modèles abstraits sont-ils opposés aux interprétations physiologiques dans l'explication en psychologie? Esquisse et autobiographie intellectuelle. *Bulletin de Psychologie, 13,* (1959–60), 1/2, 7–13.

(Zusammen mit J. Rutschmann und B. Matalon) Nouvelles mesures des effets de centration en présentation tachistoscopique. *Archives de Psychologie, 37,* (1959) 140–165.

Perception, apprentissage et empirisme. *Dialectica, 13* (1959) 5–15. Deutsche Übersetzung in Vorbereitung. Wien: Molden.

Le rôle de la notion d'équlibre dans l'explication en psychologie. In: Actes du XVe Congrès International de Psychologie, Brüssel 1957. *Acta Psychologica, 15,* (1959) 51–52.

Lettre. In: Hommage à Arnold Reymond. *Revue de théologie et de philosophie,* Lausanne, 3. Folge, *9,* (1959) 44–47.

Pourquoi la formation des notions ne s'explique jamais par la seule perception. *Acta Psychologica, 15,* (1959) 314–316.

Die relationale Methode in der Psychologie der Wahrnehmung. *Zeitschrift für experimentelle und angewandte Psychologie, 6,* (1959) 78–94.

1960

Chronique de l'Institut des Sciences de l'Education, section psychologie. *Bastions de Genève,* 1960, 102–105.

Vorwort zu Margot, M.: L'école opérante. Psychopédagogie de l'élaboration mathématique. Paris-Neuchâtel: Delachaux & Niestlé, 1960.

Introduction: Problèmes de la construction du nombre. *Etudes d'Episté-*

mologie génétique. Bd. XI: Problèmes de la construction du nombre, Bibliothèque scientifique internationale, Paris: P. U. F., 1960, 1–68.
La portée psychologique et épistémologique des essais neohulliens de D. Berlyne. *Etudes d'Epistémologie génétique*. Bd. XII: Théorie du comportement et opérations, Bibliothèque scientifique internationale, Paris: P. U. F., 1960, 105–123.
Les praxies chez l'enfant. *Revue neurologique*, 1960, 551–565.
L'aspect génétique de l'œuvre de Pierre Janet. *Psychologie française*, *5*, (1960) 111–117.
Les modèles abstraits sont-ils opposés aux interprétations psycho-physiologiques dans l'explication en Psychologie? *Revue suisse de Psychologie*, *14*, (1960) 57–65.
Problèmes de la psycho-sociologie de l'enfance. In: Gurvitch, *Traité de sociologie*. Paris: P. U. F., 1960, Bd. *2*, 229–254.
Wahrnehmungskonstanzen und Kausalitätswahrnehmung. *Psychologische Beiträge*, *5*, (1960) 183–229.
The General Problems of the Psychological Development of the Child. In: *Discussions on Child Development. The Proceedings of the Fourth Meeting of the World Health Organization Study Group on the Psychobiological Development of the Child, Geneva, 1956*. London: Tavistock Publications, 1960. Bd. *4*, 3–27. Diskussionen: 77–83, 89–94, 95–96, 98–105, 106, 108–109, 110–111, 116–119, 120–121, 121–123, 124, 126, 130–132, 171–172, 173–174.

1961
Les mécanismes perceptifs. Modèles probabilistes, analyse génétique, relations avec l'intelligence. Paris: P. U. F., 1961.
Rapport sur les travaux de psychologie de l'enfant effectués dans les écoles de Genève en 1960–1961. Genf: Reggiani et Jaccoud, 1961.
(Zusammen mit W. Beth) *Etudes d'Epistémologie génétique*, Bd. XIV: Epistémologie mathématique et psychologie, Bibliothèque scientifique internationale, Paris: P.U.F., 1961, 143–324 und 325–332.
(Zusammen mit Vinh-Bang) L'évolution de l'illusion des espaces divisés (Oppel-Kundt) en présentation tachistoscopique. *Archives de Psychologie*, *38*, (1961) 1–21.
(Zusammen mit B. Matalon und Vinh-Bang) L'évolution de l'illusion dite »verticale-horizontale«, de ses composantes (rectangle et équerre) et de l'illusion de Delboeuf en présentation tachistoscopique. *Archives de Psychologie*, *38*, (1961) 23–68.
(Zusammen mit Vinh-Bang) L'enregistrement des mouvements oculaires en jeu chez l'adulte dans la comparaison verticale, horizontale et oblique et dans les perceptions de la figure en équerre. *Archives de Psychologie*, *38*, (1961) 150, 89–142.
(Zusammen mit Vinh-Bang) Comparaison des mouvements oculaires et

des centrations du regard chez l'enfant et chez l'adulte. *Archives de Psychologie, 38*, (1961) 167–199.

Défense de l'épistémologie génétique contre quelques objections »philosophiques«. *Revue philosophique de la France et de l'étranger, 151*, (1961) 475–500.

The Genetic approach to the Psychology of Thought. *Journal of Educational Psychology, 52*, (1961) 275–281.

1962

Vorwort zu T. Gouin-Décarie: Intelligence et affectivité chez le jeune enfant. Neuchâtel: Delachaux et Niestlé, 1962.

(Zusammen mit B. Inhelder) Le développement des images mentales chez l'enfant. *Journal de psychologie normale et pathologique*, (1962) 75–108.

Introduction. *Etudes d'Epistémologie génétique*. Bd. XVI: Implication, formalisation et logique naturelle, Bibliothèque scientifique internationale, Paris: P.U.F., 1962.

Défense de l'épistémologie génétique. *Etudes d'Epistémologie génétique*. Bd. XVI: Implication, formalisation et logique naturelle, Bibliothèque scientifique internationale, Paris: P.U.F., 1962, 165–191.

Le rôle de l'imitation dans la formation de la représentation. En Hommage de »l'Evolution psychiatrique« à Henri Wallon. *Evolution psychiatrique, 27*, (1962) 1, 141–150.

(Zusammen mit Y. Feller und M. Bovet) La perception de la durée en fonction des vitesses. *Archives de Psychologie, 38*, (1962) 1–55.

Le temps et le développement intellectuel de l'enfant. In: *La vie et le temps*. Rencontres internationales de Genève, 1962. Collection Histoire et Société d'aujourd'hui. Neuchâtel: La Baconnière, 1962, 35–58.

Comments on Vygotsky's critical remarks concerning the language and thought of the child, and judgment and reasoning in the child. *Massachusetts Institute of Technology, 8*, (1962).

Three lectures. (The Stages of the Intellectual Development of the Child; The Relation of Affectivity to Intelligence in the Mental Development of the Child; Will and Action.) *Bulletin of the Menninger Clinic, 26*, (1962) 120–145.

1963

Vorwort zu Morteza Nassefat: Etude quantitative sur l'évolution des opérations intellectuelles. Paris-Neuchâtel: Delachaux & Niestlé, 1963.

Vorwort zu E. Vurpillot: L'organisation perceptive, son rôle dans l'évolution des illusions optico-géométriques. Paris. Vrin, 1963.

L'explication en psychologie et le parallélisme psycho-physiologique.

Traité de Psychologie expérimentale, Bd. I: Histoire et Méthode. Paris: P.U.F., 1963, 121–152; 2e ed. 1970.

Le développement des perceptions en fonction de l'âge. *Traité de Psychologie expérimentale.* Bd. VI: La perception. Paris: P.U.F., 1963, 1–57; 2e ed. 1967.

(Zusammen mit B. Inhelder) Les images mentales. *Traité de Psychologie expérimentale.* Bd. VII: L'intelligence. Paris: P.U.F., 1963, 65–108; 2e ed. 1969.

(Zusammen mit B. Inhelder) Les opérations intellectuelles et leur développement. *Traité de Psychologie expérimentale.* Bd. VII: L'intelligence. Paris: P.U.F., 1963, 109–155; 2e ed. 1969.

Übersetzung

Deutsch:

Die intellektuellen Operationen und ihre Entwicklung. Mitautor: Bärbel Inhelder. In: *Studien zur Entwicklung des Denkens im Kindesalter.* Herausgegeben von H. Bonn und K. Rohsmanith. Darmstadt: 1972, 67–140. Wissenschaftliche Buchgesellschaft.

Introduction: Le problème de la filiation des structures. *Etudes d'Epistémologie génétique*, Bd. XV: La filiation des structures, Bibliothèque scientifique internationale, Paris: P.U.F., 1963.

Avant-Propos. Etudes d'Epistémologie génétique. Bd. XVII: La formation des raisonnements récurrentiels, Bibliothèque scientifique internationale, Paris: P.U.F., 1963.

(Zusammen mit B. Inhelder) De l'itération des actions à la récurrence élémentaire. *Etudes d'Epistémologie génétique.* Bd. XVII: La formation des raisonnements récurrentiels, Bibliothèque scientifique internationale, Paris: P.U.F., 1963, 47–120.

(Zusammen mit S. Papert) Note sur les relations entre les illusions de Müller-Lyer et de Delboeuf. *Année Psychologie, 63*, (1963) 351–357.

The attainment of invariants and reversible operations in the development of thinking. *Social research, 30*, (1963) 283-299.

Problèmes psychologiques et épistémologiques du temps. *Cahiers de psychologie*, Société de Psychologie du Sud-est, *6* (1963) 217–237.

Le langage et les opérations intellectuelles. In: *Problèmes de psycho-linguistique* (Symposium de l'Association de psychologie scientifique de langue française), Paris: P.U.F., 1963, 51–61. Deutsche Übersetzung in Vorbereitung. Wien: Molden.

1964

Six études de psychologie, Genf: Gonthier, 1964:

1. Le développement mental de l'enfant. Zürich: *Juventus Helvetica*, 1940.

2. La pensée du jeune enfant. Conférence prononcée à »L'Institut of Education«. Université de Londres, 1963.
3. Le langage et la pensée du point de vue génétique. *Acta Psychologica*, Amsterdam: *10* (1954).
4. Le rôle de la notion d'équilibre dans l'explication en psychologie. *Acta Psychologica*, Amsterdam: *15* (1959).
5. Problèmes de psychologie génétique. *Voprossi Psykhologuii*, Moskau: 1956.
6. Parue sous le titre: Entretiens sur les notions de «genèse» et de «structure», *Congrès et Colloques*, Bd. *8*, Den Haag-Paris: Mouton & Cie, 1964.

Übersetzungen

Deutsch:

Sechs psychologische Studien. In: Jean Piaget. *Theorien und Methoden der modernen Erziehung.* Wien: Molden 1972, 185–351.

Englisch:

(Zusammen mit B. Inhelder) The early growth of logic in the child. (Classification and Seriation.) London: Routledge and Kegan Paul, 1964; New York: Harper. (Übers. von G. A. Lunzer und D. Papert.)

Les travaux de l'année 1960–1961. *Etudes d'Epistémologie génétique.* Bd. XVIII: L'épistémologie de l'espace, Bibliothèque scientifique internationale, Paris: P.U.F., 1964, 1–40.

Classification des disciplines et connexions interdisciplinaires. *Revue Internationale des Sciences Sociales, 16*, 1964, 598–616. Deutsche Übersetzung in Vorbereitung. Wien: Molden.

Cognitive development in children. (Development and learning; the development of mental imagery; Mother structures and the notion of number; Relations between the notions of time and speed in children.) In: *Piaget Rediscovered. An report of the conference on cognitive studies and curriculum development.* Cornell University, R. Ripple und V. Rockcastle, School of Education, 1964, 6–48.

1965

Sagesse et illusion de la philosophie. Paris: P.U.F., 1965; 3e ed. 1972.

Übersetzung

Deutsch:

Weisheit und Illusionen der Philosophie. Frankfurt a. M.: Suhrkamp, 1974.

Etudes sociologiques. Genf: Droz, 1965, Préface, 7–13; 2e ed. 1967

1. Explication en sociologie, in: Introduction à l'épistémologie génétique, Bd. III: La pensée biologique, la pensée psychologique et la pensée sociologique, Paris: P.U.F., 1951.

2. Essai sur la théorie des valeurs qualitatives en sociologie statique («Synchronique»), in: Publications de la Faculté des sciences économiques et sociales de l'Université de Genève. Genf: Georg, 1941.
3. Les opérations logiques et la vie sociale, Ibidem, 1945.
4. Les relations entre la morale et le droit. Ibidem, 1944.

(Zusammen mit B. Inhelder) Rapport sur les travaux de psychologie de l'enfant effectués dans les écoles de Genève. Genf: Institut des sciences de l'éducation, 1965.

Vorwort zu B. Beauverd: Avant le calcul. *Cahiers de pédagogie expérimentale et de psychologie de l'enfant*, Paris-Neuchâtel: Delachaux & Niestlé, *21*, (1965).

Langage et Pensée. La Revue du Praticien *15* (1965) 2253–2254.

Education et instruction depuis 1935. *Encyclopédie Française*, mise à jour du Tome XV: Education et Instruction, 1965, 7–45.

Psychology and Philosophy. *Scientific Psychology. Principles and Approach*. New York-London 1965: Basic Books, 28–43.

Psychologie et épistémologie de la notion du temps. In: *Verhandlungen der Schweizerischen Naturforschenden Gesellschaft, Wissenschaftlicher Teil, 145. Jahresversammlung, Genf*, 24.–26. September 1965. Zürich: Berichthaus, 23–27.

Genese et structure en psychologie. In: *Entretiens sur les notions de «genèse» et de «structure»*, Cérisy-la-Salle/Frankreich, 25. Juli bis 3. August 1959. Unter der Leitung von M. de Gandillac, L. Goldmann und J. Piaget. Mouton, Paris und Den Haag, 37–48.

Übersetzung

Deutsch:

Genese und Struktur in der Psychologie. In: *Der moderne Strukturbegriff. Materialien zu seiner Entwicklung*. Herausgegeben von H. Naumann. Darmstadt: Wissenschaftliche Buchgesellschaft 1973, 281–295. Andere Übersetzung u.d.T. Genese und Struktur in der Psychologie der Intelligenz. In: Jean Piaget. *Theorien und Methoden der modernen Erziehung*. Wien: Molden, 1972, 325–341.

Pas dé progrès en philosophie! *Les nouvelles littéraires*, Paris, *43*, Nr. *1998* vom 16. Dezember 1965, 1 und 13.

1966

(Zusammen mit B. Inhelder) La psychologie de l'enfant. Collection «Que sais-je?», Paris: P.U.F., 1966.

(Zusammen mit B. Inhelder) L'image mentale chez l'enfant. Etude sur le développement des représentations imagées (in Zusammenarbeit mit

B. Bovet, A. Etienne, F. Frank, E. Schmid, S. Taponnier und T. Vinh Bang). Paris: P.U.F., 1966.

Übersetzungen

Deutsch:
In Vorbereitung. Frankfurt: Suhrkamp.

Englisch:
Time perception in children (Übers. von E. Kirky). In: J. P. Frazer, Hrsg.: »The voices of time«, New York: G. Braziller, 1966, 202–216.

Les travaux des années 1961–1963 et les Symposiums VII et VIII (juin 1962 et juin 1963) du Centre international d'Epistémologie génétique. In: *L'épistémologie de l'espace.* Bd. XVIII der «Etudes d'épistémologie génétique». Paris: P.U.F., 1966, 1–66.

(In Zusammenarbeit mit M. Meylan-Backs) Comparaisons et opérations temporelles en relation avec la vitesse et la fréquence. *Ibidem.*, 67–106.

Nécessité et signification des recherches comparatives en psychologie génétique. *Journal International de Psychologie, 1,* (1966) 3–13.

Vorwort zu Millie Almy, Edward Chittendem und Paula Miller: Young children's thinking, studies of some aspects of Piaget's theory. New York: Teacher's College Press, Columbia University, 1966.

L'initiation aux mathématiques, les mathématiques modernes et la psychologie de l'enfant. *L'enseignement mathématique*, Genf, 2. Folge, *12,* (1966) 289–292.

Psychologie et philosophie. Streitgespräch mit P. Fraisse, Y. Galifret, F. Jeanson und P. Ricoeur unter der Leitung von R. Zazzo. *Raison présente*, (1966) 51–78.

In memory of Evert Willem Beth (1908–1964). In: E. W. Beth und J. Piaget. *Mathematical epistemology and psychology.* Dordrecht: Reidel; New York: Gordon & Breach (1966) 11–12.

Biologie et connaissance. *Diogène*, 1966, 54, 3–26.

Übersetzungen

Englisch:
Biology and cognition (Übers. von Martin Faigel).

Deutsch:
In Vorbereitung. Frankfurt/M.: Akademische Verlagsgesellschaft.

The concept of identity in the course of development. *Newsletter*, 1966, 8, 2–3.

Kak deti obrazujut matematicheskii ponjatija? (How children form mathematical concepts?). *Voprosy psikhol.*, *4* (1966) 121–126.

La psychologie, les relations interdisciplinaires et le système des sciences. *Bulletin de psychologie, 20*, (1966) 242–254.

Qu'est-ce que la psychologie? Université de Genève, séance d'ouverture du semestre d'hiver 1966–1967, Genf: Georg, 1966, 21–29.

Lettre à Ramain Rolland, écrite en 1917. *Action étudiante,* Genf: 1966, 69, 7.

Nécessité et signification des recherches comparatives en psychologie génétique. *J. international de psychol., 1*, (1966) 3–13.

Le problème des mécanismes communs dans les sciences de l'homme. Actes du 6e congrès mondial de sociologie, Evian, Sept. 1966, Bd. 1, Association internationale de sociologie, 1966.

L'intériorisation des schèmes d'action en opérations réversibles par l'intermédiaire des régulations de feedbacks. 18e congrès international de psychologie, Moskau, 1966. Symposium 24: »Psychologie de la formation du concept et des activités mentales«.

Response to Brian Sutton-Smith. *Psychological review, 73*, (1966) 111–112.

La situation des sciences de l'homme dans le système des sciences. UNESCO. Recherche internationale sur les tendances principales de la recherche dans les sciences de l'homme. 1ère version de l'étude, 1ère partie, Kap. 1, 15. April 1966.

L'initiation aux mathématiques, les mathématiques modernes et la psychologie de l'enfant. *L'enseignement mathémathique, 12*, (1966) 4, 289–292.

Henri Piéron, 1881–1964. *American J. of psychol., 79*, (1966) 147–150.

Logique formelle et psychologie génétique. In: *Les modèles formels en psychologie* (Veröffentlichung des C.N.R.S.). P. Fraisse, J. M. Faverge, F. Bresson, Hrsg., Paris: 1966, 269–276.

Observations sur le mode d'insertion et la chute des rameaux secondaires chez les Sedum. Essai sur un cas d'anticipation morpho-génétique interprété causalement. *Condollea*, 1966, 137–239.

Autobiographie. Jean Piaget et les sciences sociales. *Cahiers Vilfredo Pareto 4*, (1966) 129–155.

Die Teile I bis VII bereits in: *A history of psychology in autobiography*, Bd. 4, herausgegeben von E. G. Boring, H. S. Langfeld, H. Werner und R. M. Yerkes. Worcester/Mass: Clark University Press 1952, 237–256.

(Zusammen mit B. Inhelder) La psychologie de l'enfant. Paris: P.U.F., Collection »Que sais-je?«, 1966; 4e ed. 1971.

Übersetzungen

Griechisch:

I psicologie tou pediou. Übers.: Const. Kitsos, Athen: I. N. Zacharotoulos, 1967.

Spanisch:
Psicologia del niño. Übers.: Luis Hernandez Alfonso, Madrid: Ediciones Morata, 1969.

Englisch:
The psychology of the child. Übers.: Helen Weaver, New York: Basic Books Inc., 1969; London: Routledge & Kegan Paul, 1969.

Japanisch:
Tokio: Lie Hakasuisha, 1970.

Deutsch:
Die Psychologie des Kindes. Olten und Freiburg i. Br.: Walter 1972, 2e ed. 1973.

Rumänisch:
In Vorbereitung. Editura Didactica.

Italienisch:
In Vorbereitung. Turin: Einaudi.

L'Epistémologie du temps, Bd. 20 der Etudes d'épistémologie génétique, publiées sous la direction de J. Piaget, Paris: P.U.F., 1966.
- Kap. 1: Problèmes du temps et de la fonction, 1–66;
- Kap. 2: (in Zusammenarbeit mit M. Meylan-Backs) Comparaisons et opérations temporelles en relation avec la vitesse et la fréquence, 67–106.

1967

Biologie et connaissance. Essai sur les relations entre les régulations organiques et les processus cognitifs. L'»Avenir de la science«, hrsg. von Jean Rostand, Paris: Gallimard, 1967.
Übersetzungen ins Deutsche, Englische, Spanische, Italienische und Rumänische sind in Vorbereitung.

Logique et connaissance scientifique. Encyclopédie de la Pléiade, volume publié sous la direction de J. Piaget. Paris: Gallimard, 1967.
- Introduction et variétés de l'épistémologie, 3–62.
- Les méthodes de l'épistémologie, 62–135.
- Epistémologie de la logique, 375–399.
- Epistémologie des mathématiques. Les données génétiques, 403–423.
- Les problèmes principaux de l'épistémologie des mathématiques, 554–596.
- Les données génétiques de l'épistémologie physique, 599–622.
- Les relations entre le sujet et l'objet dans la connaissance physique, 754–778.

– Les deux problèmes principaux de l'épistémologie biologique, 893–923.
– Les deux problèmes principaux de l'épistémologie des sciences de l'homme, 1114–1146.
– Le système de la classification des sciences, 1151–1224.
– Les courants de l'épistémologie scientifique contemporaine, 1225–1271.

Perception et notion du temps, Bd. 21 der Etudes d'épistémologie génétique, publiées sous la direction de J. Piaget. Paris: P.U.F., 1967.
– Introduction, 1.

Psychologie et philosophie. Débat de J. Piaget avec P. Fraisse, Y. Galifret, F. Jeanson, P. Ricoeur, R. Zazzo, à propos de »Sagesse et illusions de la philosophie«. *Raison présente*, 1967. Exposé: 52–55; Interventions: 62–76.

Intelligence et adaptation biologique. In: *Les processus d'adaptation. Symposium de l'Association de psychologie scientifique de langue française, Marseille 1965.* 55–81, Paris: P.U.F., 1967.

Le développement des perceptions en fonction de l'âge. In: J. Piaget et P. Fraisse, Hrsg., *Traité de psychologie expérimentale,* Bd. 6: »La perception«, Kap. 18. Adjonction à la deuxième édition. Paris: P.U.F., 1967.

L'explication en psychologie et le parallélisme psychophysiologique. In: J. Piaget et P. Fraisse, Hrsg., *Traité de psychologie expérimentale,* Bd. 1: »Histoire et méthode«, Kap. 3, Adjonction à la deuxième édition. Paris: P.U.F., 1967.

Psychologie du psychologue. In: *L'homme à la découverte de lui-même, encyclopédie »L'Aventure humaine«,* Bd. 5. Genf: Verlag Kister S. A. und Paris: La Grange Batelière, 1967.

Logique formelle et psychologie génétique. *Colloques internationaux du Centre National de la Recherche Scientifique.* »Les modèles et la formalisation du comportement«, Paris, 5.–10. Juli 1965, 269–276; Diskussion, 276–283, Paris: C.N.R.S., 1967.

1968

(Mit B. Inhelder und in Zusammenarbeit mit H. Sinclair de Zwart) Mémoire et intelligence, Paris: P.U.F., 1968.

Le Structuralisme, Collection »Que sais-je?«, Paris: P.U.F., 1968; 5^e^ed. 1972.

Übersetzungen

Italienisch:

Lo strutturalismo. Übers.: Andrea Bonomi. Milano: »Il saggiatore« di A. Mondadori, 1968.

Holländisch:
Strukturalisme. Übers.: Leo Rijkens, Meppel, J. A. Boom en Zoon, 1969.

Deutsch:
Der Strukturalismus. Olten und Freiburg i. Br.: Walter, 1973.

Japanisch:
In Vorbereitung: Tokio: Lie Hakusuisha.

Englisch:
In Vorbereitung. New York: Harper & Row.
(Mit B. Inhelder) Mémoire et intelligence. Paris: P. U. F. 1968.

Übersetzung

Deutsch:
Gedächtnis und Intelligenz. Olten und Freiburg i. Br.: Walter, 1974.

Epistémologie et psychologie de la fonction, Bd. 23 der Etudes d'épistémologie génétique, publiées sous la direction de J. Piaget. Paris: P.U.F., 1968.
- Des fonctions constituantes aux fonctions constituées, 5–119 (in Zusammenarbeit mit C. Fot, M. Meylan-Backs, F. Orsini, A. Papert-Christophides, E. Schmid-Kitsikis, H. Sinclair und A. Szeminska).
- Problèmes théoriques, Conclusions générales, 199–235.

Epistémologie et psychologie de l'identité, Bd. 24 der Etudes d'épistémologie génétique, publiées sous la direction de J. Piaget. Paris: P.U.F., 1968, Einführung 1–2.
- Recherche sur l'identité d'un corps en développement et sur celle du mouvement transitif, 1–82 (mit G. Voyat).
- Fonctions et identité dans l'explication du mouvement des gouttes d'eau, 83–122 (mit M. Bovet und R. Maier).
- Sondage sur l'identité, les formes d'équivalence et la conservation lors de la rotation d'un carré, 123–144 (mit H. Sinclair).
- Le problème de l'identité lors de la présentation de figures differentes en une situation stroboscopique, 145–174 (mit D. Liambey).

On the development of memory and identity (Übers. von E. Duckworth), Massachusetts: Clark Univ. Press. with Barre publ., 1968. Deutsche Übersetzung in Vorbereitung. Frankfurt/Main: Akademische Verlagsgesellschaft.

Le point de vue de Piaget. *Journ. international de psychologie*, *3*, (1968) 281–299. Deutsche Übersetzung in Vorbereitung. Frankfurt/M.: Akademische Verlagsgesellschaft.

Quantification, conservation and nativism. Quantitative evaluations of children aged two to three years are examined. *Science*, 162, (1968) 976–979.

Cybernétique et épistémologie, Bd. 22 der Etudes d'épistémologie génétique, publiées sous la direction de J. Piaget. Paris: P.U.F., 1968. – Avant-propos, 1–3.

1969

Genetic epistemology. *Columbia Forum, 12,* (1969) 3, 5–11.

(Mit B. Inhelder) The gaps in empiricism. In: A. Koestler & Smythies, »Beyond reductionism«, New York: McMillan, 118–148, London: Hutchinson, 1969.

The theory of stages in cognitive development. California Test Bureau Invitational Conference on »Ordinal scales of cognitive development«, Monterey, Cal.: Febr. 9th, 1969. Übers. von S. Hopper, Monterey, Cal.: McGraw Hill, 1969.

Quelques remarques sur les insuffisances de l'empirisme. *Studia philosophica,* Annuaire de la Sté. suisse de philosophie *28,* (1969) S. 119–128.

L'Epistémologie génétique. *La philosophie contemporaine, Chroniques* (Hrsg. R. Klibansky) Florenz: La Nuova Italia, 1969, 243–257; 2e ed. 1972.

Übersetzung

Deutsch:

Abriß der genetischen Epistemologie. Olten und Freiburg i. Br.: Walter, 1974.

Psychologie et pédagogie. Paris: Denoël, Bibliothèque »Médiations«, 1969.

In: *Archives de psychologie,* Genf, *46,* (1965) 157, (erschienen 1969)

- (mit R. Maier) L'explication d'une situation d'équilibre avec variation du centre de gravité, 1–18;
- (mit A. Papert) L'explication du retour sur elle-même d'une balle de ping-pong, 19–29.
- (mit P. Mounoud) L'explication d'un mécanisme de rotation et d'enroulement, 30–39.
- (mit C. Fot) Explication de la montée de l'eau dans un tube hélicoïdal, 40–56.
- (mit P. Mounoud) Explication d'une coordination des mouvements d'un jouet, 57–71.

Übersetzungen

Italienisch:

Psicologia e pedagogia, von Maria Vittoria Lombardi Boffito, Turin: Loescher, 1970.

Deutsch:
Psychologie und Pädagogik. In: Jean Piaget. *Theorien und Methoden der modernen Erziehung* Wien: Molden, 1972, 11–183.

Vorwort zu H. G. Furth, Piaget and knowledge. Theoretical foundations. Englewood Cliffs, N. J.: Prentice Hall Inc., 1969.

Übersetzung

Deutsch:
Geleitwort. Zu: H. G. Furth. *Intelligenz und Erkennen. Die Grundlagen der genetischen Erkenntnistheorie Piagets.* Frankfurt a. M.: Suhrkamp, 1972, 9–13.

(Mit B. Inhelder) The gaps in empiricism. In: *Beyond reductionism. New perspectives in the life sciences.* The Alpbach symposium 1968. Herausgegeben von A. Köstler und J. R. Smythies. London: Hutchinson, 118–148; Diskussion 149–156; Nachtrag von J. Piaget 157–158.

Übersetzung

Deutsch:
Jenseits des Empirismus. In: *Das neue Menschenbild. Die Revolutionierung der Wissenschaften vom Leben.* Wien: Molden, 1970, 126–154; Diskussion 155–161; Nachtrag von J. Piaget 162–163. Verbesserte Übersetzung in Vorbereitung. Frankfurt a. M.: Akademische Verlagsgesellschaft (Sammelband).

1970
Piaget's theory. In: *Carmichael's manual of child psychology.* Herausgegeben von P. H. Mussen. New York: Wiley, 1970, Bd. 1, 703–732.
L'épistémologie génétique. Paris: P.U.F., 1970; 2e ed. 1972.

Übersetzung

Deutsch:
Einführung in die genetische Erkenntnistheorie. Vier Vorlesungen. Frankfurt a. M.: Suhrkamp 1973.
Abriß der genetischen Epistemologie. Olten und Freiburg i. Br.: Walter 1974.

Englisch:
Genetic epistemology. New York und London: Columbia University Press, 1970, 1972.

Psychologie et épistémologie. Paris: Denoël-Gonthier 1970 (Sammelband). Deutsch in Vorbereitung. Wien: Molden.

1971

Hasard et dialectique en épistémologie biologique. Examen critique des thèses de Jacques Monod. *Sciences*, Revue de la civilisation scientifique, (1971) Nr. *71*, März-April, 29–36.

Méthodologie des relations interdisciplinaires. In: Problèmes de méthodologie. Colloque de l'Académie internationale de philosophie des sciences, Lausanne, 2.–9. September 1969 *Archives de philosophie*, Paris, *34* (1971), 539–549.

1972

L'épistémologie des relations interdisciplinaires. In: *L'interdisciplinarité: problèmes d'enseignement et de recherche dans les universités.* Organisation de coopération et de développement économiques (OCDE), Paris: 1972, 131–144.

Physical world of the child. In: Physics for children. *Physics today*, *25*, (1972) 23–27.

The concept of structure. In: *Scientific thought. Some underlying concepts, methods and procedures.* Paris: Unesco, Den Haag: Mouton, 35–56.

Übersetzung

Französisch:

La notion de structure. In: *La pensée scientifique. Concepts, démarches et méthodes.* Paris: Unesco, Den Haag: Mouton. In Vorbereitung.

Some aspects of operations. In: *Play and development.* A symposium with contributions by J. Piaget, P. H. Wolff, R. A. Spitz, K. Lorenz, L. B. Murphy, E. H. Erikson. Herausgegeben von Maria W. Piers. New York: Norton, Toronto: McLeod, 1972, 15–27.

Problèmes de psychologie génétique. Paris: Denoël-Gonthier (Sammelband). Deutsch in Vorbereitung. Wien: Molden.

Epistémologie des sciences de l'homme. Paris: Gallimard 1972.

Übersetzung

Deutsch: Erkenntnistheorie der Wissenschaften vom Menschen. Frankfurt a. M.: Ullstein, 1973.

Où va l'éducations? Paris: Denoël-Gonthier (Sammelband), 1972.

1973

Avant-propos, 5–6; Introduction: Le problème de l'explication, 7–18; und Remarques finales, 215–232. In: *L'explication dans les sciences.* Paris: Flammarion, 1973.

A propos des trois épistemologies: Jean Piaget répond à François Châtelet. *Savoir et action*, (1973), 62–64.

Comments on mathematical education. In: *Developments in mathematical education*. Proceedings of the 2nd International congress on mathematical education, Exeter, 29. August bis 2. September 1972. Herausgegeben von A. G. Howson. London: Cambridge University Press, 79–87.

Übersetzung

Französisch:

Remarques sur l'éducation mathématique. *Math-Ecole, 12*, (1973) 1–7.

24 extraits choisis dans l'œuvre. In: Guy Cellérier. *Piaget*, Paris: P.U.F. 1973, 57–110.

La prise de conscience. Paris: P.U.F. In Vorbereitung.

Réussir et comprendre. Paris: P.U.F. In Vorbereitung.

La phénocopie. Paris: Hermann. In Vorbereitung.

1974

Vorwort zu: *Apprentissage et structures de la connaissance*. Von Bärbel Inhelder, Hermine Sinclair und Magali Bovet. Paris: P.U.F., 1974, 5–11.

La causalité probabiliste. Unveröffentlichter Vortrag, gehalten im Niels-Bohr-Institut, Kopenhagen. Deutsch in Vorbereitung. Frankfurt a. M.: Akademische Verlagsgesellschaft (Sammelband).

Rapports de la philosophie et de la science y compris les sciences psychologiques. In: *Encyclopaedia universalis*. In Vorbereitung.

7–1–10–7–6